創業經營與決策
（第二版）

倪江崴、李特軍 ● 編著

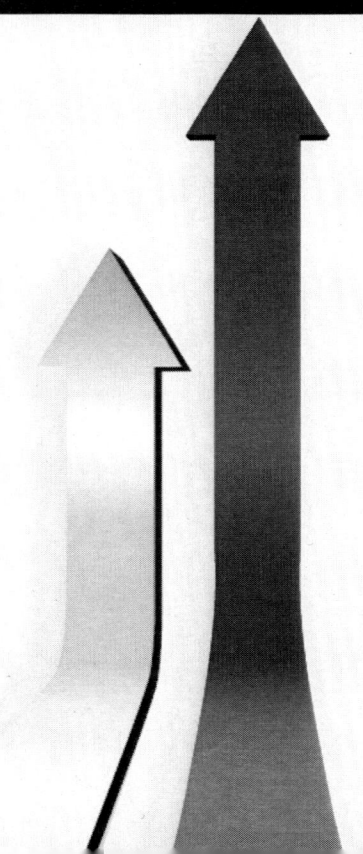

崧燁文化

第二版前言

　　以創業和經營決策的過程為主線，圍繞創業過程中所涉及的商業機會分析、組建創業團隊、籌措資金、撰寫商業計劃書等經營管理的各環節進行編寫。

　　本書共分為三個篇章：創業籌劃、創業管理與決策、創業模擬訓練。

　　第一，創業籌劃模塊。此模塊擬解決創業項目的商業機會分析，如何組建創業管理團隊，如何籌集創業需要的資金，以及公司章程制定等問題，還有解決企業的成立期初需要完成的工商註冊、銀行注資、驗資、稅務登記等流程中需要注意的一些問題。

　　第二，創業管理與決策模塊。此模塊擬解決在企業的經營管理過程中面臨的從產品的設計研發、原材料採購、生產安排，到市場的開拓競爭策略和產品的銷售報價等環節中的各種決策問題。這部分內容將介紹在進行這些環節的決策之前，應該具備的一些管理學的基本知識，決策應該是建立在充分調查、分析和論證的基礎上進行的。

　　第三，創業模擬訓練模塊。這部分將結合「創業之星」大學生創業模擬實訓軟件平臺，指導學生經營管理一家企業，完成模擬經營的小組對抗。

　　本書的寫作重點在於培養學生的創業意識、創新精神、創業能力和管理能力，激發大學生的創業熱情，提升實踐經驗。本書擬通過理論結合實踐，特別是注重在實踐中進行訓練，在經營管理過程中除了介紹應該怎麼進行決策以外，還將結合營銷理論、生產理論等讓學生明白為什麼要這樣決策。使之知其然，也知其所以然。

　　本書可以指導學生的創業實踐活動，幫助學生進行創業管理的經營決策。本書也可作為各類創業培訓教材，同時可供參加「挑戰杯」「金蝶杯」「學創杯」等大學生創業大賽的師生學習和參考，還可供社會各類創業者和企業管理人員研究和參考。

編者

目錄

第一篇 創業籌劃

第一章 創業機會 ……………………………………………………（3）
第一節 分析商業機會 ……………………………………………（5）
第二節 創業機會分析 ……………………………………………（8）

第二章 組建創業團隊 ………………………………………………（15）
第一節 創業團隊組建 ……………………………………………（16）
第二節 創業團隊的五個組成元素 ………………………………（17）
第三節 創業團隊的分工 …………………………………………（18）

第三章 創業資金籌集 ………………………………………………（20）
第一節 創業融資的概念 …………………………………………（21）
第二節 創業資金的來源 …………………………………………（25）

第四章 創業準備工作 ………………………………………………（29）
第一節 創業企業的組織形式 ……………………………………（31）
第二節 創業企業的設立 …………………………………………（35）
第三節 創業企業的法律風險 ……………………………………（40）

第二篇 創業管理與決策

第五章 戰略管理與決策 ……………………………………………（45）
第一節 企業戰略的基本概念 ……………………………………（45）

第二節　初創企業戰略的意義 …………………………………… (48)
　　第三節　初創企業戰略的制定 …………………………………… (52)
　　第四節　實訓環節的戰略決策 …………………………………… (61)

第六章　市場營銷管理與決策 ……………………………………… (62)
　　第一節　市場營銷的概念及相關理論 …………………………… (64)
　　第二節　新經濟環境下的市場營銷 ……………………………… (68)
　　第三節　初創企業市場營銷決策 ………………………………… (71)
　　第四節　實訓環節的市場營銷 …………………………………… (83)

第七章　生產作業管理與決策 ……………………………………… (86)
　　第一節　生產作業管理的基本概念 ……………………………… (88)
　　第二節　生產作業管理的組織結構與職能 ……………………… (92)
　　第三節　實訓環節的生產作業管理 ……………………………… (95)

第八章　財務管理與決策 …………………………………………… (96)
　　第一節　財務及財務管理的基本概念 …………………………… (97)
　　第二節　財務管理的目標和內容 ………………………………… (100)
　　第三節　企業財務管理中的三大報表 …………………………… (107)
　　第四節　財務管理的分析程序和方法 …………………………… (121)
　　第五節　初創企業的財務管理 …………………………………… (125)
　　第六節　實訓環節的財務管理 …………………………………… (126)

第九章　人力資源管理與決策 ……………………………………… (127)
　　第一節　人力資源管理的基本概念 ……………………………… (128)
　　第二節　人力資源管理的內容和步驟 …………………………… (129)
　　第三節　實訓環節的人力資源管理 ……………………………… (133)

第十章　溝通激勵與團隊合作 ………………………………………… (134)
第一節　溝通及溝通管理 ……………………………………………… (134)
第二節　激勵與激勵方法 ……………………………………………… (148)
第三節　團隊合作 ……………………………………………………… (151)
第四節　實訓環節的溝通激勵與團隊合作 …………………………… (154)

第三篇　創業模擬訓練

第十一章　實訓課程規則 …………………………………………… (157)
第一節　經營概述 ……………………………………………………… (157)
第二節　數據規則 ……………………………………………………… (158)
第三節　消費群體 ……………………………………………………… (160)
第四節　設計研發 ……………………………………………………… (166)
第五節　生產製造 ……………………………………………………… (166)
第六節　市場營銷 ……………………………………………………… (172)
第七節　組間交易 ……………………………………………………… (178)
第八節　評分說明 ……………………………………………………… (180)
第九節　季度結算 ……………………………………………………… (181)

附錄1：教師端控制軟件操作手冊 ………………………………… (183)

附錄2：學生創業模擬經營練習手冊 ……………………………… (234)
第一季度營運管理練習 ………………………………………………… (234)
第二季度營運管理練習 ………………………………………………… (241)
第三季度營運管理練習 ………………………………………………… (245)
第四季度營運管理練習 ………………………………………………… (250)

第一篇　創業籌劃

第一章　創業機會

知識及技能目標：

1. 瞭解創業的基本概念
2. 掌握創業機會分析方法
3. 選擇創業的行業和商業模式

案例導入：

「創新工場」對創業機會的分析

一個好的創業機會是創業成功的基石。下面我們來看一下李開復先生的「創新工場」是如何選擇自己投資的行業的。

創新工場選擇創業項目的標準

創新工場投資選擇的策略有四點：第一是有針對性挑選投資一些特殊關鍵的領域，不是什麼都投；第二，用自身的營運和孵化模式與能力，幫助這些創業公司快速成長；第三，看到好的公司不斷加注；第四，除了自身投資的處於種子期、孵化期的這些公司，也會根據從他們身上學到的東西，再去找一些可以中後期進入的合適項目。

創新工場對投資和孵化的項目，具體有五個判斷和選擇標準：

第一，這個細分的小領域是否處於爆發式成長的領域？比如說，關注的重點之一是移動互聯網，但是絕對不考慮大部分移動互聯網裡面的細分領域，而是把移動互聯網當成一個大領域，然後在裡面挑出最可能即將爆發式成長的小領域，如移動游戲。如果小領域挑對了，在爆發式增長的大領域裡再挑選爆發式增長的小領域就是順勢而為。如果能挑到好公司，能夠順勢而為的話，這往往比自己的點子和創意要重要得多。

第二，只投有可能成為具有巨大價值的公司。當然，作為一個初期公司，這是一個不確定性的判斷。不過，具體說是10年后估值10億美元（1美元約等於6.5元人民幣，本書下同）的公司。如果以10億美元為一個估值單位，那麼營業額就要達到1億美元，而且有不錯的利潤。通常要達到上億元的營業額，而且要有不錯的利潤，這個公司一定要找到一個爆發的趨勢，而且不能只是服務業的公司，而要有一個可擴張的產品業務。

可以探索的這個領域能有多大？這個公司能佔有多少全領域的份額？公司的商業模式是什麼？是入口、廣告、分成，還是虛擬物品？這樣的商業模式能否產生10億美元所需要的營業額和利潤？當然，對於項目的判斷不是一門科學，不能說100%判斷就一定會爆發式成長，一定能達到10億美元的估值。但有一個基本原則：如果覺得成為估值10億美元的公司幾乎不可能，那就不會投；如果覺得有可能，才會考慮。

第三，創業的成本投入要非常低，即不喜歡 Capital Intensive（資本密集型）的公司。如果某個公司的創業需要馬上建立一個巨大的渠道或者要建工廠或者要建立複雜的物流，那就不會考慮。這不是說這些公司不好，而是更喜歡低成本的公司。低成本的公司初期回報會更好，而且如果失敗，損失是有限的。

第四，一定要可本地化，這在中國是有希望的。中國的很多創業項目都是從美國公司得到的靈感。一般在美國被追捧的創業公司，在中國很快也會火起來，於是很多人就會學習甚至抄襲美國。但一方面要符合中國用戶的習慣，另一方面要看是不是有政策限制的問題。有一個很火的網站叫「Four Square」，但在中國就沒有火起來，理由是它的模式太不符合中國人的需求。還有一個叫「Square」的支付公司在中國很難營運，因為中國支付平臺比較特殊。所以在中國能否本地化是重要的。

第五，要有差異化。中國不成熟的競爭環境和「山寨」現象導致了如果有一個領域看起來很不錯，大家就都可以做，進入的門檻很低，於是就蜂擁而上。團購是最好的例子，雖然增長是快的，它的價值和營業額未來也可以很高，絕對可以本地化，但是同質化的競爭將會導致利潤下滑。

創新工場主要投資領域

過去兩年半，創新工場主要投資的領域有四個：

第一個是基於安卓（Android）生態系統的項目，第二個是游戲，第三個是社交，第四個是 LBS（Location-based Service，基於位置的服務）。

所謂安卓的生態系統，這個操作系統是非常優質的，谷歌（Google）在美國的模式是送使用者操作系統，然后使用者也不會拒絕它的服務。因為它做得很好，包括 YouTube、Gmail 郵箱、搜索、地圖等，這些都是標準的谷歌（Google）一整套配套的東西，它跟互聯網的連接、它的瀏覽器等在美國都形成了很完善的產業鏈，它提供的服務好用，用戶就全部接受了並且喜歡用。谷歌（Google）的模式是一大堆東西裡它最在乎的就兩樣東西，即市場和廣告。

但是這個模式在中國是不行的。上面這些應用未必是中國用戶最喜歡、最想要的，另外谷歌（Google）選擇了退出中國，這個過程中就很難把互聯網連接、瀏覽器等其他衍生配套的東西發展起來。所以，創新工場判斷谷歌（Google）的安卓系統在中國是可以成功的，因為開源、免費、技術也做得不錯，但它在中國的移動應用策略一定是失敗的，這點創新工場在兩年半前就看清楚了。那麼這裡就有一個巨大的市場空白，用戶拿到安卓系統的手機，但是沒有配套的應用和服務，而且中國的營運商在手機上預置應用軟件的能力比美國又差很多，這時就應該做一套谷歌（Google）在中國沒有發展起來的東西，基於安卓生態系統的項目一定是有潛力的。雖然剛開始做的時候還有很多質疑的聲音，如說塞班（Symbian）是老大，谷歌（Google）要「搶食」沒機會，還要和營運商合作等，但創新工場還是很堅持，而且很早就對外說了這個判斷。像創新工場投資的豌豆莢、點心、友盟、應用匯等，都是基於安卓系統的項目。這一批投資可以列入中國安卓的領跑者。

第二個領域就是基於游戲生態鏈在轉型的「輕創業」機會。游戲領域很多人籠統地把它綁在一起，說過去的網遊不再增長，但創新工場看得很清楚。在國外有幾個現

象在崛起，一方面是移動和碎片時間。和過去不一樣的是，過去用戶一次花很多小時玩「魔獸世界」，而現在用戶一次游戲可能就是 10 分鐘等車的時間。另一方面是社交化也很重要。創新工場從 Zynga 公司開發的社交游戲和其他與之類似的游戲學到游戲的設計不再是像電影那樣的「巨作」過程，而是不斷優化、迭代、營運的「輕創業」公司。另外，創新工場很早意識到 HTML5.0 的崛起、平板電腦的普及。這些趨勢都帶來了相對應的投資機會。創新工場投資的塗鴉移動就是基於移動社交的游戲應用，行雲則是建立了一個社交游戲的雲平臺，磊友則是基於 HTML5.0 的游戲平臺，樂豚和齊樂家則是 iPad 上的兒童游戲。

第三個領域是社交。對於社交領域的關注其實已經有點晚了，微博已經發展起來了，人人網、開心網、QQ 也都做得很不錯，但創新工場認為，在社交網絡領域中，不是一家公司就可以霸占所有機會的。如果具體分析，社交網絡有熟人跟陌生人的、有實名跟匿名的、有深度跟淺度的，像美國的推特（Twitter）就是最淺度的 140 個字，還有跟地理位置相關的與不相關的、多媒體的或非多媒體的，還有單向跟雙向，像新浪微博其實是單向的，而 QQ 是雙向的等。創新工場會系統化地細分，並且研究國外走向。創新工場投資的點點、知乎都是社交領域的項目。

第四個領域是 LBS（基於位置的服務）。在中國提供有關地理位置的服務要關注的不是說做什麼平臺、能夠把地理位置提供給誰，而是從用戶的角度能得到什麼更好的服務。創新工場想投資的不是「告訴別人我在哪兒」的應用，而是「用我在哪兒解決真正問題」的應用。中國網民在這方面比較務實，所以就吃喝玩樂、衣食住行加上打折省錢提供給用戶。創新工廠認為這是中國 LBS（基於位置的服務）最重要的核心，至少在未來兩三年有很大的機會。像創新工場投資的布丁和酒店達人都是這個領域的項目。

——資料來源：李開復. 創新工場投資的五個標準和四個領域 [EB/OL]. (2012-05-28) [2016-07-18]. http://pe.pedaily.cn/201205/20120528327415.shtml.

第一節　分析商業機會

有關資料顯示，中國目前全員創業活動指數為 10%~35%，即每 100 位年齡在 18~64 歲的成年人中約有 12 人參與創業活動。大學生的創業熱情異常高漲，但是大學生創業活動的活動指數不到 3%，大學生的創業失敗率卻高達 70%。據有關數據顯示，導致創業失敗的結果是由於創業行業選擇的不佳和創業經營模式確定得不合理。

所以，創業行業的選擇和創業經營模式的確定非常重要，接下來我們就來討論一下這兩方面的問題。

一、創業行業選擇

萬事開頭難。創業是一個系統工程，在創業的過程中，選擇一個新興的成長性行業是成功的關鍵。通過我們對大學生企業的走訪調查和相關問卷的數據分析，我們對

影響大學生行業選擇的因素有了較為全面的瞭解。

從理論上說，制約大學生行業選擇的因素主要分為外在因素和內在因素。外在因素主要包括該行業的發展前景和潛力，具體為利潤率、風險性與創新性，競爭的激烈程度，政府對與該行業的政策扶持力度等。內在因素則是大學生自身的因素，包括他們所學的專業、自身的興趣愛好、自身的特長、資金的多少等。

(一) 行業的發展前景

21世紀的大學生在選擇創業行業的時候逐漸認識到在選擇創業行業的時候不能只注重行業現在的發展情況，而且要根據該行業現在的發展勢頭、政府的相應政策、世界經濟的發展趨勢、高科技產業的發展速度、該行業自身的特色和經營模式等一系列外在因素綜合考慮該行業在未來的世界發展浪潮中所占據的位置。換句話說，就是要關注一下行業的發展前景。

(二) 行業的利潤率

一般的大學生創業在行業選擇的初期都會把絕大多數的注意力放在備選行業的利潤率上。誠然，追求利潤本身就是大學生創業者的初衷所在，但是一些高利潤行業，如通信類和生物製藥類，進入的門檻過高，有較高的科技含量的要求，對於經營的場地和啓動資金都有著嚴格的要求，這對於剛畢業的大學生們是一個不小的挑戰。所以大學生創業者在創業初期對於利潤率要有一個比較理性的認識，不應盲目地把利潤率的高低作為衡量行業優劣的標準。簡言之，利潤率在行業選擇的影響因素中佔有一席之地，但不應是唯一的因素。

(三) 行業的競爭程度

經濟學上，我們按照行業的競爭程度可以分為四個市場：完全競爭、壟斷競爭、寡頭壟斷、完全壟斷。然而，大學生或者一般創業者能夠進入的大多是壟斷競爭的行業。這個行業的特徵是行業中競爭的形式多樣化，各個廠商都會通過各種營銷策略來試圖對市場形成短期的壟斷以獲得超額利潤。

作為一名創業者，是選擇競爭程度低還是競爭程度高的行業呢？一般來講，根據行業的生命周期理論，行業處於成長期的時候的競爭最為激烈。而初創期、成熟期和衰退期的行業相對競爭程度較低。對於資金實力、資源不足的創業者來說，可以選擇競爭程度較低的處於初創期的行業，例如目前新興的電子商務等。但是，選擇此類行業進行創業，對創業者的創新能力要求較高，而且存在較大的不確定性風險。對於有一定實力的創業者來說，則可以選擇進入成長期的行業進行創業。

二、創業經營模式確定

(一) 典型的創業模式

由於我們國家大學生自主創業的發展歷史還比較短，所以創業模式還比較有限，目前能被大家接受的有五種比較典型的模式。

1. 代理加盟模式

這種創業模式是指大學生以加盟直銷、區域代理或購買特許經營權的方式來銷售某種商品或提供某種服務的創業活動。這種模式的行業分佈主要集中於商業零售和餐飲業知名品牌的代理和加盟營銷，經營管理上實行總店或中心的統一管理模式。這種創業模式由於在經營管理上有現成的模式可以直接採用，可以說是「站在巨人肩膀上」的創業，享受規模經營的利益。此種模式的優點在於便於經營管理，利用品牌效應使經營風險減小，成功率較高。缺點則是啟動資金較大，一般大品牌的代理或加盟費不菲，同時安於已有的模式也會阻礙創新，不利於更好地施展創業者自身的才華。

2. 自我發現模式

這種模式是指創業者通過對市場的調研、考察，敏銳地捕捉到市場潛在的某種商機，或者發現自己在某個行業上的天賦和才華，並且堅信自己能夠在這個領域大展宏圖。此種模式的優點在於目標性較強，立項準確，能使自己的天賦和才華得以最大限度的發揮。缺點則是想法和現實容易出現反差，需要承擔一定的風險。

3. 專業化模式

這種創業模式是創業者將自己擁有的專長或技術發明通過「知識雇傭資本」的方式創立企業。要求創業者具有某一專業的技術特長或成功研發了某一項新產品、新工藝，以此項特長或發明為市場切入點。這種模式創業難度高，不穩定性大，但成功的收益往往非常巨大。

4. 孵化器模式

孵化器模式是創業者受各種創業大賽的驅動和高校創業園區創業環境的薰陶、資助、催化而進行的創業活動。許多高校舉辦了各種各樣的創業大賽，參加大賽的大學生在創業大賽中熟悉了創業程序，並不斷地儲備創業知識，累積創業經驗，接觸和瞭解社會。同時高校紛紛建立科技園區或創業園區，園區中的科技創業中心或大學生創業投資公司對經過嚴格評估的優秀參賽項目進行股權形式的投資，建立股份制公司並且定期對投資項目進行評估，實行優勝劣汰，對項目進行創業孵化，創業者可以得到政策的支持和創業園區的各專家的培訓和指導。

5. 創意模式

這種創業模式是大學生根據自己的新穎構想、創意、點子、想法進行的創業活動。這種創業模式需要具有獨特的個性特徵，創業者的設想能夠標新立異，在行業或領域裡是個創舉，並迅速搶占市場先機。這種模式集中於網絡、藝術、裝飾、教育培訓、家政服務等新興行業。創業的資金需求量不是很大，一般創業者向親朋好友借款或在政策範圍內小額貸款，特別有創造性能吸引商家眼球的，也可以引來大公司的股權形式的資金注入，組織管理上個人獨資、合夥、股份公司均可。

(二) 創業模式的選擇

創業者在行業模式的選擇上，一定要有充分的市場調研和自我認識，把市場前景和自我興奮點有機結合，把產業優勢和創業者自身長處相融匯，規避那些市場已經飽和、競爭過於激烈的行業。具體說來，在行業模式選擇時需要考慮如下六個方面的

因素。

1. 行業性質

不同的模式往往有最佳的相對應的行業，只有採取相應的模式對應的最佳行業，才能保證創業的高成功率和高收益率。

2. 資金規模

有的模式在資金需求上相對較高，有的在資金需求上相對較低。這就要求創業者量體裁衣，根據自己的實際情況以及具體的創業方向，權衡考慮。

3. 管理模式

選擇了一種模式，還需要瞭解該種模式所對應的管理模式，既要懂經營，更要懂管理。如果管理模式選擇不當，不利於整個公司的發展，創業成功率也將大打折扣。

4. 技術要求

如果選擇了技術含量比較高的行業所對應的創業模式，技術要求就是一個必須要考慮周全的要素，在選擇之前一定要清楚具體的技術要求，相應的技術也要熟悉和瞭解，這樣才能給自己的優勢選擇一個最佳模式。

5. 國家政策

政府為了更好地貫徹其產業政策和促進相應的行業的發展，往往會對相應的行業採取相應的優惠政策以鼓勵其發展，創業者在選擇行業模式的時候，可以充分考慮這些優惠政策，這樣可以更好地促進企業的發展。

6. 自身素質

創業者必須對自我有一個清醒的認識，必須對創業的難度有足夠的瞭解。強化自身素質，學會經營，更要學會管理，善於總結，勇於進取。

第二節　創業機會分析

一、創業機會的概念及特徵

(一) 創業機會的定義

創業機會有以下定義方式：

(1) 可以為購買者或使用者創造或增加價值的產品或服務，它具有吸引力、持久性和適時性。

(2) 可以引入新產品、新服務、新原材料和新組織方式，並能以高於成本價出售的情況。

(3) 是一種新的「目的─手段」關係，它能為經濟活動引入新產品、新服務、新原材料、新市場或新組織方式。

(4) 主要是指具有較強吸引力的、較為持久的、有利於創業的商業機會，創業者據此可以為客戶提供有價值的產品或服務，並同時使創業者自身獲益。

綜上所述，我們可以得出較為全面的概念：創業機會是指在市場經濟條件下，社

會的經濟活動過程中形成和產生的一種有利於企業經營成功的因素，是一種帶有偶然性並能被經營者認識和利用的契機。

(二) 創業機會的特征

創業機會具有以下特征：

1. 普遍性

凡是有市場、有經營的地方，客觀上就存在著創業機會。創業機會普遍存在於各種經營活動過程之中。

2. 偶然性

對一個企業來說，創業機會的發現和捕捉帶有很大的不確定性，任何創業機會的產生都有「意外」因素。

3. 消逝性

創業機會存在於一定的時空範圍之內，隨著產生創業機會的客觀條件的變化，創業機會就會相應地消逝和流失。

二、創業機會的識別

在成功創業的路上，如何識別創業機會是創業者首先要解決的問題。好的創業機會，必然具有特定的市場定位，專注於滿足顧客需求，同時能為顧客帶來增值的效果，創業需要機會，機會要靠發現。要想尋找到合適的創業機會，創業者應識別以下創業機會：

(一) 現有市場機會和潛在市場機會

現有市場機會是市場機會中那些明顯未被滿足的市場需求，往往發現者多，進入者也多，競爭勢必激烈。潛在市場機會是那些隱藏在現有需求背後的、未被滿足的市場需求，不易被發現，識別難度大，往往蘊藏著極大的商機。

(二) 行業市場機會與邊緣市場機會

行業市場機會是指在某一個行業內的市場機會發現和識別的難度系數較小，但競爭激烈，成功的概率低。邊緣市場機會是在不同行業之間的交叉結合部分出現的市場機會，處於行業與行業之間出現「夾縫」的真空地帶，難以發現，需要有豐富的想像力和大膽的開拓精神，一旦開發，成功的概率也較高。

(三) 目前市場機會與未來市場機會

目前市場機會是那些在目前環境變化中出現的機會，未來市場機會是通過市場研究和預測分析，它將在未來某一時期內實現的市場機會。若創業者提前預測到某種機會會出現，就可以在這種市場機會到來前早做準備，從而獲得領先優勢。

(四) 全面市場機會與局部市場機會

全面市場機會是指在大範圍市場出現的未滿足的需求，在大市場中尋找和發掘局部或細分市場機會，見縫插針，拾遺補闕，創業者就可以集中優勢資源投入目標市場，

有利於增強主動性，減少盲目性，增加成功的可能。局部市場機會則是在一個局部範圍或細分市場出現的未滿足的需求。

三、創業機會的發現及選擇

(一) 創業機會的發現

投資創業要善於抓住好的機會，把握住了每個稍縱即逝的投資創業機會，就等於成功了一半。

發現創業的機會的方法，具體表現在以下幾個方面：

1. 變化就是機會

環境的變化會給各行各業帶來良機，人們透過這些變化，就會發現新的前景。變化可以包括：產業結構的變化，科技進步，通信革新，政府放松管制，經濟信息化、服務化，價值觀與生活形態變化，人口結構變化。

2. 從「低科技」中把握機會

隨著科技的發展，開發高科技領域是時下熱門的課題，但創業機會並不只屬於高科技領域。在運輸、金融、保健、飲食、流通這些低科技領域也有機會，關鍵在於開發。

3. 集中盯住某些顧客的需要就會有機會

機會不能從全部顧客身上去找，因為共同需要容易認識，基本上已很難再找到突破口。而實際上每個人的需求都是有差異的，如果我們時常關注某些人的日常生活和工作，就會從中發現某些機會。因此，在尋找機會時，應習慣把顧客分類，認真研究各類人員的需求特點，機會自見。

4. 追求「負面」就會找到機會

追求「負面」，就是著眼於那些大家「苦惱的事」和「困擾的事」。因為人們總是迫切希望解決「苦惱」和「困擾」，如果能提供解決的辦法，實際上就是找到了機會。

(二) 創業機會的選擇

在現實經濟生活中，適於創業的機會並不是很多的。創業者需要借助「機會選擇漏斗」，經過一層又一層的篩選，在眾多機會中篩選出真正適合自己的創業機會。

選擇創業機會，具體分為以下兩個步驟：

1. 篩選出較好的創業機會

一般而言，較好的創業機會多有如下五個特點：

(1) 在前景市場中，前五年中的市場需求會穩步快速增長；

(2) 創業者能夠獲得利用該機會所需的關鍵資源；

(3) 創業者不會被鎖定在「剛性的創業路徑」上，而是可以中途調整創業的「技術路徑」；

(4) 創業者有可能創造新的市場需求；

(5) 特定機會的商業風險是明朗的，並且至少有部分創業者能夠承受相應風險。

2. 篩選出利己的創業機會

面對較好的創業機會，特定的創業者需要回答如下四個問題：

（1）創業者能否獲得自己缺少但他人控制的資源；

（2）遇到競爭時，自己是否有能力與之抗衡；

（3）是否存在該創業者可能創造的新增市場；

（4）該創業者是否有能力承受利用該機會的各種風險。

四、創業機會的把握

創業者不僅要善於發現機會，更需要正確把握並果敢行動，將機會變成現實的結果，這樣才有可能在最恰當的時候出擊，獲得成功。把握創業機會，應著重注意以下幾點：

（一）著眼於問題把握機會

機會並不意味著無須代價就能獲得，許多成功的企業都是從解決問題起步的。問題就是現實與理想的差距。顧客需求在沒有滿足之前就是問題，而設法滿足這一需求，就抓住了市場機會。

（二）利用變化把握機會

變化中常常蘊藏著無限商機，許多創業機會產生於不斷變化的市場環境。環境變化將帶來產業結構的調整、消費結構的升級、思想觀念的轉變、政府政策的變化、居民收入水平的提高。人們透過這些變化，就會發現新的機會。

（三）跟踪技術創新把握機會

世界產業發展的歷史告訴我們，幾乎每一個新興產業的形成和發展都是技術創新的結果。產業的變更或產品的替代，既滿足了顧客需求，同時也帶來了前所未有的創業機會。

（四）在市場夾縫中把握機會

創業機會存在於為顧客創造價值的產品或服務中，而顧客的需求是有差異的。創業者要善於找出顧客的特殊需要，盯住顧客的個性需要並認真研究其需求特徵，這樣就可能發現和把握商機。

（五）捕捉政策變化把握機會

市場受政策影響很大，新政策出抬往往引發新商機，如果創業者善於研究和利用政策，就能抓住商機站在潮頭。

（六）彌補對手缺陷把握機會

很多創業機會是緣於競爭對手的失誤而「意外」獲得的，如果能及時抓住競爭對手策略中的漏洞而大做文章，或者能比競爭對手更快、更可靠、更便宜地提供產品或服務，也許就找到了機會。

五、創業機會的評估準則

所有的創業行為都來自於絕佳的創業機會，創業團隊與投資者均對於創業前景寄予極高的期望，創業家更是對創業機會在未來所能帶來的豐厚利潤滿懷信心。但是，時常有創業失敗悲劇的發生。為了盡可能地避免這樣的情況，創業者應該先以比較客觀的方式進行評估，評估的準則有市場評估準則和效益評估準則兩種。

（一）市場評估準則

市場評估準則具體包括如下六個方面：

1. 市場定位

評估創業機會的時候，可由市場定位是否明確、顧客需求分析是否清晰、顧客接觸通道是否流暢、產品是否持續衍生等來判斷創業機會可能創造的市場價值，創業帶給顧客的價值越高，創業成功的機會也越大。

2. 市場結構

對創業機會的市場結構要進行四項分析：進入障礙分析，供貨商、顧客、經銷商的談判力量分析，替代性產品的威脅分析和市場內部競爭的激烈程度分析，由此可知該企業在未來市場中的地位，以及可能遭遇競爭對手反擊的程度。

3. 市場規模

市場規模大，進入障礙相對較低，市場競爭激烈程度也會略為下降。若要進入的是一個十分成熟的市場，那麼利潤空間會很小，不值得再進入。若是一個成長中的市場，只要時機正確，必然會有獲利的空間。

4. 市場滲透力

對於一個具有巨大市場潛力的創業機會，市場滲透力評估將會是非常重要的。應該知道選擇在最佳的時機進入市場，也就是市場需求正要大幅增長之際。

5. 市場佔有率

一般而言，要成為市場的領導者，最少需要擁有20％以上的市場佔有率。若低於5％的市場佔有率，則這個新企業的市場競爭力不高，自然也會影響未來企業的價值。尤其是處在具有「贏家通吃」特點的高科技產業，新企業必須擁有成為市場佔有率前幾位的能力，才比較有投資價值。

6. 產品的成本結構

從物料與人工成本所占比重之高低、變動成本與固定成本的比重，以及經濟規模產量大小，可以判斷企業創造附加價值的幅度以及未來可能的獲利空間。

（二）效益評估準則

效益評估準則具體包括如下四個方面：

1. 合理的稅后淨利

一般而言，具有吸引力的創業機會至少需要能夠創造15％以上稅後淨利。如果創業預期的稅后淨利是在5％之下，那麼這就不是個很好的投資機會。

2. 達到損益平衡所需的時間

合理的損益平衡時間應該在兩年之內達到，如果三年還達不到，恐怕就不是個值得投入的創業機會了。當然，有的創業機會確實需要經過比較長的耕耘時間，通過前期投入，創造進入障礙，保證后期的持續獲利，這樣的情況可將前期投入視為投資，才能容忍較長時間的損益平衡時間。

3. 投資回報率

考慮到創業面臨的各種風險，合理的投資回報率應該在25%以上，而15%以下的投資回報率是不值得考慮的創業機會。

4. 資本需求

資本需求量較低的創業機會，投資者一般會比較喜歡，資本額過高其實並不利於創業成功，甚至還會帶來稀釋投資回報率的負面效果。通常，知識越密集的創業機會，對資金的需求量越低，投資回報反而會越高。因此在創業開始的時候，不要募集太多資金，最好通過盈余累積的方式來創造資金，而比較低的資本額，將有利於提高每股盈余，並且還可以進一步提高未來上市的價格。

六、根據個人特性尋找創業方向

不同的人有不同的條件，因此應根據創業者自身的不同特性來分析是否應該踏上創業的路，以及選擇的創業方向是否是適合自己。這些選擇主要應注重以下幾個方面：

（一）看進入的產業

創業者進入的產業應當是已經處於上升期但還沒完全達到大規模發展階段，處於下降期的產業說明進入企業已經太多，競爭激烈，幾乎都是以規模效應來競爭的環境了。

（二）應當選擇自己具有優勢的領域進入

例如，考慮有現成客戶，擁有技術等優勢條件。

（三）資金

每個領域需要的資金投入有所不同，但是如果你是白手起家，又無任何足以打動風險投資人的項目的話，那麼最好不要選擇創業。

（四）人力資源

創業者自己可能不具備所有資源，所以需要合作者來彌補。初創公司在員工的選擇上其實與合作者的選擇是很相似的。

（五）投資人選擇

別人給你錢都是有代價的，投資者的目的是從你身上賺到更多的錢，而創業者也該選擇對自己最有利的投資人，原則是互補。投資人不僅要能給你錢，還要能夠給你的企業帶來更多的品牌提升，更多的業務，更好的管理，這樣才有利於你的創業。

七、研究市場

能夠自己去識別和選擇創業機會，根據自己的具體情況找到適合的創業方向，明確了想做什麼和能做什麼，並且還要研究市場。市場需求是客觀的，你能夠做到的是主觀的，主觀只有和客觀統一起來，才能變成現實，才能有效益。因此，要竭盡所能，研究市場，捕捉信息，把握商機。機會從來都是垂青有心人的，做一個有心人，就會發現處處有市場，遍地是黃金，就會發現自己擁有的每種資產的最佳用處。所以還應該做好以下的工作，為更好的創業進行鋪墊：

（一）研究大家都在做什麼，做什麼最掙錢

不妨先做小工，向做得好的人虛心學習，學習他們經營的長處，摸清一些做生意的門道，累積必要的經驗與資金。學習此行業的知識和技能，體會他們經營的不足之處，在你做的時候力爭改進。

（二）研究自己家庭生活經常需要什麼商品和服務

研究大眾需求從你自己的家庭需要開始，首先研究你家裡每天什麼東西消費得最多。普通老百姓衣食住行的日常需要是你穩定而廣闊的市場。

（三）研究當前及今後一段時間的社會熱點和公眾話題

對精明的商人來說，熱點就是商機，就是掙錢的項目和題材。抓住熱點，掌握題材，獨居匠心就能掙錢。同時，注意潛在熱點的預測和發現，在熱點沒有完全熱起來之前，就有所發現，有所準備，在別人沒有發現商機時，你能發現商機，就更勝一籌。

（四）研究社會難點，關注社會焦點

只要用心看，就會發現我們身邊有這樣那樣的難點，看看我們能做什麼來解決這些「麻煩」，本身就是個商機。

（五）研究市場的地區性差異

不同的地區需要不同的產品和市場，地理因素的限制會帶來不同地區之間的市場差異。市場的地區性差異是永遠存在的，關鍵在於你能不能發現。發現差異並做縮小差異的工作，就是在滿足市場需求，就是掙錢之道。

（六）研究生活節奏變化而產生的市場需求

現代生活節奏越來越快，越來越多的人接受了「時間就是生命」「時間就是金錢」的價值觀念。快節奏的生活方式必然會產生新的市場需求，用金錢購買時間是現代都市人時髦的選擇。精明的生意人就會看到這一點，做起了各種各樣適應人們快節奏生活需求的生意。

第二章　組建創業團隊

知識及技能目標：

1. 瞭解團隊的概念及重要性
2. 如何創建一個優秀的團隊
3. 團隊的分工與合作

案例導入：

「合夥人」成大學生創業熱詞

隨著電影《中國合夥人》的熱映，創業「合夥人」也一躍成為熱議話題。影片中個性迥異的三位合夥人歷經了各自的落寞、事業的浮沉、「意見相左」的針鋒相對，最終並肩作戰取得了成功，贏回了尊嚴。「合夥人」這一話題，也成為最近舉行的第三屆中國杭州大學生創業大賽的主要議題之一。合夥人對於創業成敗的意義毋庸置疑，那麼怎樣選擇自己的創業合夥人呢？我們來聽聽專家和創業團隊的感悟。

創業初期合夥人成關鍵

在創業大賽的創業論壇上，清科集團清科創投董事總經理屈衛東、杉杉控股集團執行總裁任偉泉、聚光科技（杭州）股份有限公司首席執行官（CEO）姚納新、浙江浩浪科技集團董事長俞乃博四位嘉賓圍繞「創新型初創企業的成長」的論壇主題，紛紛從自身經歷出發，發表了獨到見解，傳授了創業的經驗教訓，並現場與創業學子互相交流。

在論壇現場，四位創業前輩也對「合夥人」這一創業過程中必經的議題表達了各自的看法。任偉泉先生說：「在創業的過程中，合夥人就是我們最可靠的伴侶。合夥人之間的相互協調、相互合作就是創業初期的中流砥柱。」

在現實生活中，「合夥人糾紛」「被合夥人騙」「合夥人內耗退夥」導致企業衰敗的事件早已屢見不鮮。屈衛東先生也在現場對合夥人的重要性表示了贊同：「商業合夥人，生活中也必定是好朋友。在爾虞我詐的商場上，各懷鬼胎的合夥人是一枚定時炸彈。合夥人之間的互相信任是創業穩步發展的保障。」

尋找合夥人核心是互補

大學生創業時尋找合夥人，是選擇霸氣獨斷的孟曉駿，瀟灑通達的王陽，還是勤懇執著的成東青？任偉泉先生在回答現場大學生提問時建議：「尋找合夥人的核心就是性格的互補性，團隊之中各司其職的基礎就是各個合夥人擁有不同的技能和特質，相輔相成，從而達到一種等量的平衡，才能讓團隊合作的緊密性和效率達到最高。」而前兩屆創業大賽的獲獎者俞乃博先生也分享了自己的見解：「不靠譜的合夥人就像是道不

同不相為謀的情侶，難以走得更遠，不能孕育結晶。避免合夥人內耗的關鍵是要審視自己能夠給予對方什麼，而不是一味地寄希望在你的合夥人身上，合夥人需要通力合作，更需要相互扶持，共同促進。」

在本屆大賽中獲得一等獎的項目豆秀網就是完美合夥人的範本。在這個專業選拔、培養、輸送童星的一體化平臺中，浙江樹人大學畢業的女合夥人負責選拔、培養具有才藝潛力的兒童，另一位浙江廣播電視大學的合夥人負責利用多年從事傳媒行業累積的社會資源來為童星提供展示平臺。同樣，在創業大賽中擁有頗高人氣並獲得特等獎殊榮，自詡立志比肩馬雲的來自福建師範大學的友寶智能快遞終端首席執行官（CEO）應向陽，其團隊伙伴也是來自不同的專業，懷揣著共同的創業夢想，利用各自的專業優勢進行互補，共同為團隊創造價值。

——資料來源：馬燕捧．「合夥人」或大學創業熱詞［EB/OL］．（2013－06－26）［2016－07－18］．http：//www.studentboss.com/html/news/2013－06－26/134647.htm

第一節　創業團隊組建

創業如同拔河比賽，「人心齊，泰山移」「寧要一流的人才和二流的項目，也不要一流的項目和二流的人才」是風險投資家的箴言。可以說，創業浪潮中的「項目秀」「個人秀」的時代已經結束，團隊的力量逐漸被越來越多的人所看好。尤其是創業的起步階段，如果沒有一個高素質的團隊，再完美的創業計劃也會「胎死腹中」。由於團隊具有的協作能力和靈活機動的運作模式是單個人所不具備的，在很多公司內部，團隊形式成為新的組織模式。因此，在創業過程中，不僅要求創業者本身具有一定的創業能力，對於團隊成員的整體協同作戰能力也提出了很高的要求。創業過程實際上就是團隊不斷成長成熟的過程。

關於創業團隊的概念，不同的學者從不同的角度界定了創業團隊的定義。卡姆、舒曼、西格和紐里克（Kamm, Shuman, Seeger & Nurick, 1990）認為，創業團隊是指兩個或兩個以上的個人參與創立一個事業並有相應的財務利益（Equity or Financial Interest），這些個人出現在公司啟動之前的階段，即為在實際開始製造其產品或在市場上提供其服務之前的時期。沃森等（Watson, et al, 1995）定義創業團隊為兩個或更多的個體聯合團隊，成立一個企業或事業，同時又一起運作。維克曼、喬布斯和亨德爾貝格（Vyakamam, Jacobs & Handelberg, 1997）將創業團隊定義為在企業的啟動階段，兩個或更多的人，他們共同努力同時投入個人資源以達到目標，他們對企業的創立和管理負責。蓋倫、錢德勒和漢克斯（Gaylen, Chandler & Hanks, 1998）認為，創業團隊指的是當公司成立時對執掌公司功能的人或是在營運前兩年加入的成員，對於公司沒有所有權的雇員並不算在內。

除了上面比較有代表性的定義外，綜合其他文獻，現實情況下，作為創業團隊要滿足以下幾個條件：在企業創立的較早階段就加入；擁有企業股份；在企業內承擔相應的管理工作或其他任務，不是純粹的投資人。

創業團隊是創業企業的高層管理團隊，所以它具有高層管理團隊與其他類型團隊相區別的關鍵特徵：創業團隊在企業中位於高層，對企業的創立和發展等具有關鍵作用；創業團隊面臨的環境相對於其他類型團隊（如自我管理團隊）更為複雜和多變；創業團隊面臨的任務也最多，包括各職能領域和企業內外的各種複雜任務；創業團隊要求的能力和經驗等是分佈式的，是多種多樣的。

第二節　創業團隊的五個組成元素

一、目標（Purpose）

創業團隊的存在使得創業活動中的各項事務依靠團隊來運作而不是依靠個人英雄主義。創業團隊應該有一個既定的創業目標，該創業目標應成為團隊的共同奮鬥理想。

二、人（People）

在新創企業中，人力資源是所有創業資源中最活躍、最重要的資源。創業的共同目標是通過人來實現的，不同的人通過分工共同完成創業團隊的目標，所以人員的選擇是創業團隊建設中非常重要的一個部分，創業者應當充分考慮團隊成員的能力、性格等方面的因素。

三、定位（Place）

定位指的是創業團隊中的具體成員在創業活動中扮演什麼樣的角色，也就是創業團隊的分工定位問題。定位問題關係到每一個成員是否對自身的優劣有清醒的認識。創業活動的成功推進，不僅需要整個企業能夠尋找合適的商機，同時也需要整個創業團隊能夠各司其職，並且形成一種良好的合力。因此，每個創業團隊成員都應當對自身在團隊中的位置有正確的定位，並且根據準確的定位充分發揮主觀能動性，推進企業成長。

四、權利（Power）

為了實現創業團隊成員的良好合作，賦予每個成員一定的權利是有必要的。事實上，團隊成員對於控制力的追求也是他們參與創業的一個重要的原因。為了滿足這一要求，需要分配權限給他們，以達到激勵的效果。對於創業活動來說，所面臨的是更為動態多變的環境，管理事務也比較複雜，創業團隊成員每個人都需要承擔較多的管理事務，客觀上也需要創業團隊成員有一定的權利，能夠在特定的條件下進行決策。因此，權利的分配也有利於團隊的運作效率。

五、計劃（Plan）

計劃是創業團隊未來的發展規劃，也是目標和定位的具體體現。在計劃的幫助下，

創業者能夠有效制定創業團隊短期目標和長期目標，能夠提出目標的有效實施方案，以及實施過程的控制和調整措施。這裡所討論的計劃尚未達到商業計劃書那種複雜程度，但是，從團隊的組建和發展過程來看，計劃的指導作用自始至終都是存在的。

因此，為了充分推進創業過程，創業伙伴們必須不斷磨合，才能形成一個擁有共同目標、人員配置得當、定位清晰、權限分明、計劃充分的團隊。實際上，很多團隊在組建的時候，如果存在一個試用期來體驗團隊成員之間能否形成必要的默契，這就在很大程度上降低了團隊組建的風險。

第三節　創業團隊的分工

為了實現團隊的共同目標，需要創業團隊實施各種各樣的功能。這些功能往往難以依靠創業者個人完成。因此，創業團隊雖小，但是應當「五臟俱全」。優秀的創業團隊必須能夠實現有效的分工，形成優勢互補，相得益彰。

首先，創業團隊成員必須有一個核心的創業者作為團隊的領導者。這一領導者並不是單單依靠資金、技術、專利等因素決定的，他的領導地位往往來自於創業伙伴在同窗或共事過程中發自內心的認可。在創業中，開始提出創業機會，並且組織起團隊的初始創業者有可能成為核心領導者，但是隨著創業活動的進一步深入，如果他逐漸無法跟上創業活動的發展，有可能出現新的取代者。

其次，創業團隊中還需要能夠有效進行內部整合的人。這個人能夠把創業團隊的戰略規劃往下推行。作為即將創立或者剛剛創立的企業，內部往往缺乏規範的組織制度和章程。因此，員工的招募和管理、企業內部的生產和經營等方面缺乏明確的規章制度予以指導，這種情況往往需要一個團隊成員專門從事企業內部管理，這樣能夠形成較好的協調機制。

最后，在創業團隊中，應當擁有一個專門從事市場營銷、對外聯繫的成員。市場營銷和對外聯繫工作尤其需要獨特的溝通聯繫能力，應當有專門的主管人員。為了有效開拓市場，該團隊成員應當擁有相關領域的經驗。因為市場開拓能力很大程度上是與過去的工作經歷和社會閱歷相關。新創企業能否快速打開市場，也與企業所能擁有的社會關係密切相關，因此創業團隊應當積極吸收擁有良好工作經驗和廣泛社會關係的市場開發管理人員。

除此之外，如果創業者要建立的是一個技術類的創業公司，那麼還應該有一個技術研發主管人員。對於高技術創業來說，創業者往往自身就是技術領域的佼佼者，他的創業活動往往是基於自己在實驗室中開發出的項目。但是，很多情況下，核心創業領導者不能兼任技術管理工作，因為核心領導者更多關注的是企業戰略層面的問題，而技術研發的問題更需要一個專業人士來專門管理。

當然，如果條件允許，這個創業團隊還需要有人掌握必要的財務、法律、審計等方面的專業知識，以便於從事這些方面的管理工作。雖然創業團隊可以求助於外部的支持機構來完成財務、法律、審計等方面的管理事務，但是在很多情況下，創業團隊

需要自行處理這些問題，特別是在涉及一些企業的內部機密的時候。因此，創業者也要有意識地吸收這方面的創業伙伴。

必須引起注意的是在一個創業團隊中，不能出現兩個核心成員位置重複的情況。因為只要優勢重複、職位重複，那麼以後必然少不了出現各種矛盾，甚至最終導致整個創業團隊的散伙。

第三章　創業資金籌集

知識及技能目標：

1. 瞭解創業資金的籌集渠道
2. 熟悉各類融資渠道的融資成本

案例導入：

寧波市華禾商貿有限公司融資案例

一、公司的基本情況

寧波市華禾商貿有限公司成立於2004年，註冊資本160萬元，是一家代理銷售美的電器的商貿類小企業。該企業為寧波市美的電器的總代理，憑著美的的品牌優勢和企業主的良好經營手法，近年來該企業發展較為穩定。

每年的夏季以及年底為企業的銷售旺季，特別是臨近年終的時候，為配合各大商場的年末促銷活動，需大量購入存貨。這段時期，企業在業務營運過程中的流動資金較為緊張，又由於經濟形勢的影響，資金回籠速度更加受到了影響，眼看著大筆訂單接進來，卻因為流動資金不足而無法及時備貨。如交貨時間多次拖延，將大大影響公司信譽，這對穩定及發展自己的客戶群極為不利。因而，公司絕不能在業務發展呈現良好勢頭的時候，被流動資金周轉的問題拖了后腿。

二、公司的融資背景

企業想到了通過自有房產抵押，向銀行進行流動資金融資。該公司先後與幾家國有銀行洽談過貸款業務，但都沒有成功。主要是由於洽談過程中遇到了兩個問題：

（1）抵押額度未能達到企業的融資需求。由於一般情況下房產抵押貸款額度為評估價值的七折，這樣企業實際能夠得到的融資額度與其融資需求有一定差距，不能完全滿足企業的融資缺口。

（2）企業需要的是短期的流動資金貸款，經營收入回籠較快，貸款的需求期較短，所以更適合短期內可以靈活周轉的額度產品。如果貸款期限太長，一方面沒有必要，另一方面利息費用也是一筆不小的開支，這對於一家並不是「財大氣粗」的小企業來說也是一種負擔。

在與多家銀行都洽談未果後，企業主通過朋友介紹，得知寧波銀行有專門針對小企業的一些融資產品，於是就找了寧波銀行業務人員洽談此筆貸款業務。之前與其他銀行洽談過程中存在的兩個問題，通過寧波銀行的「貸易融」和「押餘融」兩款產品就解決了。

三、寧波銀行的「貸易融」和「押余融」

1.「貸易融」

「貸易融」是向小企業提供的房地產抵押項下的公開授信額度。「貸易融」的一些主要特點正好迎合了企業的融資需求：

（1）授信期限長：一次授信，兩年有效。這樣，企業只需提供一次資料，辦理一次授信，就可以在兩年裡面享受銀行的貸款額度，為企業節省了時間。

（2）貸款入帳快：審核提款，無需逐筆簽訂借款合同。在企業急需資金的情況下，急企業所急，省略繁瑣的手續，迅速為企業解決資金缺口問題。

（3）財務費用省：循環的授信額度，額度內隨借隨還。企業就可以根據資金回籠的情況來安排融資期限和融資金額，最大限度地掌握了向銀行融資的主動權，大大節省了財務開支，使企業所賺的錢更值錢。

2.「押余融」

「押余融」是針對已取得抵押授信的小企業，對應抵押差額部分發放的保證循環授信額度。「押余融」的額度可達抵押差額部分的100%，差額部分只需提供抵押所有權人的保證即可，這就正好可以解決企業房產抵押額度未能達到融資需求的問題。

四、公司成功融資及分析

最后經過洽談，該企業以其自有房產抵押獲取了「貸易融」授信額度230萬元，並以抵押品剩余價值申請「押余融」100萬元。這兩個產品的配套使用滿足了企業的融資需求，使企業走出了在銷售旺季資金周轉不靈的窘境，並為企業今後的業務發展提供了有力的資金保障。

從該案例可以看出，向銀行融資至少有兩個好處：

第一，銀行融資靈活多樣，銀行作為借貸雙方的仲介，可以提供不同的數量、不同的方式滿足雙方融資選擇。

第二，銀行在授信之前，有金融專家對調研資料進行可行性研究，然後進行決策，這就可能降低了直接融資產生的糾紛和風險。

——資料來源：寧波市華禾商貿有限公司融資案例［EB/OL］．（2013－05－24）［2016－07－14］．www.cy580.com/content/2013/05/24/show182003.html.

第一節 創業融資的概念

一、創業融資概述

創業融資是指創業企業利用各種方式、通過各種途徑從企業外部的其他組織、個人以及企業內部籌措和集中所需資金的活動。

創業融資按用途可分為固定資產的籌集和流動資產的籌集；按融資的對象可分為向個人、政府、銀行、其他企事業、保險公司及有關金融機構的籌集；按資金來源可分為企業內部資金、國內資金和國外資金的籌集；按時間長短可分長期資金、中期資

金和短期資金的籌集，長期資金一般指占用5~10年以上的資金，主要用於企業固定資產的購建，中期資金一般指占用1~5年的資金，短期資金指占用1年以下的資金。

無論企業規模大小，無論企業經營什麼，不同的企業管理者總是以不同的融資、投資、經營活動來實現「獲得最大經濟利益」的目標。為此，企業必須首先通過各種融資方式來獲得一定的資金，然後通過投資活動來運用資金，並通過經營管理來獲得收入，從而使資金增值、獲利。因此，可以說融資是籌措資金的行為，投資是運用資金的行為，經營是管理資金或資產的行為。企業能否盈利、能否實現利潤最大化的目標，最終取決於融資、投資、經營三大基本經營活動的綜合效果。在這三大基本經營活動中，融資活動是起點，是企業經營活動中不可或缺的重要組成部分。因此，創業企業必須重視提高自身的融資能力，拓寬融資渠道，更高效率地獲得資金，從而實現企業的最終經營目標。

企業融資是企業經常進行的一項經營活動，不僅創辦新企業或擴大再生產需要融資，就是維持企業正常的經營也需融資。企業融資對企業的生存和發展具有「輸血」和「造血」的雙重功能。

二、融資的錯誤理念

(一) 害怕借錢

由於傳統理財思想的影響，許多創業企業不敢向外借錢，擔心對外借款會給別人留下債臺高築、資金實力不強的印象，從而影響企業的社會形象。因此，創業者不願學習融資知識，忽視融資能力的提高，不重視融資活動，從而限制了企業的發展。其實，在市場經濟中，企業保持一定合理的負債不僅是合理的，而且是必要的，沒有負債的企業幾乎是不存在的，只不過不同的企業，其負債的形式不同，負債的金額有所不同而已。

(二) 只融不投

籌資的目的是為了投資，是為了擴大企業規模，增加利潤額，而絕不是為了揮霍享受或者用於其他與企業經營無關的活動。事實上，有些企業卻沒有真正這樣做。他們在籌集到錢款後，便把投資的事拋在了腦後，把大把大把的鈔票用在吃喝玩樂上。結果，已經得到了投資的項目最後也就泡湯了，而且企業本身已有的經營基礎也發生了動搖。

因此，籌集而得來的錢是不能輕易花掉的，更不能揮霍和浪費，借來的錢在使用時尤其要慎之又慎。

(三) 貪心太重

在現實中我們往往會犯貪心的毛病，總想能夠籌集到更多的資金，盲目相信籌資越多越好。然而，這是一種極危險的想法。在籌資時貪心太重是沒有什麼好處的，搞不好還會給自己背上沉重的包袱，得不償失。因此，在籌資時，我們須遵循「需要多少，便籌多少」的原則，只要能夠滿足投資所需就可以了，千萬不可急躁冒進，貪多求大。

(四) 過度負債

在現實生活中，我們可以看到越來越多的企業在創業成功和經歷輝煌之後逐漸走向衰敗。研究顯示，當成功企業不能有效控制債務的迅速膨脹，再遇到環境變遷的挑戰時，只要應付不當，往往導致企業走向衰敗。

一般來說，當一個企業獲得創業成功，市場份額不斷增大時，會逐漸失去平常心，不斷地採用擴張性政策。為此，企業常常大舉融資，各種債務迅速膨脹，最終發生嚴重的財務危機，使企業面臨崩潰。

(五) 借錢不還

在計劃經濟體制下，國家按計劃將資金分配給企業，由於沒有強制的還款約束機制，導致企業還款的意識淡薄。即使企業不能按期還本付息，也不會影響企業的社會形象，更影響不到企業的管理者。同時，銀行催收貸款的力度不夠，企業就形成了「向銀行借錢如同從銀行取錢」一樣的融資思維，所以企業「借錢不還」的行為常常出現。

目前，隨著中國市場經濟體制的建立和金融體制改革的不斷深化，商業銀行的經營以利潤為目標，企業貸款會受到商業銀行強有力的監督和催收。倘若企業還存在「借錢如取錢」的融資思想，貸款到期不歸還，必然受到銀行、政府和社會輿論的各方譴責甚至是法律的製裁。這必將影響到企業的正常生產經營活動。

三、融資的正確理念

(一) 講信用

中國有千古流傳的「欠債還錢，天經地義」和「有借有還，再借不難」等說法。尤其在市場經濟條件下，創業企業要充分認識到信用的重要性，在融資活動中，要強化「借錢還債」的信用觀念。

企業的信用度與企業的融資能力成正比，社會對企業的信用度認可越高，企業的融資渠道則越廣，融資的難度就越小；否則，企業融資就越困難。

目前，中國銀行之間已建立了防止企業逃避銀行貸款的「逃債企業黑名單通報制度」。對那些拖欠銀行貸款本金和利息的企業在銀行系統內部通報，對有錢不還、惡意逃債的企業將在報紙、電臺等公共媒體上進行曝光。「逃債企業黑名單制度」無疑會保護銀行的信貸資產，同時也讓「不講信用，特別是逃避債務的企業」在銀行業中被判「死刑」，無法在銀行間進行正常的資金清算，也無法再向銀行融資，這不僅使得企業的發展受到阻礙，而且還對企業所有者個人有嚴重的影響。

(二) 具備良好的融資心態

取得融資后，創業企業者往往有兩種極端的融資心態。

一種心態是融資后靠「借雞生蛋」賺了很多錢，這時對償還債務一事不屑一顧，甚至忘記了自己的債務，覺得背這麼一點債務，隨時能還得起，因此並不急於償還債務，將賺來的錢或者用於擴大投資規模，或者用於多元化投資。隨著時光的流逝，企

業經營形勢急轉直下，企業的資金枯竭，債務已無法償還，此時后悔當初有錢時為什麼不把債給還了。因此創業企業切忌「見利忘險」，只要一日有債務，都要牢記債務到期償還的風險。當企業盈利豐厚的時候，記得第一時間要盡量降低負債率（其實，當企業做大之後，企業經營所需的資金可以轉嫁為別人的債務，將債務風險轉嫁到其他企業身上）。

另一種心態是融資后背負較大的壓力，由於沉重的債務而改變了原有的正常經商心態，要麼變得過於小心，畏手畏腳，似乎被債務綁住了手腳，給別人一種缺乏自信心的形象，從而影響了正常的經營活動，使企業失去激情和活力。

充分進行市場調查，製訂好融資計劃是克服以上兩種極端融資心態的關鍵。企業在融資前能做到心中有數，對可能發生的不同情況有相應的對策和辦法，將有利於創業企業在融資后保持良好的融資心態。

因此，創業者應該高度重視防範融資的風險，敢融資，會融資，善於管理資金。

（三）與融資伙伴長期保持良好的關係

為了企業的長期發展，應當培養長期的融資合作伙伴。要獲得別人的資金，必須充分取得別人的信任，經受別人的考驗。若企業在日積月累的合作交往中，注意自身的信用建設，最終獲得較高的信用度，擁有了長期的融資伙伴，如銀行、客戶等，就會降低企業融資交易的成本，提高融資的效率。銀行是企業適宜建立良好關係的長期融資的伙伴之一，企業和銀行是魚和水的關係，銀行需要一批長期、穩定的企業客戶，企業也需要長期合作的銀行。另外企業還應該注意培養盡可能多的融資伙伴，建立銀行貸款外的多種融資渠道，如私人財團入股、股票發行等，讓企業有更廣的融資選擇的余地，以便企業進行最優的融資決策。

四、創業融資的七大原則

（一）量力而行，規模適度

融資都是有代價的，這是市場經濟等價交換的原則。正因如此，在融資的過程中，籌措多少資金才算合適，這是我們必須慎重考慮的問題。融資過多會造成浪費，增加成本，並且還可能因負債過多到期無法償還，增加企業風險；融資不足又會影響企業按計劃正常發展。因此，企業在融資過程中，必須做到量力而行，融資規模要適度。

（二）壓縮融資的成本

融資的成本是指企業為籌措資金而支出的一切費用，它主要包括融資過程中的組織管理費用、融資后的占用費用和籌資時支付的其他費用。

企業融資成本是決定企業融資效益的決定性因素，對於選擇評價企業籌資方式有著重要意義。因此，在融資時，企業須充分考慮降低籌資成本的問題。

（三）以用途決定融資方式和數量

我們要針對融資的不同用途，選擇是運用長期方式還是短期籌資方式。如果籌集到的資金是用於流動資金的，根據流動資金周轉快、易於變現、經營中所需補充的數

額較小、占用時間較短等特點，可選擇各種短期籌資方式，如商業信用、短期貸款等。如果籌集到的資金是用於長期投資或購買固定資產的，由於這些資金要求數額較大、占用時間長，應選擇各種長期籌資方式。

（四）時機得當

創業企業在融資過程中，必須按照投資機會來把握籌資時機，以避免因取得資金過早而造成投資前的資金閒置或者取得資金的相對滯后而影響投資時機。

（五）保持對企業的控制權

企業為融資而部分讓出企業原有資產的所有權、控制權時，常常會影響企業生產經營活動的獨立性，引起企業利潤外流，對企業近期和長期效益都有較大影響。

（六）有利於加強企業競爭力

通過融資加強企業競爭力主要通過以下幾方面表現出來：首先，通過融資，壯大了企業資本實力，增強了企業的支付能力和發展后勁；其次，通過融資，提高了企業的信譽，擴大了企業的產品銷路；最后，通過融資，充分利用規模經濟的優勢，增強了企業的競爭力。

可見，企業競爭力的提高，同企業籌措資金的使用效益有密切聯繫，是企業籌措資金時不能不考慮的因素。

（七）權衡各種籌措資金渠道的風險

融資時，企業需要權衡各種籌措資金渠道的風險的大小。例如，目前利率較高，而預測不久的將來利率要下降，此時融資應要求按浮動利率計息；如果預測相反，則應要求按固定利率計息。再如利用外資，應避免用硬通貨償還本息，而應爭取以軟貨幣償還，從而避免由匯率的上升、軟幣貶值而帶來的損失。同時，在融資過程中，還應選擇那些信譽良好、實力較強的出資人，以減少違約現象的發生。

第二節　創業資金的來源

如果你是極具自主創業能力的人，那麼在創業之前你想到的重點問題應該是創業資金，作為一個剛由大學步入社會的青年，應如何籌集創業資金呢？看看以下籌集資金的辦法吧，也許可以幫助你更快地實現創業夢想。

一、銀行貸款

提及資金的來源途徑，一般都會最先想到銀行貸款。個人從銀行獲得貸款的形式主要有五種：信用貸款、保證貸款、抵押貸款、質押貸款、票據貼現。

（一）用政府和銀行的優惠政策申請創業貸款

創業貸款是指具有一定生產經營能力或已經從事生產經營活動的個人，因創業或

再創業提出資金需求申請，經銀行認可有效擔保后而發放的一種專項貸款。符合條件的借款人，根據個人的資信狀況和償還能力，最高可獲得單筆 50 萬元的貸款支持。對創業達到一定規模或成為再就業明星的，還可提出更高額度的貸款申請。創業貸款的期限一般為 1 年，最長不超過 3 年。

（二）以自己的財產開闢新路，進行抵押貸款

抵押貸款是指按照擔保法規定的抵押方式，以借款人或第三人的財產作為抵押物而發放的貸款。辦理抵押貸款時應由銀行保管抵押物的有關產權證明，特別是對於房屋按揭和汽車貸款，房子和汽車依然可以自由使用，但嚴格地說，產權已經抵押給銀行了，貸款人擁有的只是使用權。抵押貸款的金額一般不超過抵押物評估價的 70%，貸款最高限額為 30 萬元。如果創業需要購置沿街商業房，可以擬購房子作抵押，向銀行申請商用房抵押貸款，貸款金額一般不超過擬購商業用房評估價值的 60%，貸款期限最長不超過 10 年。

（三）挖掘你的其他信貸資源，實現質押、保證貸款

存單質押貸款的起點為 5 000 元，每筆貸款不超過質押面額的 80%，一般情況下，到銀行網點辦理當天即可取得貸款。

以國庫券、保險公司保單、個人信用等信貸資源，也可以輕松獲得可用於創業的個人貸款。

國債以其利率較高、免征利息稅等優勢贏得了個人的青睞。為了方便廣大國債持有者，中國人民銀行和財政部頒布了《憑證式國債質押貸款辦法》。按辦法規定，1999 年（含）后財政部發行，各承銷銀行以「中華人民共和國憑證式國債收款憑證」方式銷售的國債，均可在商業銀行指定網點辦理國債質押貸款。國債質押貸款的起點為 5 000 元，每筆貸款不超過質押國債面額的 90%。貸款期限最長一般不超過憑證式國債的到期日，若用不同期限的多張憑證式國債作質押，以距離到期日最近者確定貸款期限。如果能爭取親戚朋友的書面同意，並同時出示本人和親戚朋友的有效身分證件，還可以用親戚朋友的憑證式國債辦理質押貸款。

保單質押貸款是以銀行認可的人壽保險保單作為質押，從銀行獲得個人貸款的一項新業務。借款人如果持有壽險保單，並且有穩定的收入和有按期償還貸款本息的能力，便可辦理此項貸款。個人保單質押貸款期限最短為半年，最長一般不超過 3 年，同時不能超過質押保單的繳費期限。

持有人壽保險單也可以向開辦此項業務的保險公司直接提出貸款申請。此種貸款的期限一般低於銀行保單質押貸款，貸款金額不超過保險單當時現金價值的 80%。對投保戶來說，辦理保單質押貸款后，仍可享受被保險的一切權利。

如果你沒有存單、國債，也沒有保單，但你的親屬有一份較好的工作，有穩定的收入，這也是絕好的信貸資源。

需要提醒大家注意的是，無論辦理哪種貸款，均應按照合同的要求按期償還本金和利息。如果不能按時還款，銀行會收取一定的滯納金，並會根據情況採取扣收抵押、質押物、追究擔保方責任等措施。另外，銀行還會將借款人的信用情況記錄為「不

良」。信用制度完善后，有不良記錄的借款人會被各家銀行聯合「封殺」。常言說「有借有還，再借不難」，按期還款能提升個人信用指數，也為日后貸款擴大經營開啓了方便之門。

除此之外，最實際的就是爭取免費創業場所，比如說免費租房等。雖然概率不大，但如果有這樣的機會就要抓住，不要錯過任何一次對資金解決有幫助的機會。

值得注意的還有供應商，能夠從供應商那裡取得的融資包括傳統的商業信貸，比如賣主在你付款之前把貨送到。高明的現金管理策略應該要求供應商提供賒銷條件或者對即期會計款打折。

二、風險投資

如今許多大公司、大集團甚至個人都掌握了大量的閒置資金，他們渴望找到一個可靠的投資對象，如果有好項目不妨找風險投資，用你手頭擬訂好的計劃或有前景的項目去說服風險投資者進行投資。

如今國內也已經成立了比如李開復的「創新工場」等天使投資機構，這類風險投資機構不但可以給予創新企業資金的支持，關鍵還同時可以給予其他如關係引薦、行業資訊、經營管理方法指導等一系列的扶持。所以，如果能夠取得業界前輩的投資和支持，對於創新創業公司也是一個不錯的選擇。

不過，這種投資方式也存在風險，特別是純風險投資。由於風險投資機構對於投資對象都有業績指標等要求，特別是對於企業經營範圍和方式也會有所干涉，這就會給企業帶來一定的束縛，喪失了自主權和能動性。更有甚者，風險投資機構會要求與投資對象簽訂所謂的「對賭協議」，對賭協議中明確企業要完成協議中規定的目標，否則只要完不成，投資對象就要付出沉重的代價。

三、內部融資

(一) 內部融資的概念

內部融資，即將自己的儲蓄（留存盈利和折舊）轉化為投資的過程。外部融資，即吸收其他經濟主體的儲蓄，使之轉化為自己投資的過程。隨著技術的進步和生產規模的擴大，單純依靠內部融資已經很難滿足企業的資金需求。

具體來說，企業內部融資是指企業籌集內部資金的融資方式，企業的內部融資屬於企業的自有資金。而自有資金的形成有很大一部分是企業在經營過程中通過自身累積逐步形成的，同其他融資方式相比，企業內部融資最大特點就是融資成本最低，所以在具體操作中，這一種融資方式應處於創業者的首選位置。

(二) 內部融資的形式

1. 企業變賣融資

企業變賣融資是指將企業的某一部門或部分資產清算變賣以籌集所需資金的方法。其主要特點如下：

(1) 資產變賣融資的過程是企業資源再分配的過程，也就是企業經營結構和資金

配置向高效益方向轉換的過程。

（2）速度快，適應性強。

（3）資產變賣的價格很難精確地確立，變賣資產的對象也很難選擇，因此要注意避免把未來高利潤部門的資產廉價賣掉。

2. 利用企業應收帳款融資

應收帳款融資是以應收帳款作為擔保品來籌措資金的一種方法。具體分為以下兩種形式：

（1）應收帳款抵押。應收帳款抵押融資的做法是由借款企業（即有應收帳款的企業）與經辦這項業務的銀行或公司訂立合同，企業以應收帳款作為擔保，在規定期限內（通常為一年）企業向銀行借款融資。

（2）應收帳款讓售。這是指企業將應收帳款出讓給專門的購買應收帳款為業的應收帳款托收售貨公司，以籌集所需資金。

第四章　創業準備工作

知識及技能目標：

1. 瞭解創業企業的組織形式
2. 瞭解新創立企業的註冊流程
3. 瞭解新創立的法律風險

案例導入：

某市設立有限公司流程及所需資料

設立內資公司流程及所需資料如下：

步驟一，到工商局辦理名稱預先核准，取得「名稱預先核准通知書」；

步驟二，以核准的名稱到銀行開設臨時帳戶，股東將入股資金劃入臨時帳戶；

步驟三，到有資格的會計師事務所辦理驗資證明；

步驟四，辦理工商登記；

步驟五，辦理組織機構代碼證；

步驟六，辦理國稅、地稅登記；

步驟七，憑稅務登記副本三日內到指定稅務所報到並辦理有關稅務事項。

1. 名稱核准

辦理名稱預先核准如表4-1所示：

表4-1　　　　　　　　　　　辦理名稱預先核准信息表

審批項目	名稱核准
審批部門	工商分局
申報材料	（1）全體股東簽署的公司名稱預先核准申請書； （2）股東的法人資格證明或者自然人的身分證明； （3）全體股東簽署的指定申辦代表或者委託代理機構代理的委託書； （4）指定代表或者委託代理人的資格證明； （5）公司登記機關要求提交的其他文件。 註：所有文件需提交原件，要求提交複印件的應由申請人在該件上注明內容與原件一致並蓋章、簽字，同時須提交原件供登記部門核對。

2. 驗資證明

辦理驗資證明如表 4-2 所示：

表 4-2　　　　　　　　　　　　辦理驗資證明訊息表

審批項目	驗資證明
辦理部門	具備法定資格的驗資機構（會計事務所）
申報材料	(1) 公司章程； (2) 公司名稱預先核准通知書； (3) 投資人的合法身分證明； (4) 各類資金到位證明： 　①以貨幣出資的應提交銀行進帳單； 　②以非貨幣出資的應提交經有法定評估資格的機構評估的報告書和財產轉移手續，以新建或新購入的實物作為投資的也可以不經過評估，但要提供合理作價證明，建築物以工程決算書為依據，新購物品以發票上的金額為出資額； (5) 驗資機構要求提交的其他文件。
時限	3~5 天
收費標準	30 萬元以下 1 000 元

3. 公司設立登記

辦理公司設立登記見表 4-3 所示：

表 4-3　　　　　　　　　　　　辦理公司設立登記訊息表

審批項目	公司設立登記
審批部門	工商分局
申報材料	(1) 公司董事長或者執行董事簽署的公司設立登記申請表，並附書面申請書； (2) 全體股東指定代表或者委託公司登記代理機構辦理公司登記的授權委託書； (3) 公司章程； (4) 具備法定資格的驗資機構出具的驗資證明； (5) 股東的法人資格證明或者自然人身分證明； (6) 載明公司董事、監事、經理的姓名、住所的文件以及有關委派、選舉或者聘用的證明； (7) 公司法定代表人任職文件和身分證明； (8) 公司名稱預先核准通知書； (9) 公司住所證明； (10) 法律、行政法規規定設立公司或所從事的業務必須報經審批的有關批准文件； (11) 公司登記機關要求提交的其他文件。 注：申辦市場類企業登記的，除提交相應類型企業所需文件證件外，還需提交市人民政府或有關部門批准文件，並經工商局等有關部門實地查勘。
時限	5 個工作日（法定 30 天）。

4. 組織機構代碼證

辦理組織機構代碼證如表4-4所示：

表4-4　　　　　　　　　辦理組織機構代碼證訊息表

審批項目	組織機構代碼證
審批項目	企業國稅登記
審批部門	質監分局
申報材料	(1) 企業營業執照（事業單位、社會團體登記證或批准文件）； (2) 單位公章； (3) 法定代表人身分證、經辦人身分證。
時限	當場取證

5. 辦理稅務登記

辦理稅務登記如表4-5所示：

表4-5　　　　　　　　　辦理稅務登記訊息表

審批項目	辦理稅務登記（國稅、地稅）
審批部門	國稅分局、地稅分局
辦事流程	(1) 納稅人持有關證件和資料向稅務機關申報辦理稅務登記證； (2) 納稅人領取並填寫稅務登記表等有關表格； (3) 稅務機關審核其所攜帶證件資料是否正確、齊全、填寫的表格是否規範、內容是否真實； (4) 收取稅務登記工本費、核發稅務登記證，下達稅源戶管通知； (5) 納稅人自領取稅務登記證之日起，憑稅務登記副本3日內到指定稅務所報到並辦理有關稅務事項。
申報材料	(1) 企業法人營業執照副本複印件（1份）； (2) 組織機構代碼證副本複印件（1份）； (3) 法定代表人居民身分證複印件（1份）； (4) 辦稅人員居民身分證複印件（1份）； (5) 驗資報告複印件（1份）； (6) 有關合同、章程、協議書複印件（1份）。 (7) 生產經營所用房屋的產權證明或租約複印件（1份）。
時限	當場取證

第一節　創業企業的組織形式

一、企業的組織形式

企業組織形式是指企業財產及其社會化大生產的組織狀態，它表明一個企業的財

產構成、內部分工協作以及與外部社會經濟聯繫的方式。

根據市場經濟的要求，現代企業的組織形式按照財產的組織形式和所承擔的法律責任劃分。國際上通常分類為：獨資企業、合夥企業和公司企業。

(一) 獨資企業

獨資企業，西方也稱「單人業主製」。它是由某個人出資創辦的，有很大的自由度，只要不違法，愛怎麼經營就怎麼經營，要雇多少人、貸多少款全由業主自己決定。賺了錢、交了稅，一切聽從業主的分配；賠了本、欠了債，全由業主的資產來抵償。中國的個體戶和私營企業很多屬於此類企業。

(二) 合夥企業

合夥企業是由幾個人、幾十人甚至幾百人聯合起來共同出資創辦的企業。它不同於所有權和管理權分離的公司企業。它通常是依合同或協議組織起來的，結構較不穩定。合夥人對整個合夥企業所欠的債務負有無限的責任。合夥企業不如獨資企業自由，決策通常要合夥人集體決定，但它具有一定的企業規模優勢。

與獨資企業相同，合夥企業也屬自然人企業，出資者對企業承擔無限責任。

(三) 公司企業

公司企業是按所有權和管理權分離，出資者按出資額對公司承擔有限責任創辦的企業。公司企業主要包括有限責任公司和股份有限公司。

有限責任公司指不通過發行股票，而由為數不多的股東集資組建的公司（一般由2人以上50人以下股東共同出資設立），其資本無須劃分為等額股份，股東在出讓股權時受到一定的限制。在有限責任公司中，董事和高層經理人員往往具有股東身分，使所有權和管理權的分離程度不如股份有限公司那樣高。有限責任公司的財務狀況不必向社會披露，公司的設立和解散程序比較簡單，管理機構也比較簡單，比較適合中小型企業。

股份有限公司是把全部資本劃分為等額股份，通過發行股票籌集資本的公司。股份有限公司又分為在證券市場上市的公司和非上市的公司。股東一旦認購股票，就不能向公司退股，但可以通過證券市場轉讓其股票。股份有限公司的優勢是經過批准它可以向社會大規模地籌集資金，使某些需要大量資本的企業在短期內得以成立，有利於資本的市場化和公眾化，將企業經營置於社會大眾的監督之下。當股東認為企業經營不善時，會拋售股票，這成為對公司經理人員產生強大的外部約束力量。但股份有限公司的創辦和歇業程序複雜，公司所有權和管理權的分離帶來兩者協調上的困難，同時由於公司要向外披露經營狀況，商業秘密難以保守。這種組織形式比較適合大中型企業。

公司企業屬法人企業，出資者以出資額為限承擔有限責任，是現代企業組織中的一種重要形式，它有效地實現了出資者所有權和管理權的分離，具有資金籌集廣泛、投資風險有限、組織制度科學等特點，在現代企業組織形式中具有典型性和代表性。

隨著中國社會主義市場經濟體制的建立和完善及世界經濟一體化進程的加快，公

司企業將成為中國企業組織形式的主體。公司企業為了擴大規模，必定不斷進行再投資，投資過程將會成立眾多分支機構。根據分支機構與公司企業是受控還是所屬，公司企業可分為母子公司與總分公司。如果新辦企業是原公司企業所屬就稱為總公司與分公司的關係；如果新辦企業是原公司所控制，則稱為母公司與子公司的關係。區分總分公司與母子公司的關鍵是看新辦公司與原公司是否為同一法人主體。一般認為，分公司是總公司的派出機構，與總公司是同一法人實體，從而兩者間適用匯總納稅，直接抵扣有關稅收的規定。母公司雖然控制著子公司的部分股權，但在法律上認定兩者之間是非同一法人實體的關係，因而不能按匯總納稅等規定來處理稅務當局與他們之間的關係。一些國家在公司法規中規定，企業之間具有母子關係者必須以一家公司擁有另一家公司至少50%以上的股權為準，而另一些國家則沒有明確規定數量標準。但稅收協定規定的母子企業的標準則以「直接或間接控制另一企業的生產經營」為準。

不同的企業組織形式會有不同的稅負水平。因此，投資者在組建企業或擬設立分支機構時，就必須考慮不同企業組織形式給企業帶來的影響。

二、企業組織形式的選擇

(一) 決定企業組織形式的因素

企業組織形式反映了企業的性質、地位、作用和行為方式，規範了企業與出資人、企業與債權人、企業與政府、企業與企業、企業與職工等內外部的關係。毫無疑問，企業組織形式必須和中國的社會制度相適應，和中國的生產力發展水平相適應，同時要充分考慮到企業的行業特點。企業只有選擇了合理的組織形式，才有可能充分地調動各個方面的積極性，使之充滿生機和活力。在決定企業的組織形式時，要考慮的因素很多，但主要是以下幾方面：

1. 稅收

在西方發達國家，企業創辦人首先考慮的因素是稅收。在美國的《公司法》中，也將這一因素稱為決定性因素。以中國為例，中國對公司企業和合夥企業實行不同的納稅規定。國家對公司營業利潤在企業環節上征公司稅，稅后利潤作為股息分配給投資者，個人投資者還需要繳納一次個人所得稅。而合夥企業則不然，營業利潤不征公司稅，只征收合夥人分得收益的個人所得稅。再對比合夥企業和股份有限公司，合夥企業要優於股份有限公司，因為合夥企業只征一次個人所得稅，而股份有限公司還要再征一次企業所得稅。如果綜合考慮企業的稅基、稅率、優惠政策等多種因素，股份有限公司也有有利的一面，因為，國家的稅收優惠政策一般都是只對股份有限公司適用。例如，相關法規規定：股份制企業，股東個人所獲資本公積轉增股東所得，不征個人所得稅。這一點合夥製企業就不能享受。在測算兩種性質企業的稅后整體利益時，不能只看名義稅率，還要看整體稅率，由於股份有限公司施行「整體化」措施，消除了重疊課征，稅收便會消除一部分，這樣一般情況下要優於合夥製企業。如果合夥人中既有本國居民，又有外國居民，就出現了合夥企業的跨國稅收現象，由於國籍的不同，稅收將出現差異。一般情況下，規模較大企業應選擇股份有限公司，規模不大的

企業採用合夥企業比較合適。因為規模較大的企業需要資金多，籌資難度大，管理較為複雜，如採用合夥製形式運轉比較困難。

2. 利潤和虧損的承擔方式

獨資企業，業主無需和他人分享利潤，但要一人承擔企業的虧損。合夥企業，如果合夥協議沒有特別規定，利潤和虧損由每個合夥人按相等的份額分享和承擔。有限公司和股份公司，公司的利潤是按股東持有的股份比例和股份種類分享的，對公司的虧損，股東個人不承擔投資額以外的責任。

3. 資本和信用的需求程度

通常投資人有一定的資本，但尚不足，又不想使企業的規模太大或者擴大規模受到客觀條件的限制，更適宜採用合夥或有限公司的形式；如果所需資金巨大，並希望經營的企業規模宏大，適宜採用股份制；如果開辦人願意以個人信用為企業信用的基礎，且不準備擴展企業的規模，適宜採用獨資的方式。

此外，企業的存續期限、投資人的權利轉讓、投資人的責任範圍、企業的控制和管理方式等這些因素都會對投資人在選擇企業組織形式時形成影響，必須對各項因素進行綜合分析。

(二) 中國企業組織形式應尋求多元化發展

在市場經濟條件下，生產力的發展水平是多層次的，由此形成了三類基本的企業組織形式，即獨資企業、合夥製企業和公司製企業（以有限責任公司和股份有限公司為主）。這三種企業都屬於現代企業的範疇，體現了不同層次的生產力發展水平和行業的特點，但企業形式的法定性不是一成不變、不能變通的。中國企業組織形式應呈現多元化發展的趨勢，可以在法定的形式外尋求並借鑑一些國家的企業形式並以法律的形式固定下來。比如《中華人民共和國公司法》（以下簡稱《公司法》）是不承認設立時的「一人公司」，但是，對於設立后公司存續其間，其股東變動不足法定人數時如何處理，法律則沒有進一步規定，似乎可以認為中國《公司法》並不禁止存續中的「一人公司」。承認或者拒絕「一人公司」各有利弊，但總體平衡起來考慮，承認「一人公司」的好處要大於禁止「一人公司」的好處。首先，有利於降低投資者的經營風險。許多投資者，往往既想一人投資，又想利用公司這種形式的特權，尤其是想享受有限責任的特權。如果法律對這種普遍的社會心理加以承認，有助於社會財富的增加。其次，有利於維持企業，保護交易安全。如果一個企業因為股權轉讓或者股東死亡導致股東人數不符法定要求而被強行要求解散，既是現存企業的重大損失，也導致交易無安全保障可言。最后，有利於減少糾紛，降低交易成本。比如在設立公司時或者在公司運行時，為了滿足法律上關於股東人數的要求，通常會找一些親朋好友來掛名，盈利或者負債時若引起糾紛，需要調集證據解決，可能導致持久的訴訟，對於當事人也增加了交易成本。由此可見，只要在承認「一人公司」的同時，對「一人公司」所存在的弊病加以防範或者因勢利導，其對社會經濟的積極效果可能會遠遠大於負面效應。

(三) 公司企業與合夥企業的比較選擇

目前，大多數國家對公司和合夥企業實行不同的納稅規定。公司的營業利潤在企

業環節課征公司稅，稅后利潤作為股息分配給投資者，投資者還要繳納一次個人所得稅。合夥企業則不作為公司看待，營業利潤不交公司稅，只課征各個合夥人分得個人收益的個人所得稅。例如：某納稅人甲經營一家企業，年盈利 400 000 元，該企業若採用合夥形式經營（假設由 4 人合夥設立），依現行稅製規定需繳納個人所得稅 133 250 元（400 000×35% - 6 750），稅后利潤為 266 750 元。若按公司企業形式組織經營，則除繳納企業所得稅 132 000 元（400 000×33%）外，稅后利潤 268 000 元，假設全部作為股息分配，則還需繳納個人所得稅 87 050 元（268 000×35% - 6 750），其稅后淨收益為 180 950 元（268 000 - 87 050）。與前者相比，多負擔所得稅 85 800 元。因此，面對公司稅負重於合夥企業的情況，納稅人便會決定不組織公司而辦合夥企業。當然，以什麼樣的形式組建企業，並不只考慮稅收問題。

(四) 子公司與分公司的比較選擇

由於各國的稅負水平不同，一些低稅國、低稅地區可能對具有獨立法人地位的投資者的利潤不征稅或只征較低的稅收，並與其他國家或地區廣泛簽訂稅收協定，對分配的稅后利潤不征或少征預提稅。因此跨國納稅人常樂於在這些低稅國家或地區建立子公司或分公司，用來轉移利潤，躲避高稅國稅收。當然，子公司和分公司在稅負水平上仍有區別，這就要求一個企業在國外或外地投資時，必須在建立子公司和分公司之間進行權衡。

子公司是相對於母公司而言，分公司是相對於總公司而言，它們是現代大公司企業設立分支機構常見的組織形式。大多數國家對公司法人（子公司）和分公司在稅收上有不同的規定，在稅率、稅收優惠政策等方面也互有差別。

第二節　創業企業的設立

本節以設立有限責任公司為例，介紹初創企業的註冊和設立流程

一、擬定公司章程

(一) 公司章程的概念

公司章程是指公司依法制定的，規定公司名稱、住所、經營範圍、經營管理制度等重大事項的基本文件，也是公司必備的規定公司組織及活動基本規則的書面文件。公司章程是股東共同一致的意思表示，載明了公司組織和活動的基本準則，是公司的「憲章」。公司章程具有法定性、真實性、自治性和公開性的基本特徵。公司章程與《公司法》一樣，共同肩負調整公司活動的責任。作為公司組織與行為的基本準則，公司章程對公司的成立及營運具有十分重要的意義，它既是公司成立的基礎，也是公司賴以生存的靈魂。

公司章程的概念包括三方面的內容：一是公司章程所規定的內容具有根本性，是

對於公司及其運作有根本性影響的事項，如公司的性質、宗旨、經營範圍、組織機構、議事規則、權利義務分配等；二是成立公司的必備法律文件；三是由發起人起草或委託他人起草，並經股東同意。

公司章程是公司設立的最基本條件和最重要的法律文件。各國公司立法均要求設立登記公司必須訂立公司章程，公司的設立程序以訂立章程開始，以設立登記結束。公司章程是公司對政府作出的書面保證，也是國家對公司進行監督管理的主要依據。

公司章程也是確定公司權利、義務關係的基本法律文件，公司依章程享有各項權利，並承擔各項義務。符合公司章程的行為受法律保護，違反章程的行為，就要受到干預和製裁。

公司章程還是公司實行內部管理和對外進行經濟交往的基本法律依據。公司章程規定了公司組織和活動的原則及細則，是公司內外活動的基本準則。公司章程規定的股東權利義務和確立的內部管理體制是公司對內進行管理的依據。同時，公司章程也是公司向第三者表明信用和相對人瞭解公司組織和財產狀況的重要法律文件。公司章程向外公開申明的公司宗旨、營業範圍、資本數額以及責任形式等內容，為投資者、債權人和第三人與公司進行經濟交往提供了條件和資信依據，便於相對人瞭解公司的組織和財產狀況，便於公司與第三人間的經濟交往。

在大陸法系國家（地區）的公司法中，章程是在法律規定的範圍內對其成員有約束力的內部規範，對加入公司從而自願服從這些規則的成員有效。

(二) 公司章程的特徵

公司章程與《公司法》一樣，共同肩負調整公司活動的責任。這就要求公司的股東和發起人在制定公司章程時，必須考慮周全，規定得明確詳細，不能做各種各樣的理解。公司章程的特徵如下：

1. 法定性

法定性主要強調公司章程的法律地位、主要內容及修改程序、效力都由法律強制規定，任何公司都不得違反。公司章程是公司設立的必備條件之一，無論是設立有限責任公司還是設立股份有限公司，都必須由全體股東或發起人訂立公司章程，並且必須在公司設立登記時提交公司登記機關進行登記。

2. 真實性

真實性主要強調公司章程記載的內容必須是客觀存在的、與實際相符的事實。

3. 自治性

自治性主要體現在：其一，公司章程作為一種行為規範，不是由國家而是由公司依法自行制定的，是公司股東意思表示一致的結果；其二，公司章程是一種法律以外的行為規範，由公司自己來執行，無需國家強制力來保證實施；其三，公司章程作為公司內部規章，其效力僅及於公司和相關當事人，而不具有普遍的約束力。

4. 公開性

公開性主要對股份有限公司而言。公司章程的內容不僅要對投資人公開，還要對包括債權人在內的一般社會公眾公開。

(三) 公司章程的作用

1. 公司章程是公司設立的最主要條件和最重要的文件

公司的設立程序以訂立公司章程開始，以設立登記結束。中國《公司法》明確規定，訂立公司章程是設立公司的條件之一。審批機關和登記機關要對公司章程進行審查，以決定是否給予批准或者給予登記。公司沒有公司章程，不能獲得批准，也不能獲得登記。

2. 公司章程是確定公司權利、義務關係的基本法律文件

公司章程一經有關部門批准，並經公司登記機關核准即對外產生法律效力。公司依公司章程，享有各項權利，並承擔各項義務，符合公司章程的行為受國家法律的保護，違反章程的行為，有關機關有權對其進行干預和處罰。

3. 公司章程是公司對外進行經營交往的基本法律依據

由於公司章程規定了公司的組織和活動原則及其細則，包括經營目的、財產狀況、權利與義務關係等，這就為投資者、債權人和第三人與該公司進行的經濟交往提供了條件和資信依據。凡依公司章程與公司經濟進行交往的所有人，依法可以得到有效的保護。

4. 公司章程是公司的自治規範

公司章程作為公司的自治規範，是由以下內容決定的：其一，公司章程作為一種行為規範，不是由國家制定的，而是由公司股東依據《公司法》自行制定的。《公司法》是公司章程制定的依據。《公司法》只能規定公司的普遍性的問題，不可能顧及各個公司的特殊性。而每個公司依照《公司法》制定的公司章程，則能反映本公司的個性，為公司提供行為規範。其二，公司章程是一種法律外的行為規範，由公司自己來執行，無須國家強制力保障實施。當出現違反公司章程的行為時，只要該行為不違反法律、法規，就由公司自行解決。其三，公司章程作為公司內部的行為規範，其效力僅及於公司和相關當事人，而不具有普遍的效力。

鑒於公司章程的上述作用，必須強化公司章程的法律效力。這不僅是公司活動本身需要，而且也是市場經濟健康發展的需要。公司章程與《公司法》一樣，共同肩負調整公司活動的責任。這就要求公司的股東和發起人在制定公司章程時，必須考慮周全，規定得明確詳細。公司登記機關必須嚴格把關，使公司章程規範化，從國家管理的角度，對公司的設立進行監督，保證公司設立以后能夠進行正常的運行。

二、公司名稱選擇

(一) 單一名稱規則

根據《公司法》的規定，公司只準使用一個名稱，在登記主管機關轄區內不得與已經登記註冊的同行業公司或企業的名稱相同或相類似，如有特殊需要，經省級以上行政機關批准，公司可以在規定的範圍內使用一個從屬名稱。但從屬名稱不在營業執照上標明，不得以其名義開展經營活動相招攬業務，私營企業、外商投資企業不得使用從屬名稱。

所謂公司名稱相同，是指兩個以上公司名稱完全一致；所謂公司名稱近似，是指兩個以上同行業公司名稱中的字號在字音、字形及字（詞）義方面非常接近或字號相同，但組織形式略有差別，容易對公眾造成混淆或誤解。

(二) 公司名稱構成規則

2004 年修訂的《企業名稱登記管理實施辦法》第九條規定：「企業名稱應當由行政區劃、字號、行業、組織形式依次組成，法律、行政法規和本辦法另有規定的除外。」根據這一規定，除非法律、行政法規和該辦法另有規定外，公司名稱由行政區劃、字號、行業、組織形式依次構成。

1. 行政區劃

公司名稱中的行政區劃是該公司所在地縣級以上行政區劃的名稱或地名，其中市轄區的名稱不能單獨用作公司名稱的行政區劃。其立法意旨在保護公司名稱在規定範圍內享有專用權。但是根據《企業名稱登記管理規定》第七條、《企業名稱登記管理實施辦法》第十三條的規定，經國家工商行政管理總用核准，符合下列條件之一的公司，可以使用不含行政區劃的公司名稱：

(1) 歷史悠久、字號馳名的公司，即具有 30 年以上生產經營的歷史、字號在省或全國範圍內廣為人知的公司；

(2) 外商投資的有限責任公司；

(3) 可以申請在其名稱使用「中國」「中華」或者冠以「國際」字樣的公司，包括全國性公司、國務院或具授權的機關批准的大型進出口公司或大型集團公司；

(4) 國務院批准的公司；

(5) 國家工商行政管理總局登記註冊的公司；

(6) 註冊資本（註冊資金）不少於 5 000 萬人民幣的公司；

(7) 國家工商行政管理總局另有規定的。

2. 字號

字號是公司名稱中最核心的內容，字號也可以稱為「公司的特有名稱」。區分公司名稱主要是根據字號來進行，尤其是同一行業處於同一地區的公司，字號也是進行商標登記的核心內容。《企業名稱登記管理規定》從積極方面和消極方面對公司字號進行了規定：

(1) 積極限制條款，即對一般公司選擇字號或特定公司在某些情形下使用某一字號的積極許可要求。主要體現在三個方面：

①字號應當由兩個以上的字組成；

②公司有恰當理由可以使用本地或者異地地名作字號，但不得使用縣以上行政區劃名稱作字號，此立法旨在促使公司誠實信用地進行經營活動，並強化其開創名牌字號的意識；

③私人投資或外商投資的有限責任公司可以使用投資人姓名或外國公民姓名作字號，但前者應提交投資人簽字的同意書，後者需報國家工商行政管理局核定。

(2) 消極限制條款，即對公司選用字號所作的消極性禁止規定，主要指公司的字號中不得含有下列內容和文字：

①有損國家、社會公共利益的；
②有可能對公眾造成欺騙或誤解的；
③外國國家（地區）名稱、國際組織名稱；
④政黨名稱、黨政軍機關名稱、群眾組織名稱、社會團體名稱以及部隊番號名稱；
⑤漢語拼音字母（外文名稱中使用的除外）、數字；
⑥其他法律、行政法規禁止的。

3. 行業特點

公司應當根據其主營業務，依照國家行業分類標準劃分的類別，在其名稱中標明所屬行業或者經營特點，如化工、紡織品批發、汽車製造、銀行、保險、信託等。在公用名稱中注明行為的目的有兩個：

（1）可以讓公眾和交易第三人從公司名稱中瞭解公司的業務範圍，有利於促進公司業務的開展和交易安全的維護；

（2）當幾個公司的字號相同而行業不同時，可藉此對其作明確區分。

4. 公司的組織形式

公司應當根據其組織結構或者責任形式，在其名稱中標明「有限責任公司」或者「股份有限公司」的字樣，此為各國公司立法通例。中國現行《公司法》第八條也規定，依法設立的有限責任公司和股份有限公司必須在公司名稱中標明有限責任公司或有限公司和股份有限公司或股份公司字樣。其立法旨在向外公示公司的信用狀況，便於社會公眾和交易第三人據此作出交易決策。

三、登記註冊流程

一般的有限公司，登記註冊流程如圖4-1所示：

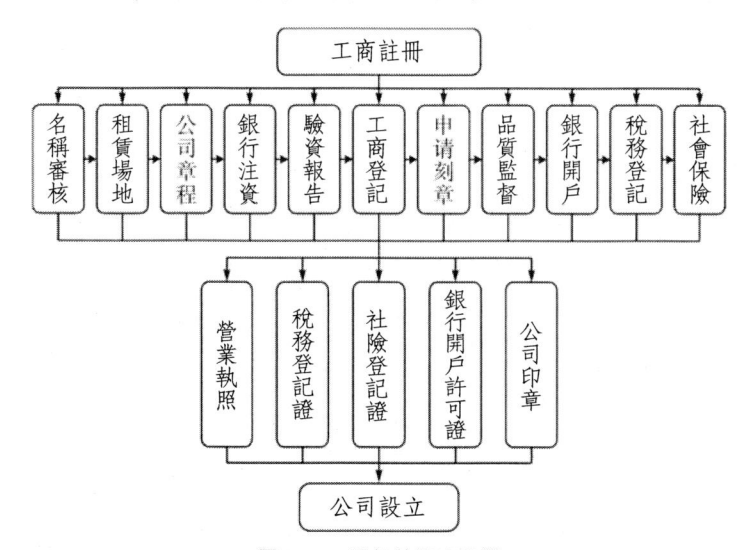

```
                          工商註冊
    ┌──┬──┬──┬──┬──┬──┬──┬──┬──┬──┐
   名 租 公 銀 驗 工 申 品 銀 稅 社
   稱 賃 司 行 資 商 請 質 行 務 會
   審 場 章 注 報 登 刻 監 開 登 保
   核 地 程 資 告 記 章 督 戶 記 險
              │
    ┌──┬──┬──┬──┐
   營 稅 社 銀 公
   業 務 險 行 司
   執 登 登 開 印
   照 記 記 戶 章
      證 證 許
              可
              證
              │
          公司設立
```

圖4-1　登記註冊流程圖

第三節　創業企業的法律風險

在市場經濟條件下，任何企業的任何經濟行為無疑都存在著各種各樣的風險，因此聰明而又穩健的企業家無不十分重視企業的風險管理。對於一個即將進入社會的創業人來講，其進行的創業活動所面臨的風險更容易發生。原因主要是在行業經驗、管理技能等方面，因此，創業中的人，特別是首次創業的人必須具有風險意識。當然風險是方方面面的，我們這裡主要在規避創業法律風險方面來談幾點意見：

一、創業組織形式選擇的法律風險及其規避

進行創業，首先應當根據投資額、合作伙伴、所進入的行業等情況成立一個創業組織形式並進行工商登記。這就需要進行創業組織形式的選擇。

一般而言，進行創業所能選擇的創業組織形式包括個體工商戶、個人合夥、個人獨資企業、合夥企業、有限責任公司等形式。但不同的創業組織形式自身所存在的法律風險是不一樣的。

(一) 創業者對不同創業組織形式的債務承擔的法律責任不同

個體工商戶、個人合夥、個人獨資企業的投資者對該組織形式的債務承擔無限責任或者無限連帶責任；合夥企業的投資者在《中華人民共和國合夥企業法》修改之前，對合夥企業的債務承擔無限連帶責任，而 2006 年 8 月 27 日修訂通過的新《中華人民共和國合夥企業法》規定，普通合夥企業的合夥人、有限合夥企業的普通合夥人對合夥企業債務承擔無限連帶責任，而有限合夥企業的有限合夥人則以其認繳的出資額為限對合夥企業債務承擔有限責任。中國《公司法》規定，有限責任公司的股東也是以其認繳的出資額為限對公司債務承擔有限責任。

由於中國尚沒有個人破產法律制度，一旦創業者對創業組織形式的債務承擔無限或者無限連帶責任，如果該組織的債務比較龐大，創業者重則傾家蕩產，輕則將因還債的巨大壓力無法重新創業。

因此，創業者在選擇創業組織形式時，如果選擇的是個體工商戶、個人獨資企業等組織形式，應盡量控制該組織的資產負債率。由於創業者自己說了算，因此是完全能夠控制住的；如果選擇的是個人合夥、普通合夥企業等組織形式，由於人合的因素部分創業者可能無法控制該組織的債務規模，則創業者應當通過擬定合夥協議、規章制度，參加保險等措施對組織的債務規模進行約束，對相關的風險進行控制和規避；而如果選擇的是有限合夥企業、有限責任公司，則有限合夥企業的有限合夥人、公司股東由於對組織債務承擔的是有限責任，這些創業者則不必考慮這方面的風險了。

(二) 創業組織形式的選擇應考慮到組織運行后的管理成本風險

從個體工商戶、個人合夥、個人獨資企業、合夥企業、有限責任公司這樣的順序上講，組織運行的管理成本是不斷增加的。個體工商戶、個人合夥、個人獨資企業、

合夥企業往往沒有註冊資本的要求，而有限責任公司則有註冊資本的要求。即使在有限責任公司的兩種組織形式之間，管理成本也是不同的。2005年《公司法》修訂後，允許設立一人有限責任公司，許多人也註冊了一人有限責任公司。但一人有限責任公司的註冊資本的最低要求是10萬元，必須一次交齊，而一般有限責任公司的最低註冊資本為3萬元，對於註冊資本高於3萬元的可以分期繳納。如果一人有限責任公司在運行過程中沒有將公司與股東、家庭嚴格區分，則有可能被揭開公司的面紗，股東就要對公司債務承擔無限責任，則成立一人有限責任公司的意義就失去了。因此，選擇創業組織形式應考慮到創業者在組織運行後對管理成本的承受能力。

(三) 在一些創業組織形式中存在著人合的風險

個人合夥、合夥企業、有限責任公司這些組織形式明顯存在著人合的性質。合夥人之間、股東之間會發生各種各樣的衝突，如經營思想的衝突、利益的衝突甚至性格的衝突。這些衝突往往會演變為組織的僵局，使組織因為創業者之間的矛盾而陷於危機。因此，在選擇這些創業組織形式的同時，選擇志同道合、善於溝通、以創業組織的利益為重的合作者是非常重要的。

二、創業經營模式選擇的法律風險及其規避

一般看來，創業者選擇的經營模式主要有兩種：直營和加盟（當然還存在代理等其他經營模式）。這兩種經營模式各有利弊。採取直營模式最大的局限是凡事都需要自己摸索，親力親為。這對於剛開始創業且無任何從業經驗的人來說是非常困難的。許多以直營模式創業的人，之所以失敗大都是因為自己缺乏直接經營的各種能力。因此對於選擇以直營模式的創業者，建議大家應該全方位地修煉自己，不斷加長自己的短板。當然，能夠為自己的創業活動組織起一支方方面面的專家團隊，為自己的創業活動提供全面的支持，這是再好不過的了。而加盟對創業者來說，也是一個悖論：一方面，加盟到一個成熟的特許經營體系中，可以得到管理、培訓、技術、廣告等各方面的有利支持，可以迅速複製、克隆他人的成功模式。但另一方面，創業者又無法識別哪一個特許經營體系是成熟的，至於採取加盟模式而陷入了特許者（盟主）刻意設計的陷阱的案例也比比皆是。現對於選擇加盟模式的創業者，提下面幾點建議：

(一) 要認真審查特許者（盟主）的主體資格

一個好的、成熟的特許經營體系，必然是在一個特定環境下進行的盈利模式。因此，一個特許經營體系的形成和完善，不是一兩年能夠完成的。因此，應按照商務部有關規章的要求，審查一下特許者的成立時間是否在一年以上、是否有兩家以上的直營店。一家沒有直營店、經營時間短、未經長期經營實踐的檢驗，怎麼會是一個成熟的特許經營體系呢？怎麼能夠保證加盟者盈利呢？

(二) 加盟產品特許經營應當慎重

特許經營在某種意義上可以劃分為產品特許經營和經營模式的特許經營。目前，中國大量的特許加盟欺詐案件大都發生在產品特許經營領域。加盟者高價購進特許者

的設備、產品，最后特許者人去樓空，加盟者投訴無門，欲哭無淚。

(三) 即使加盟成熟的特許經營體系也應當考慮自己的創業環境和能力

再成熟的特許經營體系也僅僅是某種環境中的盈利模式。因此，在為自己加盟店選址的時候應考慮該特許經營體系的生存環境。

三、創業組織運行過程中的法律風險及其規避

創業組織運行過程中的法律風險比較複雜，甚至可以說是防不勝防。因為，創業組織形式和創業經營模式存在的法律風險是靜態的，而創業組織運行過程中的法律風險往往是動態的。因此，在創業實踐中更應當注意對創業組織運行過程中的法律風險進行管理。

(一) 應當依法處理好與政府、客戶、勞動者之間的關係

創業組織應及時年檢、依法納稅、保護環境、安全管理等，創業者幾乎要與每一個政府部門打交道，一旦發生比較嚴重的違法行為，創業組織有可能被吊銷營業執照；與客戶簽訂合同，要注意審查對方的主體資格、信用、履行合同的能力和償債能力等，避免發生糾紛和訴訟；要給雇傭的勞動者及時繳納社會保險，避免工傷事故發生后勞動者直接向創業者索賠。處理好與政府、客戶、勞動者等各方面的公共關係，是創業組織生存和發展的前提。

(二) 要依法處理好各種法律事件，避免其演化為創業組織的危機事件

在創業組織的運行過程中，有些法律風險會發生並形成一系列的法律事件。如何處理這些事件，非常重要。處理好了會避免更大的法律風險，處理不好則極可能導致創業組織出現危機。因此，在出現法律事件后，要注意區分法律事件性質，制定個性化處理程序，實施迅速有效的現場管理，明確參與事件處理者的權限並進行合理劃分。這樣，絕大多數法律事件將被消滅於萌芽之中，可以避免法律風險的擴大化。即使是創業組織所面臨的能夠導致創業組織崩潰的法律危機事件也並不是不能挽救的。創業者應針對危機的根源，積極管理和應對，大力開展危機公關，從而避免創業組織崩潰的法律風險。在創業組織法律事件的處理中，也應該注意的是同類型事件的處理沒有唯一的標準和答案。因此現場處理和后續處理的法律管理技巧的創造性和靈活性就顯得更為重要。

總而言之，創業法律風險的控制和規避是一種管理方法，是創業者應當掌握的工作方法和技能。而且，對創業法律風險進行管理和規避是創業管理的一個重要方面，它關係著創業活動的安全、效益、持續經營甚至生死存亡。

第二篇
創業管理與決策

第五章　戰略管理與決策

知識及技能目標：

1. 瞭解企業戰略意義及重要性
2. 熟悉企業戰略的定義、特徵和類型
3. 掌握初創企業戰略制定的決策方法

案例導入：

德爾塔公司的使命

1993年，德爾塔航空公司的首席執行官羅納爾德·W.阿蘭這樣表述了公司的使命：

我們想讓德爾塔公司成為全球最好的航空公司。我們不僅是，而且想要成為一個革新的、積極進取的、有倫理道德的、成功的市場競爭者，以最高的顧客服務標準，為顧客提供去往全球的機會。

我們將繼續尋求機會，通過進入新的航線創建新的戰略聯盟，擴大我們的業務範圍。因為我們想進入我們最瞭解的業務——航空運輸及相關服務。我們決不會離開我們的根。我們深信，航空業有著長期的前途，有利潤，有增長，我們將繼續在這個業務環境中集中我們的時間、精力和投資。

我們極其看重顧客的忠誠度、職員的忠誠度以及投資者的忠誠度。對於旅行者和貨物托運者，我們將不斷地提供最好的服務和價值。對於我們的員工，我們將繼續提供更富挑戰性、高報酬和以工作成績為導向的工作環境，認可並感謝他們的貢獻。對於我們的股東，他們將獲取一個穩定的超群的回報率。

思考題：

（1）德爾塔公司的使命包括了哪些內容？
（2）你認為還應該增加些什麼內容？

第一節　企業戰略的基本概念

一、企業戰略的概念

戰略源於軍事。孫子曰：「兵者，國之大事也。死生之地，存亡之道，不可不察也。」在軍事上，戰略是對戰爭全局的籌劃和謀略。

現代管理學認為戰略管理（Strategic Management）是指對一個企業或組織在一定時期的全局的、長遠的發展方向、目標、任務和政策以及資源調配進行的決策和管理藝術。包括公司在完成具體目標時對不確定因素進行的一系列判斷。公司在環境檢測活動的基礎上制定戰略。

企業戰略是企業以未來為主導，為求得生存發展而進行的有關全局的策劃和謀略。

二、企業戰略的特徵

戰略，這一軍事上的概念正在被廣泛「套用」到企業經營管理的各個層面，經常用到的有企業發展戰略、競爭戰略、營銷戰略、品牌戰略、價格戰略、成本戰略、人才戰略等。以「戰略」為書名的企業經營管理論著不下幾十種，2005 年出版的企業戰略譯著《藍海戰略》在國內興起了一股戰略新浪潮。按理來講，人們對經常耳聞目睹的「戰略」這一概念的含義應該是清晰的，有大致相同的理解，並且能夠準確應用。但是事實並非如此，因為戰略是一個多側面、多層次、多含義的概念，目前理論界沒有一個較為一致的、清晰的定義，各有各的理解和表述，而企業界移花接木、隨意套用，造成濫用和誤用，出現很多戴著戰略高帽的「假戰略」「空戰略」。根據在企業的實際工作和咨詢實踐的體會，參照中外學者和實踐家們的論述，本書提出企業戰略的三大特徵，試圖以此界定戰略的主要含義，規範「戰略」一詞的使用，使戰略概念簡潔明瞭，具有直觀性和實操性。

（一）企業戰略特徵一：認定方向

中外學者和實踐家們對於企業戰略概念的表述幾乎都離不開強調企業戰略的「方向性」。杰克・韋爾奇認為，企業戰略就是選準一個努力的方向，然後不顧一切地實現它。明茨伯格（Mintzberg）提出的戰略概念「5P 定義」中的「定位」（Position），其含意也是「認定方向」。北京大學的馬浩教授提出的企業戰略四個主要特點之一「長期效應」涵蓋了戰略的方向性。在他看來，企業戰略面向未來，把握企業的總體發展方向，聚焦於企業的遠景和長期目標，並給出實現遠景與長期目標的行動序列和管理舉措。

「認定方向」最重要。企業就像在大海中航行的一艘船，如要到達成功的彼岸，最重要的是認定航行的方向。方向錯誤或方向不確定則航行越遠，離成功的目標就越遠，而且更容易遇險。企業戰略方向就是要認定做哪個或哪幾個行業，要做哪個或哪幾個產品、服務。行業大方向正確，即使經營管理水平不高，甚至偶出戰術性差錯，仍然容易成功；反之，入錯行業或做錯產品、服務，隨意轉行、盲目多元化最容易導致失敗。

企業「選準一個方向」往往是一件困難的工作，而在選擇後能夠堅定不移、勇往直前也不容易。現實中，不少的企業家、決策者在選準方向后仍然心存疑慮、缺乏信心，左右搖擺不定，遲遲不能付諸行動、觀望拖延。因此，我們提出企業戰略的第一個特徵是要「認定方向」，只有真真正正認定的東西才可以稱為戰略，否則，所謂的「企業戰略」實際上只是一個待選待定的方案。認定企業戰略方向體現在企業開始大規

模投入資源，包括人、財、物、時間等，並做到專業、專心、恆心。

（二）企業戰略特徵二：確立目標

企業發展戰略另一重要的特徵是「確立目標」。在戰略概念表述中，有些直接用「確立目標」，例如，在小錢德勒看來，「戰略可以定義為確立企業的根本長期目標並為實現目標而採取必需的行動序列和資源配置」。

有些表述沒有直接用「目標」字眼，而用「規劃」或「計劃」等詞，我們理解這些詞的含義就是確立目標。例如，明茨伯格提出的企業發展戰略概念「5P定義」中有「計劃」（Plan）。杰克·韋爾奇在另一表述中稱「戰略不過是制定基本的規劃，確立大致的方向」。

「確立目標」很重要。企業這艘航船，起航前首先要確定將要到達的目的港。目標不明確或者目標不具體、不切實際，都會導致航程不成功。確立目標需要在可能的目標與不可能的目標之間尋求一種平衡。目標既要宏偉遠大，充滿壯志雄心，又要符合企業的實際，以贏得商業利益為導向，還要盡量具體，太遙遠、太理想化、不切實際的目標對企業有害而無利。如果你的企業是一艘小舢板，切合實際的目標是定在就近的內河港；如果你的企業是一艘遠洋輪船，把目標定在任何一個國際港口也不過分。杰克·韋爾奇執掌的通用電氣公司（GE）制定的全球「數一數二」戰略目標，獲得巨大的成功，就是企業制定切合實際的、具體的、可操作的戰略目標的典範。

（三）企業戰略特徵三：全力以赴

戰略的實質是一系列的行動。學者型理論家的戰略概念表述都說到「行動」，但總體感覺是表述力度不夠，鼓動力不強。例如，前面引用的小錢德勒的「戰略可以定義為確立企業的根本長期目標並為實現目標而採取必需的行動序列和資源配置」，相比較而言，戰略實踐家們的表述更加強調戰略的有效「行動」，用詞力度較強。例如，前面引用的杰克·韋爾奇的表述中就強調「不顧一切地實現它」或是「以不屈不撓的態度改進和執行」。本書用「全力以赴」這一簡潔有力的詞來概括戰略的這一特徵。

「全力以赴」很關鍵。現實中，有些企業雖然制定了戰略規劃，但是不能做到全力以赴，人力、物力、時間等資源投入不足，戰略成了看上去令人向往、說出來讓人鼓舞、想起來使人煩惱、做起來虎頭蛇尾，實際上是自欺欺人的東西。我們強調「全力以赴」這一特徵，就是要在實際操作上區分真戰略和假戰略。不能夠做到全力以赴就不算是戰略，沒有全力以赴就不可能達成戰略目標。

「全力以赴」決定成敗。廣州某地產集團在2003年啓動了投資開發「××國家生態工業園戰略」項目，計劃在5年裡滾動投入資金50億元。這是一個方向正確、目標明確、非常難得的好項目。項目於當年3月份高調奠基開工。但是，在隨後的一年多時間裡，該集團對這一戰略項目並沒有全力以赴，所投入的資金、人力、物力、時間嚴重不足，園區地開發建設和招商引資停滯不前。到2004年年中，該集團高層決定放棄這一項目，在經濟上和政治上都遭受損失。

佛山市南海區丹竈鎮是南海的「西伯利亞」——一個較不發達的小鎮。南海國家生態工業園就在這個鎮上。地產集團退出後，丹竈鎮政府接下了該項目，舉鎮上下全

力以赴，開山闢地，填塘補坑，短短 2 年時間，開發了「七通一平」，工業用地近 666.67 公頃，成功招商引進國內外工業項目 50 多個，獲得經濟和政治雙豐收。這就是戰略，這就是全力以赴的成功。

第二節　初創企業戰略的意義

你是一個「工程師」，還是一個「設計師」？

許多初創業者不太重視戰略，往往只是看到一個商業機會能夠賺錢，就急急忙忙地開始大幹一場。他們往往忽略了為自己的企業制定一套完整的戰略規劃。

其實，企業發展戰略是非常重要的。企業發展戰略的重要性究竟表現在哪些方面呢？

一、企業發展的意義

(一) 為了使企業發生較大變化

什麼是「企業發展」？企業發展是企業的前進性本質變化。首先是有變化，企業沒有變化就不能稱之為「發展」。企業有變化也不一定是發展。變化有兩種：一種量變，另一種是質變。企業發展不是量變，而是質變。當然，也不能把企業的任何質變都稱為「發展」。質變也有兩種：一種是前進性質變，另一種是后退性質變。只有前進性質變才能被稱為「發展」；后退性質變不是「發展」，而是「蛻化」。謀劃企業發展就是為了使企業發生前進性本質變化，這是一種大變化。顯然，這是一件很有意義的工作，因為每一個企業都希望發生大變化。

(二) 為了提高企業競爭力

企業發展與競爭的關係就像部隊建設與打仗的關係。世界上哪個國家的部隊也不能天天只研究怎麼打仗，同時也要研究怎麼發展。如果不發展，再好的戰略戰術也會落后。企業發展與競爭的關係像拳擊訓練與比賽的關係。拳擊運動員與教練不是只重視場上比賽，也要非常重視平時的拳擊訓練，其中包括耐力和心理素質等方面的訓練。如果不通過訓練提高綜合素質，那麼拳擊運動員在比賽場上恐怕連一分鐘都站不住。

企業也不能只重視競爭而不重視發展。如果不能很好地謀劃發展問題，也就是說如果不能很好地謀劃企業綜合素質提高問題，那麼競爭戰略再高明也很難保證競爭勝利，即便一時勝利了，很快也會敗下陣來。

應該強調的是：迄今為止，重視競爭戰略、重視營銷戰略而忽視發展戰略的企業仍然是很多的，這是一個重大缺陷。要知道僅研究怎樣競爭、怎樣營銷，無論如何是不能保持企業優勝地位的。要想使企業保持優勝地位，必須認真地謀劃企業發展。

二、企業整體發展的意義

(一) 企業的整體性問題

企業是一個由若干相互聯繫、相互作用的局部構成的整體。局部有局部性的問題，整體有整體性的問題。整體性問題不是局部性問題之合。這就是說，不是把一個一個的局部性問題解決了，整體性問題就自然解決了，整體性問題需要單獨解決。當然，也不是把整體性問題解決了，局部性問題就自然解決了，局部性問題也需要單獨解決。總之，整體性問題和局部性問題是兩類不同性質的問題，應該分別解決。企業發展面臨許多局部性問題，也面臨一些整體性問題。整體性問題涉及的是各個局部之間的關係，而局部問題涉及的是每一局部內部的關係。整體性問題解決了，許多局部性問題就容易解決。解決整體性問題就是抓大事。企業領導要善於抓大事，抓好一件大事能夠帶動數十、數百、數千、數萬件小事。企業發展戰略就是企業中最大的事，應該引起企業主要領導人的高度重視。

(二) 關注企業整體發展

及時正確地解決整體性問題是企業發展的重要條件。要時刻把握好企業的整體發展，目標不要偏，道路不要彎，步驟不要亂，動力不要斷，任何問題都要顧及，千萬不要顧此失彼，千萬不要鑽進一個局部問題裡出不來。

企業領導研究、思考問題要善進善退，進以求治，退以顧全。解決任何問題都要鑽進去，不鑽進去怎麼能解決呢？但是，不要一鑽進去就退出不來，因為企業面臨的問題太多了，忽略任何一個重要問題都不行。經理們不要認為自己總能把握企業整體發展，只見樹木，不見森林的經理到處可見。有些經理只重視營銷，有些經理只重視融資，有些經理只重視技術，有些經理光重視公關，等等，總之，認準了一件事就對其他方面全然不顧了，這樣是搞不好企業的。

應該強調指出：不少經理由於學歷和經歷等原因，從上任的那天開始就存在著很大的局限性，如果再不提高整體意識，那麼就很難使企業健康發展。

三、企業長期發展的意義

(一) 關注企業長期發展

企業存在壽命，而壽命有長有短。企業有活幾個月的、有活幾年、十幾年的，也有活幾十年、上百年的。企業應該增強長壽意識，努力爭取活到100年、200年。英國就有200年企業俱樂部，成員都是200年以上歷史的企業。我們的許多企業缺乏長壽意識，做什麼事情不知道瞻前顧後，結果必然短命。

為了使企業長壽，就要加強對長期發展問題的研究。企業長期發展問題不是短期發展問題之和，不是解決了一系列的短期發展問題就能夠自然長期發展，因為長期發展問題與短期發展問題具有本質的區別。企業面臨的長期發展問題很多，如發展方向問題、發展目標問題、發展步驟問題、品牌建設問題、信譽建設問題、文化建設問題、

人才開發問題、創新問題、學習問題。這些問題得不到有效解決，企業就很難長壽。所有企業都面臨一種基本選擇：是希望長壽，還是希望短命？如果希望長壽就要解決長壽需要解決的問題，如果希望短命也就無所謂了。

(二) 提前謀劃未來

對未來問題不但要提前想到，而且要提前動手解決，因為解決任何問題都需要一個過程，解決重大問題需要一個較長的過程。為了吃桃，三年前就要種桃樹；為了吃梨，五年前就要種梨樹。企業未來需要的技術應該提前開發，未來需要的產品應該提前開發，未來需要的市場需要提前開發，未來需要的人才需要提前開發，未來需要的公共關係需要提前構建，未來需要的企業文化需要提前建設。有些企業只重視提前開發新產品、新技術，這是遠遠不夠的，因為應該提前開發的東西是很多的，如果連提前開發新產品、新技術都做不到，發展前途就更可想而知了。

有些企業總發愁這個問題，發愁那個問題，卻不知道許多愁事是不可能立即解決的，因為當初該提前謀劃的事情沒有謀劃。

(三) 正確處理短期利益與長期利益的關係

到了夏季，農民不但要忙於夏收，也要忙於夏管和夏種。研究「三夏」很有意思，這裡有個盈利結構問題。夏收是為了追求當前利益，夏管是為了追求早秋利益，而夏種是為了追求晚秋利益。農民們都懂得恰如其分地把握這種盈利結構，沒有只管夏收不管夏管、夏種的。許多企業領導在這方面往往不如農民，重視當前利益、輕視未來利益的企業領導到處可見。

重視長期發展就要預測未來。預測未來是困難的，但不是不可能的。誰也想像不到未來的偶然事件，但總可以或多或少地把握事物的發展趨勢。人無遠慮，必有近憂。領導人不關心企業未來，只知道「火燒眉毛顧眼前」，就等於拿企業的壽命開玩笑。應當指出，不關心企業未來的領導人比比皆是，正因為這樣，少則幾年、多則十幾年就倒閉的企業簡直太多了。

四、謀劃企業基本性問題的意義

(一) 企業的基本性問題

企業的問題好像一棵樹：樹葉長在樹枝上，小枝長在大枝上；樹枝長在樹杈上，小杈長在大杈上；樹杈長在樹干上，小干長在大干上。樹葉成千上萬，樹枝成百上千，樹杈成十上百，樹干就不多了。樹干雖然不多，但非常重要。樹干如果歪了，樹杈、樹枝、樹葉都跟著歪；樹干如果折了，樹杈、樹枝、樹葉都跟著死。樹干問題是樹的基本性問題，這種問題決定樹的許多問題。當然，樹種問題是樹的最基本性問題。樹的內在品質與外形貌，樹的使用價值與生命周期，樹對冷、熱、酸、鹼等環境的適應能力等，無不與樹種有關。你不能指望從棗核裡長出銀杏樹，也不能使楊樹苗長出紅木來。許多人只重視對樹的日常管理，管土、管肥、管水、管風、管暑、管寒、管災、管病等，然而，這一切管理只有在選準樹種的前提下才有意義。

每個企業都存在類似於樹干、樹種的問題。一定要把握並解決好這類問題。只有解決好這類問題才不會有重大失誤，才會實現跳躍式發展；如果解決不好這類問題，只忙於解決枝節性問題，再忙也忙不出多大名堂來，甚至非把企業忙黃了不可。我們的黨和國家歷來重視基本性問題。例如，黨的十五大報告在論述了中國正處在社會主義初期階段之後，提出了黨在社會主義初期階段的基本路線和基本綱領。提出這兩層基本的東西是非常重要的。試想一下，全黨、全國面臨的問題多得很，要是不首先把基本問題解決好，怎能統一全國人民的意志。世間許多道理都是相通的，黨和國家重視基本問題，企業也要重視基本問題，要捨得為解決基本問題下功夫，千萬不要重末輕本。

(二) 增強對基本決策的反思意識

企業領導人不要只注意把已經決定的事情辦好，也要注意決策本身是否有毛病，尤其要注意戰略決策是否有毛病。

最近，我們從國外引進了一個新概念，叫「執行力」。執行力就是執行包括戰略在內的各種決策的能力。執行力固然重要，但如果被執行的那個決策本身就不正確，結果會怎樣呢？因此，我們既要重視執行力，也要重視決策力，尤其要重視戰略決策力。

五、計謀的意義

(一) 計謀的意義

企業發展戰略是對企業發展整體性、長期性、基本性的計謀。那麼計謀是什麼呢？計謀不是生搬的先進理論，不是硬套的先進經驗，不是堆砌的國家政策，也不是拼湊的主觀臆斷，而是富有成效的解決辦法。高明的計謀應該是正確、實際、新穎、奇妙、簡單的解決辦法。研究企業發展戰略，就是要尋找企業發展的整體性、長期性、基本性問題，並相應提出正確、實際、新穎、奇妙、簡單的解決辦法。可以把「正確、實際、新穎、奇妙、簡單」簡稱為「對、實、新、奇、簡」五個字。只有具備「對、實、新、奇、簡」五字特徵的解決辦法才稱得上高明的計謀，只有具備「對、實、新、奇、簡」五字特徵的企業發展戰略才是高明的企業發展戰略。凡大事都要謀定而后動。

企業發展是企業的大事，也要謀定而后動。不要不謀而動，也不要亂謀而動，而要謀好了再動。通過加強企業發展戰略研究，既找到了企業發展的整體性、長期性、基本性問題，又相應提出了「對、實、新、奇、簡」的解決辦法，意義之大是可想而知的。

(二) 計謀靠智慧

所有計謀都是智慧的產物，企業發展戰略也是智慧的產物。智慧是什麼？目前對智慧沒有統一的定義。智慧是對各種資源的靈活使用，是對各種知識的靈活運用，是對各種信息的靈活處理，是對各種變化的靈活反應。智慧不等於知識。智慧既包含知識又高於知識。許多軍事家都有「空城計」知識，但不能說他們有諸葛亮那樣的智慧。建立在智慧基礎之上的企業發展戰略是富有價值的，它既能使企業轉危為安、扭虧為盈，也能使企業錦上添花，更上一層樓。1999年的世界智力大會把智力資本定義為「可以轉化為

利潤的知識」，充分肯定了智慧的價值。我們從互聯網上得知，迄今為止，有關機構已經組織了6次世界智力大會，這表明人們對智慧越來越重視了。研究企業發展問題一定要尊重智慧、運用智慧、集中智慧、借用智慧。要重視以智興企，以智強企。

(三) 智慧有大小，戰略有高低

謀劃企業發展如下棋。凡是下棋的人都有點招法，但他們招法大不相同，不然的話全國冠軍就不那麼光榮了。每個企業領導也都有經營之道，都有發展戰略，但水平大不相同。謀劃企業發展不能夜郎自大、故步自封。有些領導對本企業發展戰略過於自信，不願意吸收新的意見，更容不得不同意見，這是在與企業的前途開玩笑。應該知道：企業發展戰略研究得越對越好，越實越好，越新越好，越奇越好，越簡越好。黨中央號召我們加強企業發展戰略研究，不是因為廣大企業本來就沒有發展戰略，而是希望廣大企業把現有的發展戰略研究得更加高明。

第三節　初創企業戰略的制定

戰略的制定要有一定的步驟和方法。一般地，我們可以按照戰略分析、戰略決策和戰略實施這三個步驟來進行企業戰略的制定。

一、戰略分析

(一) 企業戰略分析概述

企業戰略分析即通過資料的收集和整理分析組織的內外環境。戰略分析一般要從以下三個方面來進行：環境、期望與目的、資源與能力。

1. 環境

制定戰略不能脫離環境，環境包括經濟環境、政治環境、國際、國內等大環境，也要分析產業趨勢、行業發展前景等中環境，還要分析自身所處的區域、人口等小環境。分析這些環境因素，才不會使我們的目標制定得不切實際。

2. 期望與目的

期望與目的是有關企業對終極目標的思考，是企業的使命的定位。

3. 資源與能力

資源與能力是企業內部資源，也是企業能夠長遠發展並實現自己的目標的最基本的條件。

對企業進行戰略分析，我們通常會使用一些分析工具，接下來，我們為大家介紹幾種常用的戰略分析工具。

(二) 戰略分析工具

1. SWOT 模型

SWOT 分析方法是一種企業戰略分析方法，即根據企業自身的既定內在條件進行分

析，找出企業的優勢、劣勢及核心競爭力之所在。其中，S 代表 Strength（優勢），W 代表 Weakness（弱勢），O 代表 Opportunity（機會），T 代表 Threat（威脅），S 和 W 是內部因素，O 和 T 是外部因素。按照企業競爭戰略的完整概念，戰略應是一個企業「能夠做的」（即組織的強項和弱項）和「可能做的」（即環境的機會和威脅）之間的有機組合。

與其他戰略分析方法相比較，SWOT 分析從一開始就具有顯著的結構化和系統性的特徵。就結構化而言，在形式上，SWOT 分析法表現為構造 SWOT 結構矩陣，並對矩陣的不同區域賦予了不同分析意義；在內容上，SWOT 分析法的主要理論基礎也強調從結構分析入手對企業的外部環境和內部資源進行分析。另外，早在 SWOT 分析法誕生之前的 20 世紀 60 年代，就已經有人提出過 SWOT 分析中涉及的內部優勢、弱點，外部機會、威脅這些變化因素，但只是孤立地對它們加以分析。SWOT 方法的重要貢獻就在於用系統的思想將這些似乎獨立的因素相互匹配起來進行綜合分析，使得企業戰略計劃更加科學全面。

SWOT 方法自形成以來，廣泛應用於企業戰略研究與競爭分析，成為戰略管理和競爭情報的重要分析工具。分析直觀、使用簡單是它的重要優點。即使沒有精確的數據支持和更專業化的分析工具，也可以得出有說服力的結論。但是，正是這種直觀和簡單，使得 SWOT 分析法不可避免地帶有精度不夠的缺陷。例如 SWOT 分析採用定性方法，通過羅列 S、W、O、T 的各種表現，形成一種模糊的企業競爭地位描述。以此為依據作出的判斷，不免帶有一定程度的主觀臆斷。所以，在使用 SWOT 方法時要注意方法的局限性，在羅列作為判斷依據的事實時，要盡量真實、客觀、精確，並提供一定的定量數據彌補 SWOT 定性分析的不足，構造高層定性分析的基礎。

SWOT 分析步驟依次為：強勢—弱勢—機會—威脅。

從競爭角度看，對成本措施的抉擇分析不僅來自於對企業內部因素的分析判斷，還來自於對競爭態勢的分析判斷。成本的強勢—弱勢—機會—威脅分析的核心思想是通過對企業外部環境與內部條件的分析，明確企業可利用的機會和可能面臨的風險，並將這些機會和風險與企業的優勢和缺點結合起來，形成企業成本控制的不同戰略措施。

SWOT 分析基本步驟如下：

（1）分析企業的內部優勢、弱點既可以是相對企業目標而言的，也可以是相對競爭對手而言的。

（2）分析企業面臨的外部機會與威脅，可能來自於與競爭無關的外環境因素的變化，也可能來自於競爭對手力量與因素變化，或兩者兼有，但關鍵性的外部機會與威脅應予以確認。

（3）將外部機會和威脅與企業內部優勢和弱點進行匹配，形成可行的戰略。

SWOT 分析有如下四種不同類型的組合：

（1）優勢—機會（SO）組合。優勢—機會（SO）組合戰略是一種發展企業內部優勢與利用外部機會的戰略，是一種理想的戰略模式。當企業具有特定方面的優勢，而外部環境又為發揮這種優勢提供有利機會時，可以採取該戰略。例如，良好的產品

市場前景、供應商規模擴大和競爭對手有財務危機等外部條件，配以企業市場份額提高等內在優勢可成為企業收購競爭對手、擴大生產規模的有利條件。

（2）弱點—機會（WO）組合。弱點—機會（WO）組合戰略是利用外部機會來彌補內部弱點，使企業改劣勢而獲取優勢的戰略。存在外部機會，但由於企業存在一些內部弱點而妨礙其利用機會，可採取措施先克服這些弱點。例如，若企業弱點是原材料供應不足和生產能力不夠，從成本角度看，前者會導致開工不足、生產能力閒置、單位成本上升，而加班加點會導致一些附加費用。在產品市場前景看好的前提下，企業可利用供應商擴大規模、新技術設備降價、競爭對手財務危機等機會，實現縱向整合戰略，重構企業價值鏈，以保證原材料供應，同時可考慮購置生產線來克服生產能力不足及設備老化等缺點。通過克服這些弱點，企業可能進一步利用各種外部機會，降低成本，取得成本優勢，最終贏得競爭優勢。

（3）優勢—威脅（ST）組合。優勢—威脅（ST）組合戰略是指企業利用自身優勢，迴避或減輕外部威脅所造成的影響。如競爭對手利用新技術大幅度降低成本，給企業很大成本壓力；同時材料供應緊張，其價格可能上漲；消費者要求大幅度提高產品質量；企業還要支付高額環保成本等，這些都會導致企業成本狀況進一步惡化，使之在競爭中處於非常不利的地位，但若企業擁有充足的現金、熟練的技術工人和較強的產品開發能力，便可利用這些優勢開發新工藝，簡化生產工藝過程，提高原材料利用率，從而降低材料消耗和生產成本。另外，開發新技術產品也是企業可選擇的戰略。新技術、新材料和新工藝的開發與應用是最具潛力的成本降低措施，同時它可提高產品質量，從而迴避外部威脅影響。

（4）弱點—威脅（WT）組合。弱點—威脅（WT）組合戰略是一種旨在減少內部弱點，迴避外部環境威脅的防禦性技術。當企業存在內憂外患時，往往面臨生存危機，降低成本也許成為改變劣勢的主要措施。當企業成本狀況惡化，原材料供應不足，生產能力不夠，無法實現規模效益，且設備老化，使企業在成本方面難有大作為，這時將迫使企業採取目標聚集戰略或差異化戰略，以迴避成本方面的劣勢，並迴避成本原因帶來的威脅。

SWOT分析運用於企業成本戰略分析可發揮企業優勢，使企業利用機會克服弱點，迴避風險，獲取或維護成本優勢，將企業成本控制戰略建立在對內外部因素分析及對競爭勢態的判斷等基礎上。而若要充分認識企業的優勢、機會、弱點及正在面臨或即將面臨的風險，價值鏈分析和標杆分析等方法為企業提供方法與途徑。

SWOT分析案例：某煉油廠SWOT分析案例。

某煉油廠是中國最大的煉油廠之一，至今已有50多年的歷史。目前已成為具有730萬噸/年原油加工能力，能生產120多種石油化工產品的燃料—潤滑油—化工原料型的綜合性煉油廠。該廠有6種產品獲國家金質獎，6種產品獲國家銀質將，48種品獲114項優質產品證書，1989年獲國家質量管理獎，1995年8月通過國際GB/T19002－ISO9002質量體系認證，成為中國煉油行業首家獲此殊榮的企業。該廠研究開發能力比較強，能以自己的基礎油研製生產各種類型的潤滑油。當年德國大眾的桑塔納落戶上海，它的發動機油需要用昂貴的外匯進口。1985年該廠研究所接到任務

后，立即進行調研，建立實驗室。在短短的一年時間內，成功地研究出符合德國大眾的公司標準的油品，拿到了桑塔納配套用油的認可證，1988年開始投放市場。以後，隨著大眾公司產品標準的提高，該廠研究所又及時研製出符合標準的新產品，滿足了桑塔納、奧迪的生產和全國特約維修點及市場的用油。

但是，該煉油廠作為一個生產型的國有老廠，在傳統體制下，產品的生產、銷售都由國家統一配置，負責銷售的人員只不過是進行些記帳、統帳之類的工作，沒有真正做到面向市場。在向市場經濟轉軌的過程中，作為支柱型產業的大中型企業，主要產品在一定程度上仍受到國家的宏觀調控，在產品營銷方面難以適應競爭激烈的市場要求。該廠負責市場銷售工作的只有30多人，專門負責潤滑油銷售的就更少了。

上海市的小包裝潤滑油市場每年約2.5萬噸，其中進口油占65%以上，國產油處於劣勢。之所以造成這種局面，原因是多方面的。一方面在產品宣傳上，進口油全方位、大規模的廣告攻勢可謂是細緻入微。到處可見有關進口油的燈箱、廣告牌、出租車后窗玻璃、代銷點櫃臺和加油站牆壁上的宣傳招貼畫，還有電臺、電視臺和報紙廣告和新聞發布會、有獎促銷、贈送等各種形式。而國產油在這方面的表現則是蒼白無力，難以應對。另外，該廠油品過去大都是大桶散裝，大批量從廠裡直接銷售了，供應大企業大機構，而很少以小包裝上市，加上銷售點又少，一般用戶難以買到經濟實惠的國產油，而只好使用昂貴的進口油。

根據該煉油廠的上述情況，可以利用SWOT方法進行分析。根據分析結果，為了扭轉該煉油廠在市場營銷方面的被動局面，應該考慮採取如下措施：制定營銷戰略；增加營銷人員和銷售點；增加小包裝產品；實施品牌戰略；開展送貨上門和售後服務；開發研製新產品；繼續提高產品質量和降低產品成本；發揮產品質量和價格優勢；宣傳ISO9002認證效果；通過研究開發提高競爭能力。

2. 波士頓矩陣

波士頓矩陣又稱市場增長率—相對市場份額矩陣、波士頓咨詢集團法、四象限分析法、產品系列結構管理法等。

制定公司層戰略最流行的方法之一就是波士頓矩陣。該方法是由波士頓咨詢集團（Boston Consulting Group，BCG）在20世紀70年代初開發的。波士頓矩陣將組織的每一個戰略事業單位（SBUs）標在一種二維的矩陣圖上，從而顯示出哪個戰略事業單位提供高額的潛在收益，以及哪個戰略事業單位是組織資源的漏斗。波士頓矩陣的發明者、波士頓公司的創立者布魯斯認為：「公司若要取得成功，就必須擁有增長率和市場份額各不相同的產品組合。組合的構成取決於現金流量的平衡。」如此看來，波士頓矩陣的實質是為了通過業務的優化組合實現企業的現金流量平衡。

波士頓矩陣區分出4種業務組合。

(1) 問題型業務（Question Marks，高增長、低市場份額）。

處在這個領域中的是一些投機性產品，帶有較大的風險。這些產品可能利潤率很高，但佔有的市場份額很小。這往往是一個公司的新業務，是發展問題業務，公司必須建立工廠，增加設備和人員，以便跟上迅速發展的市場，並超過競爭對手，這些意味著大量的資金投入。「問題」非常貼切地描述了公司對待這類業務的態度，因為這時

公司必須慎重回答「是否繼續投資發展該業務?」這個問題。只有那些符合企業發展長遠目標、企業具有資源優勢、能夠增強企業核心競爭力的業務才得到肯定的回答。得到肯定回答的問題型業務適合於採用戰略框架中提到的增長戰略，目的是擴大戰略事業單位的市場份額，甚至不惜放棄近期收入來達到這一目標，因為要問題型業務要發展成為明星型業務，其市場份額必須有較大的增長。得到否定回答的問題型業務則適合採用收縮戰略。

如何選擇問題型業務是用波士頓矩陣制定戰略的重中之重，也是這一問題的難點，它關乎企業未來的發展。對於增長戰略中各種業務增長方案來確定優先次序，波士頓矩陣也提供了一種簡單的方法。通過圖5-1權衡選擇投資回報率（ROI）相對高，然後需要投入的資源占的寬度不太多的方案。

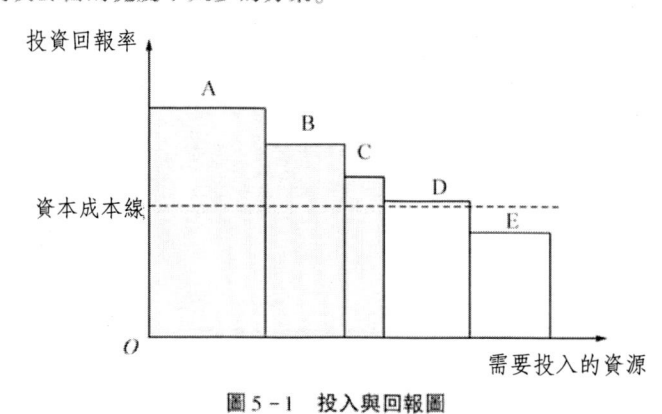

圖5-1 投入與回報圖

（2）明星型業務（Stars，高增長、高市場份額）。

這個領域中的產品處於快速增長的市場中並且佔有支配地位的市場份額，但不一定會產生正現金流量，這取決於新工廠、設備和產品開發對投資的需要量。明星型業務是由問題型業務繼續投資發展起來的，可以視為高速成長市場中的領導者，它將成為公司未來的現金牛業務。但這並不意味著明星業務一定可以給企業帶來源源不斷的現金流，因為市場還在高速成長，企業必須繼續投資，以保持與市場同步增長，並擊退競爭對手。企業如果沒有明星業務，就失去了希望，但群星閃爍也可能會閃花企業高層管理者的眼睛，導致錯誤的決策。這時必須具備識別行星和恒星的能力，將企業有限的資源投入在能夠發展成為現金牛的恒星上。同樣的，明星型業務要發展成為現金牛業務適合採用增長戰略。

（3）現金牛業務（Cash Cows，低增長、高市場份額）。

處在這個領域中的產品產生大量的現金，但未來的增長前景是有限的。這是成熟市場中的領導者，它是企業現金的來源。由於市場已經成熟，企業不必大量投資來擴展市場規模，同時作為市場中的領導者，該業務享有規模經濟和高邊際利潤的優勢，因而給企業帶來大量現金流。企業往往用現金牛業務來支付帳款並支持其他三種需大量現金的業務。現金牛業務適合採用戰略框架中提到的穩定戰略，目的是保持戰略事業單位的市場份額。

（4）瘦狗型業務（Dogs，低增長、低市場份額）。

這個剩下的領域中的產品既不能產生大量的現金，也不需要投入大量現金，這些產品沒有希望改進其績效。一般情況下，這類業務常常是微利甚至是虧損的。瘦狗型業務存在的原因更多的是由於感情上的因素，雖然一直微利經營，但像人養了多年的狗一樣戀戀不捨而不忍放棄。其實，瘦狗型業務通常要占用很多資源，如資金、管理部門的時間等，多數時候是得不償失的。瘦狗型業務適合採用戰略框架中提到的收縮戰略，目的在於出售或清算業務，以便把資源轉移到更有利的領域。

波士頓矩陣的精髓在於把戰略規劃和資本預算緊密結合了起來，把一個複雜的企業行為用兩個重要的衡量指標來分為四種類型，用四個相對簡單的分析來應對複雜的戰略問題。該矩陣幫助多種經營的公司確定哪些產品宜於投資，宜於操縱哪些產品以獲取利潤，宜於從業務組合中剔除哪些產品，從而使業務組合達到最佳經營成效。

波士頓矩陣模型存在重要假設。早在還沒有提出波士頓矩陣之前的1966年，波士頓咨詢公司通過實證研究獲得了一個重要發現——經驗曲線。經驗曲線的基本結論是：「經驗曲線是由學習、分工、投資和規模的綜合效應構成的。」「每當累積的經驗翻一番，增值成本就會下降20%～30%。」

「經驗曲線本質上是一種現金流量模式。」這是因為規模是學習與分工的函數，所以可以用規模來代表經驗曲線中的學習和分工成分。

企業某項業務的市場份額越高，體現在這項業務上的經驗曲線效應也就越高，企業就越有成本優勢，相應的獲利能力就越強。按照波士頓咨詢公司的經驗，如果一個企業某項業務的市場份額是競爭者該項業務市場份額的兩倍，那麼這個企業在這項業務上就具有較之競爭者20%～30%的成本優勢。這就是波士頓矩陣選取市場份額作為一個重要評價指標的原因所在。

波士頓矩陣認為市場份額能導致利潤，這其實就是「成本領先戰略」。波士頓矩陣一直認為規模優勢很重要，波士頓矩陣的解釋是市場份額大的公司不僅獲得了更多的收入，還實現了更高的單位營運利潤，優勢在於更高的價格（邊際利潤）、在廣告和分銷上更低的單位支出。

如何用波士頓矩陣模型來分析？

（1）評價各項業務的前景。波士頓矩陣是用「市場增長率」這一指標來表示發展前景的。這一步的數據可以從企業的經營分析系統中提取。

（2）評價各項業務的競爭地位。波士頓矩陣是用「相對市場份額」這個指標來表示競爭力的。這一步需要進行市場調查才能得到相對準確的數據。計算公式是把一單位的收益除以其最大競爭對手的收益。

（3）標明各項業務在波士頓矩陣圖上的位置。具體方法是以業務在二維坐標上的坐標點為圓心畫一個圓圈，圓圈的大小來表示企業每項業務的銷售額。

到了這一步公司就可以診斷自己的業務組合是否健康了。一個失衡的業務組合就是有太多的瘦狗類或問題類業務，或太少的明星類和現金牛類業務。例如，有三項的問題業務，不可能全部投資發展，只能選擇其中的一項或兩項，集中投資發展，只有一個現金牛業務，說明財務狀況是很脆弱的，有兩項瘦狗業務則是沉重的負擔。

(4) 確定縱坐標「市場增長率」的一個標準線，從而將「市場增長率」劃分為高、低兩個區域，如圖5-2所示。

確定「市場增長率」標準的比較科學的方法有如下兩種：

①把該行業市場的平均增長率作為界分點。

②把多種產品的市場增長率（加權）平均值作為界分點。

需要說明的是，高市場增長定義為銷售額至少達到10%的年增長率（扣除通貨膨脹因素后）。

圖5-2 相對市場份額與市場增長率關係圖

(5) 確定橫坐標「相對市場份額」的一個標準線，從而將「相對市場份額」劃分為高、低兩個區域。

布魯斯在他的文章中指出：這個界分值應當取為2，他認為任何兩個競爭者之間，2比1的市場份額似乎是一個均衡點。在這個均衡點上，無論哪個競爭者要增加或減少市場份額，都顯得不切實際，而且得不償失。這是一個通過觀察得出的經驗性結論。在同年的另一篇文章中，布魯斯說得更為明確：「明星的市場份額必須是僅次於它的競爭者的兩倍，否則其表面業績只是一種假象。」按照布魯斯的觀點，市場份額之比小於2，競爭地位就不穩定，企業就不能回收現金，否則地位難保。但在實際的業務市場上，市場領先者市場份額是跟隨其后的競爭者的2倍的情況極為少見。所以和上面的市場增長率的標準線確定一樣，由於評分等級過於寬泛，可能會造成兩項或多項不同的業務位於一個象限中或位於矩陣的中間區域，難以確定使用何種戰略。所以在劃分標準線的時候要盡量佔有更多資料，審慎分析，這些數字範圍在運用中根據實際情況的不同進行修改。而且不能僅僅注意業務在波士頓矩陣圖中現有的位置，還要注意隨著時間推移歷史的移動軌跡。每項業務都應該回顧它去年、前年甚至更前的時候是處在哪裡，用以參考標準線的確定。

一種比較簡單的方法是高市場份額意味著該項業務是所在行業的領導者的市場份

額；需要說明的是，當本企業是市場領導者時，這裡的「最大的競爭對手」就是行業內排行老二的企業。

波士頓矩陣的優點：波士頓矩陣根據兩個客觀標準（市場的增長率和企業在該市場上的相對份額）評估一個企業活動領域的利益。其中，相對市場份額是該產品本企業市場佔有率與該產品市場佔有份額最大者之比。波士頓矩陣的優點是簡單明瞭，可以使集團在資源有限的情況下，合理安排產品系列組合，收穫或放棄萎縮產品，加大在更有發展前景的產品上投資。

波士頓矩陣的局限性：科爾尼咨詢公司對波士頓矩陣的局限性評價是僅僅假設公司的業務發展依靠的是內部融資，而沒有考慮外部融資。舉債等方式籌措資金並不在波士頓矩陣的考慮之中。波士頓矩陣還假設這些業務是獨立的，但是許多公司的業務是緊密聯繫在一起的。例如，如果現金牛類業務和瘦狗類業務是互補的業務組合，如果放棄瘦狗類業務，那麼現金牛類業務也會受到影響。

還有很多文章對波士頓矩陣進行了很多的評價。這裡列舉一部分：關於賣出瘦狗業務的前提是瘦狗業務單元可以賣出，但面臨全行業虧損的時候，誰會來接手；波士頓矩陣並不是一個利潤極大化的方式；市場佔有率與利潤率的關係並不非常固定；波士頓矩陣並不重視綜效，實行波士頓矩陣方式時要進行戰略事業部重組，這要遭到許多組織的阻力；並沒告訴廠商如何去找新的投資機會……

為了克服波士頓矩陣的缺點，科爾尼咨詢公司的王成在《追求客戶份額》和《讓客戶多做貢獻》兩文中提出了用客戶份額來取代市場份額，能有效地解決波士頓矩陣方法中把所有業務聯繫起來考慮的問題。例如，經營酒店和公園，活期存款和定期存款、信貸、抵押等業務的關係，當業務是屬於同一個客戶的時候往往是具有相關性的。這也許是一個很好的方法，只是如果不是通過統計行業各廠商的銷售量而是統計客戶數，似乎一般的市場調查難以做到。

對於市場佔有率，波特的著作在分析日本企業時就已說過，規模不是形成競爭優勢的充分條件，差異化才是。波士頓矩陣的背後假設是「成本領先戰略」，當企業在各項業務上都準備採用（或正在實施）成本領先戰略時，可以考慮採用波士頓矩陣，但是如果企業準備在某些業務上採用差別化戰略，那麼就不能採用波士頓矩陣了。規模的確能降低一定的成本，但那是在成熟的市場運作環境中成立，在中國物流和營銷模式並不發達成熟情況下，往往做好物流和營銷模式創新可以比生產降低更多的成本。

按照波士頓咨詢集團法的原理，一方面，產品市場佔有率越高，創造利潤的能力越大；另一方面，銷售增長率越高，為了維持其增長及擴大市場佔有率所需的資金亦越多。這樣可以使企業的產品結構實現產品互相支持，資金良性循環的局面。按照產品在象限內的位置及移動趨勢的劃分，形成了波士頓咨詢集團法的基本應用法則。

（1）第一法則：成功的月牙環。

在企業所從事的事業領域內各種產品的分佈若顯示月牙環形，這是成功企業的象徵。因為盈利大的產品不止一個，而且這些產品的銷售收入都比較大，還有不少明星產品，問題產品和瘦狗產品的銷售量都很少。若產品結構顯示散亂分佈，說明其事業內的產品結構未規劃好，企業業績必然較差。這時就應區別不同產品，採用不同策略。

（2）第二法則：黑球失敗法則。

如果在現金牛區域一個產品都沒有，或者即使有，其銷售收入也幾乎近於零，可用一個大黑球表示。該種狀況顯示企業沒有任何盈利大的產品，說明應當對現有產品結構進行撤退、縮小的戰略調整，考慮向其他事業滲透，開發新的事業。

（3）第三法則：西北方向大吉。

一個企業的產品在四個象限中的分佈越是集中於西北方向，則顯示該企業的產品結構中明星產品越多，越有發展潛力；相反，產品的分佈越是集中在東南角，說明瘦狗類產品數量大，說明該企業產品結構衰退，經營不成功。

（4）第四法則：踴躍移動速度法則。

從每個產品的發展過程及趨勢看，產品的銷售增長率越高，為維持其持續增長所需資金量也相對越高；而市場佔有率越大，創造利潤的能力也越大，持續時間也相對長一些。按正常趨勢，產品從問題產品到明星產品，最後進入現金牛產品階段，標志了該產品從純資金耗費到為企業提供效益的發展過程，但是這一趨勢移動速度的快慢也影響到其所能提供的收益的大小。如果某一產品從問題產品（包括從瘦狗產品）變成現金牛產品的移動速度太快，說明其在高投資與高利潤率的明星區域時間很短，因此對企業提供利潤的可能性及持續時間都不會太長，總的貢獻也不會大；相反，如果產品發展速度太慢，在某一象限內停留時間過長，則該產品也會很快被淘汰。

在波士頓矩陣方法的應用中，企業經營者的任務是通過四象限法的分析，掌握產品結構的現狀及預測未來市場的變化，進而有效地、合理地分配企業經營資源。在產品結構調整中，企業的經營者不是在產品到了瘦狗階段才考慮如何撤退，而應在現金牛階段時就考慮如何使產品造成的損失最小而收益最大。

二、戰略決策

戰略決策是經過以上的分析方法的整理，鑑別各種戰略方案，評估各方案，制定出有效的可行性、可接受性標準，從而選擇能夠達到的戰略的過程。選擇戰略的過程不是一個純理性、純邏輯的過程，而是一個複雜的管理測評問題。

三、戰略實施

企業戰略的實施，是一種計劃和分配資源的過程。

一方面，資源的有限性決定企業資源分配的優先級；另一方面，各部門實際上是企業有限資源的爭奪者。所以，企業在實施戰略的過程，其實就是一種將企業資源進行傾斜性配置的過程。

第四節　實訓環節的戰略決策

　　本節結合「創業之星」模擬企業經營平臺來談一下企業戰略。雖然我們在實訓課上是軟件模擬創業，在軟件操作中沒有可以直接進行戰略決策的內容。但是，戰略管理依然非常重要。

　　企業戰略管理的重要性主要體現在：第一，創業團隊要統一思想，形成統一的戰略。總經理要盡到向企業部門經理傳達戰略的義務。而其他部門經理成員，都要圍繞自己的企業戰略來制定具體的生產和經營決策。第二，在短短的兩年（8個季度）的模擬生產經營活動中，企業戰略，特別是產品戰略一經制定，最好不要輕易改變。這樣講並不是說戰略完全不能更改，而是不能隨意更改。例如，經營初期企業確定了生產高端產品，打造優質品牌的產品戰略。而這種戰略就需要公司的資源向生產製造部門傾斜。選擇高品質的原材料，研發高科技含量的產品，自然而然地會造成自己的產品成本偏高，從而產品銷售價格也會相應偏高。經過一段時間（2個季度）的生產和銷售，你可能發現，雖然這種產品戰略使得你的產品毛利率比較高，但是產品的銷售數量會由於價格偏高而比較少。所以，你又迅速轉變產品戰略，轉為生產面向普通消費者的中低檔產品，想要獲得較多的產品銷量。這樣一來，企業在前期所做的針對高端產品的科技開發、生產線投入、原材料等資源就極有可能造成比較嚴重的浪費。

第六章 市場營銷管理與決策

知識及技能目標：

1. 瞭解市場營銷基本理論
2. 掌握市場營銷的具體方法
3. 掌握分析競爭對手等市場信息，並制定相應的營銷策略的技巧

案例導入：

不會拍馬屁丟了工作

我的個人條件不是很好，長相普通，身高也只有1.50米，在學校沒擔任過任何學生會幹部。這樣的履歷，找工作十分困難。畢業后，整整奔波了半年，才在一家代理傳真設備的小公司做了銷售。

當時新招的員工有四名，有兩個是大專，一個是自考本科。論學歷，我還是有一點優勢的。可上班之後，我才發現，我不但沒有任何優勢，還比別人差很多。因為從小到大在軍人父親的教育下，我沒有一張甜蜜的嘴，說得直白點，我不會拍馬屁。

上班第一周，由公司的銷售主管培訓。我像上學一樣，認真聽講，多記筆記。課後與主管交流，無非是說說心得，表示感謝。而盧菲就不同了，第一天課後，她就對主管說：「您講得太好了，比評書還好聽。您是不是以前當過播音員啊？」

事實上，那天主管只是介紹了一下公司概況和銷售流程，還沒講到精彩的銷售技巧。盧菲卻好像剛聽了喬布斯的演講似的，激動非常。其他兩個新人，也跟著附和，把主管捧得飄飄然。只有我坐在一旁，雞皮疙瘩起了一身。

培訓結束後，我的筆答成績十分出色，然而綜合評分卻排在了最後。我本想追問主管為什麼。可轉念一想，工作的好壞又不是用一紙分數來衡量的。我發誓，一定要努力工作，用業績讓他們刮目相看。但，我又錯了。

對新人來說，誰都沒有銷售渠道，完全靠主管分配客戶名單。由於我不受主管的青睞，她分給我的都是既偏又遠的片區。試用三個月，我的業務墊底，結果可想而知。離開公司的那天，主管找我談話，說：「感覺你很不服氣啊。」我心裡憋著火：「就因為我不會拍馬屁，你就這樣整人，太過分了！」主管卻笑了，說：「小英，你做了幾個月銷售還是沒有明白嗎？拍馬屁是銷售的必備品質。你不拍我馬屁沒關係，但客戶的馬屁是非拍不可的。所以那些重要的客戶，我是不會交給你的。萬一你照應不周，給我得罪一個，我可損失不起。」

我懵了。

會拍馬屁却辭了工作

主管臨別的一番話，雖然不中聽，我却不能否認。銷售這個求人買東西的行業，不會恭維人，寸步難行。

第二份工作是銷售陶瓷用品。再上崗，我學得精明了，做不來拍馬屁的主力，至少可以跟著附和。同事小王是老牌銷售，她傳授經驗給我說：「你記住，是年輕女的，別管長什麼樣，都叫美女；男的別管穿得多寒磣，你就喊老板。他們若看中貴的，你就誇，好有眼光啊，這是高檔貨中的精品。他們若看中便宜的，你就說，其實還有更好一點的，貴不了多少，看老板也不像差錢的人啊。」

我到現在都記得自己第一次叫人家「美女」時的情形。那位顧客30多歲，帶著小孩。我叫完「美女」之後，臉頓時紅得像門前的新年海報。那位顧客却喜滋滋地說：「還美女呢，女兒都7歲了。」小王看我尷尬的樣子，連忙接口說：「真的嗎？完全看不出來啊，我還以為你帶著外甥女呢。」

后來，在小王的教導下，我開始慢慢地明白一些拍馬屁的技巧，可以自如地睜著眼睛說違心的話。

2010年春天，店裡來了對準備結婚的小情侶。女人在我的煽動下越選越貴，男的在一邊看著越冒汗。最終女人挑中了一套比預算高出兩倍的衛浴產品。男人當場和她吵了一架，扔下信用卡走了。那一刻，我有點於心不忍。可我還是在店長和小王頻頻暗示的眼神下，帶著女人去了收銀臺。

那天，我目送著客人離開的背影，心裡有說不出的愧疚。當晚，我躺在床上，想著那個男顧客憤然離去的情景，再想想父親從小教育我要做個正直的人，心裡七上八下亂作一團。高額的提成減少不了我深深的負疚感，思前想後，我再次辭職。

實力成就職業專家

閒了三個月，眼看著吃飯都是問題，我再次在一家經營整體廚衛的專門店做了銷售。

因為瞭解自己耿直的性格，我面試時說的第一句話就是：「王總，我不會拍馬屁，若不行，你就別用我了。」沒想到，王總聽了哈哈地笑起來，說：「你這個小姑娘挺有意思。新店正缺人呢，先留下試試吧。」

我不再吹噓誇大產品高端，更不會對顧客諂媚，再加上整體廚衛的價格又那麼高，一個月後，我的業績再次墊底了。

王總著急了：「這可一點不像有經驗的銷售啊。」我很委屈，說出自己的困惑。王總再次笑了：「小英，拍馬屁確實是銷售的一種方式，因為它滿足了客戶的部分心理需求。說得簡單點，就是客戶喜歡什麼，我們就說什麼，他高興了，就會買東西。」

我連連點頭說：「沒錯。就是這樣。」

王總說：「那我問你，客戶想聽什麼呢？」

「好話唄。誰不愛聽啊？」

「錯」王總語調一轉，「客戶想聽的，是什麼最適合他。」

我一瞬間愣住了，這才是真理——拍馬屁只能滿足客戶的虛榮心，却無法解決他們的實際問題。

王總又看了看我：「別發傻了，好好干吧，靠實力說話。」

我恍然大悟。從那天起，我每天上班都會帶著本子和筆，仔細聆聽客戶的想法和需求。我還用業餘時間一邊學習廚衛設計的專業知識，一邊走訪了 200 多位老客戶，掌握了一手的使用反饋意見。比如竈臺設計偏高，雖然裝修房子的都是年輕人，但使用的多半是家裡的中老年人，很多人炒菜時要踩木墊，既不方便，也不安全。再比如，設計偏西化，外國人不炒菜，沒有油烟問題。可中國人不行，客廳被油烟污染得很厲害……當我把這份厚厚的調查報告放在王總面前，要求設計部改善時，他很驚訝，開玩笑地說：「你還說不會拍馬屁，你拍得我都快熱淚盈眶了。」

我把這些解決方案應用到銷售中，半年內就有了明顯的效果。客戶滿意度得到了大幅提高。我們公司成了公認的、最有中國特色的廚衛專家。

2011 年的 3 月，王總提升我做了店長。9 月份，公司門店開始向全國擴張，王總把我從店裡抽調出來，專門成立了培訓部，讓我擔任培訓經理。現在，我幾乎成了空中飛人，每個月在 11 個城市、50 多家分店穿梭。我不斷地更新培訓方式，讓自己跟上時代的潮流。但我給每一家新店員工做培訓時，開篇總會說一句老套又俗氣的話：「大家要記住，我們要靠實力說話，想客戶所想，做客戶所需。」

思考題：
(1) 從此案例中，你得到了什麼啓發？
(2) 你如何理解市場營銷的核心？

第一節　市場營銷的概念及相關理論

一、市場營銷的定義

市場營銷（Marketing）又稱為市場學、市場行銷或行銷學，簡稱「營銷」，臺灣地區常將「營銷」稱為「行銷」。市場營銷是指個人或集體通過交易其創造的產品或價值，以獲得所需之物，實現雙贏或多贏的過程。市場營銷包含兩種含義，一種是動詞理解，即指企業的具體活動或行為，這時稱之為市場營銷或市場經營；另一種是名詞理解，即指研究企業的市場營銷活動或行為的學科，稱之為市場營銷學、營銷學或市場學等。

二、市場營銷理論的經典理論

（一）4P 理論——以滿足市場需求為目標

4P（產品、價格、渠道、促銷）營銷理論是英國杰瑞·麥卡錫教授在 1960 年提出來的，它的提出對市場營銷理論和實踐都產生了深遠的影響，被后人奉為營銷理論中的經典。其中，產品（Product）指的是要向消費者提供什麼樣的產品？包括產品的特性、品牌和包裝是怎樣的，在產品的基礎上還能提供哪些服務或者附帶什麼內容？價格（Price）指的是消費者打算付多少錢來購買產品？根據消費者的反應和競爭對手的

情況來分析，產品應該定在什麼價位？渠道（Place）是指消費者可以通過什麼樣的方式買到產品？應該採用批發或者零售、通過代理商還是直銷？都銷售到哪些地方？需要多少人員配置和財力支持？總之，就是以怎樣的方式、多大範圍和規模來出售產品。促銷（Promotion）是指消費者怎樣瞭解商品？通過怎樣的方式來說服客戶來購買產品？用什麼形式的廣告？廣告的性質、內容、頻率怎樣？這些促銷手段產生的費用情況等。

這一理論曾被企業作為市場營銷的基本方法，即如何在該理論指導下實現組合營銷。通常認為，如果一個營銷策略組合中包含了合適的產品、合適的價格、合適的分銷策略和合適的促銷策略，那麼就將會是一個成功的營銷組合，企業的營銷目標就可以實現。

這一組合策略理論的一個局限性是它只能在每個階段進行分析，難以做到在實施的過程中與客戶進行溝通和交流，由於沒有把客戶整合到銷售決策過程中，使得營銷策略無法及時地根據客戶和市場的變化隨機應變。

雖然這種營銷策略在實際的操作中有時難以達到全程化，但是在分析和制定企業的營銷策略時仍然可以作為重要的分類依據，以下列出的營銷理論從根本上來說都是基於此理論的基礎上的延伸，只是選擇了不同的側重點或從不同的角度來分析。

（二）4C 理論——以追求顧客滿意為目標

在時代的洪流中，企業所面臨的市場大環境始終是不斷變化著的，而且將會變得越來越成熟。當然，隨著社會不斷的前進和發展，消費者也會隨之變得越來越精明。廠商不斷創新出新穎的營銷方法來爭取客戶，而市場則是以更多的冷靜給予回應。由於 4P 理論在這種變化的市場環境中表現出了一定的弊端，於是，更加強調追求顧客滿意的 4C 理論應運而生。

4C 理論是由美國營銷專家勞特朋教授在 1990 年提出的，它是以消費者的需求為導向，重新設定了市場營銷組合的四個基本要素：消費者（Consumer）、成本（Cost）、便利（Convenience）和溝通（Communication）。它強調企業首先應該把追求顧客滿意度放在第一位，其次是努力降低顧客的購買成本，然后要充分注意到顧客購買過程中的便利性，而不是從企業的角度來決定銷售渠道策略，最后還應以消費者為中心實施有效的營銷溝通。

與產品導向的 4P 理論相比，4C 理論有了很大的進步和發展，它重視顧客導向，以追求顧客滿意為目標，這實際上是當今消費者在營銷中越來越占據主動地位的市場對企業的必然要求。

（三）4R 理論——以建立顧客忠誠為目標

21 世紀初，艾略特・艾登伯格提出了 4R 營銷理論，更加豐富並且提升了市場營銷學的理論。4R 理論以關係營銷為核心，重在建立顧客忠誠。它闡述了四個全新的營銷組合要素：關聯（Relativity）、反應（Reaction）、關係（Relation）和回報（Retribution）。4R 理論強調企業與顧客在市場變化的動態中應建立長久互動的關係，以防止顧客流失，贏得長期而穩定的市場；面對迅速變化的顧客需求，企業應學會傾聽顧客的意見，及時尋找、發現和挖掘顧客的渴望與不滿及其可能發生的演變，同時建立快速

反應機制以對市場變化快速作出反應；企業與顧客之間應建立長期而穩定的朋友關係，從實現銷售轉變為實現對顧客的責任與承諾，以維持顧客再次購買和顧客忠誠；企業應追求市場回報，並將市場回報當成企業進一步發展和保持與市場建立關係的動力與源泉。

(四) 4P 理論向 4C 理論過渡的發展過程

　　20 世紀 50 年代末期，當時市場正處於賣方市場向買方市場轉變的過程中，市場遠遠沒有現在的競爭情況激烈。這時候產生的 4P 理論主要是從供貨一方的角度出發來研究市場的需求和各種變化，以及如何在競爭在取勝。4P 理論重視產品導向而不是消費者導向，它是以滿足市場需求為目標。4P 理論是營銷學的基礎理論，它促進了市場營銷理論的發展與普及。4P 理論在營銷實踐中得到了廣泛的應用，至今仍然是人們思考營銷問題的基本模式。然而隨著外部環境的變化，這一理論逐漸顯示出其不足：一方面，營銷活動過於注重企業內部，對營銷過程中的外部不可控因素考慮欠缺，難以適應市場的變化。另一方面，隨著產品、價格和促銷等手段在企業間相互模仿，在營銷實踐中很難製勝於其他商家。

　　隨著市場的競爭日益激烈，媒介傳播速度也越來越迅速，以 4P 理論來指導企業營銷實踐已經逐漸落伍，4P 理論也越來越受到挑戰。到了 20 世紀 80 年代，美國的勞特朋教授針對 4P 理論存在的問題發展出了 4C 營銷理論，其主要區別於 4P 理論的特點如下：

　　(1) 重視消費者需求。首先要瞭解、研究、分析消費者的需求方向，而不是預先考慮企業能生產什麼產品。

　　(2) 瞭解消費者所願意支付的成本。首先需要市場調研消費者滿足需要與欲求願意支付多少成本，而不是先給產品定價，即向消費者要多少錢。

　　(3) 考慮消費者的便利性。先考慮顧客購物等交易過程如何給顧客方便，而不是先考慮銷售渠道的選擇和策略。

　　(4) 注重與消費者的溝通。以消費者為中心點進行營銷溝通是非常重要的，通過如此互動的方式，將企業內外營銷不斷進行整合，把顧客和企業雙方的利益無形地整合在一起。

(五) 4C 理論向 4R 理論過渡的發展過程

　　在 4C 理念的指導下，很多企業關注起消費者的需求，並開始與顧客建立一種更為密切和動態的關係。例如，1999 年 5 月，微軟公司在其首席執行官巴爾默德主持下，也開始了一次全面的戰略調整，使微軟公司不再只跟隨公司技術專家的指揮，而是更加關注市場和客戶的需求。包括國內的很多企業通過 4C 營銷變革，施行以 4C 為理論基礎的營銷方式，成為 4C 理論實踐的先行者和受益者。生產廠家以前一般掌握定價權，企業定價權也完全是從企業的利潤率出發，沒有真正從消費者的成本觀出發，而現在消費者考慮價格的前提就是自己的「花多少錢買這個產品才值」。於是眾多先進企業開始專門找人研究消費者期待的購物成本，並據此來給廠家生產的產品定價，這種按照消費者的成本觀來對廠商制定價格要求的做法就是對追求顧客滿意的 4C 理論的

實踐。

總體看來，4C營銷理論注重以消費者需求為基本導向，與市場導向的4P理論相比，4C理論有了很大的進步和發展。但從企業的營銷實踐和市場發展的趨勢看，4C理論依然存以下缺陷：

（1）4C理論是顧客導向，而市場經濟要求的是競爭導向，而當時的企業營銷也已經轉向了市場競爭導向階段。顧客導向與市場競爭導向的本質區別是：前者看到的是新的顧客需求，后者不僅看到了需求，還更多地注意到了競爭對手，冷靜分析自身在競爭中的優、劣勢並採取相應的策略，在競爭中求發展。

（2）隨著4C理論融入營銷策略行為中，經過了一段時間的運作與發展，雖然會推動社會營銷的發展和進步，但企業營銷又會在新的層次上同一化，不同企業至多是個程度的差距問題，並不能形成各自的營銷特色，也不能形成足夠的營銷優勢來保證市場終端佔有率的穩定性、累積性和發展性。

（3）4C理論是以顧客的需求為導向的，但顧客需求有個合理性問題。顧客總是希望質量越來越好，而價格却越來越低，可以換句話說，單單參照顧客的需求因素制定營銷策略有時是不太合理的，也是沒有多少利潤可圖的。長期關注顧客的單方面需求，往往令企業失去了自己的方向，只看到滿足顧客需求的一面，企業必然付出更大的成本，久而久之，會影響企業的發展。所以從長遠看，企業經營要遵循雙贏的原則，這是4C理論面臨的需要進一步解決的問題。

（4）4C理論從總體上看，雖然是4P理論的轉化和發展，但被動適應顧客需求的色彩較濃。根據市場的發展，需要從更高層次以更有效的方式在企業與顧客之間建立起新型的主動性關係。

所以，4C理論是以消費者為導向，著重尋找消費者需求，滿足消費者需求，但市場營銷策劃者還應認識到市場經濟還存在著競爭導向，簡單來講，企業不僅要看到需求，而且還應更多地關注到競爭對手。冷靜分析自身在競爭中的優劣勢並採取相應的策略，才能在激烈的市場競爭中立於不敗之地。

因此市場的發展及其對4P理論和4C理論的回應，需要企業從更高層次建立與顧客之間的更有效的長期關係。於是便出現了4R營銷理論，不僅僅停留在滿足市場需求和追求顧客滿意，而是以建立顧客忠誠為最高目標。

4R營銷理論的優勢主要表現為以下幾點：

（1）4R營銷最大的特點是以競爭為基本導向，在新的層次上提出了營銷新思路。根據市場日趨激烈的競爭形勢，4R營銷著眼於企業和顧客建立互動與雙贏的關係，不僅積極地滿足顧客的需求，而且主動地創造需求，通過關聯、關係、反應等形式建立與其獨特的關係，把企業與顧客聯繫在一起，形成了獨特的競爭優勢。

（2）4R營銷真正體現並落實了關係營銷的思想。4R營銷提出了如何建立關係、長期擁有客戶、保證長期利益的具體操作方式，這是關係營銷史上的一個重大進步。

（3）4R營銷是實現互動與雙贏的保證。4R營銷的反應機制為建立企業與顧客關聯、互動與雙贏的關係提供了基礎和保證，同時也延伸和昇華了營銷便利性。

（4）4R營銷的回報使企業兼顧到成本和雙贏兩方面的內容。為了追求利潤，企業

必然實施低成本戰略,充分考慮顧客願意支付的成本,實現成本的最小化,並在此基礎上獲得更多的顧客份額,形成規模效益。這樣一來,企業為顧客提供的產品和追求回報就會最終融合,相互促進,從而達到雙贏的目的。

市場營銷學的各種理論模式經歷了數十年的發展和豐富,形成了把4P經典理論看作為基礎的、形式多樣、不斷豐富的綜合體系。不管是4P理論、4C理論還是4R理論,都是從實踐中被人們發現,並總結發展出一系列科學的營銷理論來指導后人進行營銷實踐。信息化和全球化的影響、企業競爭規則的轉變、消費理念與消費習慣的變化,都激發了營銷的新思想和新理論,未來必然還會湧現更多的創新營銷理念和實踐方案,來共同補充、完善和發展市場營銷理論,並為不同企業的營銷經理們在制定和創新各種營銷策略時提供豐富的新思路、新亮點。

第二節　新經濟環境下的市場營銷

網絡經濟是對傳統工業經濟的揚棄,是一種在信息產業進一步分工,傳統產業相互融合基礎上的直接經濟。在網絡經濟條件下,傳統市場營銷管理受到前所未有的沖擊,出現了網絡營銷管理的新概念。

一、營銷理念的改變

傳統市場營銷管理理念最核心的原則是用戶滿意原則,即是為了滿足用戶當前的需求,這樣的營銷理念只考慮將當前服務提供給用戶,忽略了用戶這一營銷的戰略資源在未來企業增長中的重要性。網絡營銷管理理念則以用戶成功為原則,重視用戶的未來需求、增長源和未來成功。所以網絡營銷管理相對於傳統營銷管理,派生出以下四個主要特點:

(一) 顧客的長期價值

網絡營銷者必須正視消費者的長期價值,這種新觀念建立在兩個經濟學論據基礎上。其一,保持一個老顧客的費用遠遠低於爭取一個新顧客的費用。其二,信息服務業是網絡經濟時代價值增值的核心產業。企業與顧客的關係越持久,這種關係越能給企業創造價值。另外由於網絡營銷是個性化的營銷方式,而且往往是點對點銷售,這也為企業與顧客建立長期的伙伴關係和企業瞭解顧客的長期價值提供了可能。

(二) 網絡營銷是一種「整合營銷」

代表傳統營銷管理的營銷策略是4P (Product, Price, Place, Promotion) 理論,這一組合的經濟學基礎是廠商理論,即企業利潤最大化,實際的決策過程是市場調研—營銷戰略—營銷策略—反向營銷控制這樣一個單向鏈,沒有把顧客整合到整個營銷決策過程中去,其實質是將廠商利潤凌駕於滿足顧客需求之上。營銷學理論的最新發展是以舒爾茲教授為首的一批營銷學者從顧客的需求出發,提出了所謂的4C理論:Customer (顧客的需求與期望)、Cost (顧客的費用)、Convenience (顧客購買的方便性)

和 Communication（顧客與企業的溝通）。而菲利浦‧科特勒認為 4P 理論與 4C 理論有著一一對應的關係（Product—Customer；Price—Cost；Place—Convenience；Promotion—Communication），4P 理論應向顧客提供價值就是相應的 4C 理論。

我們則認為網絡營銷的整合模式是通過企業和顧客的不斷交互，清楚地瞭解顧客的個性化需求後，作出相應地使全企業利潤最大化的 4P 策略決策。在這一整合營銷策略過程中，4C 和 4P 不是相互替代的關係，而是 4C 前提下的決策，企業最終的操作還是 4P，只是整合營銷模式下的 4P 已經包含了 4C 的信息。互聯網的無居間性使得這種交互成為可能。

(三) 網絡營銷是一種「軟營銷」

網絡經濟環境下，顧客不再像傳統營銷方式下被動地接受強勢廣告的信息，對於那些不遵循「網絡禮儀」的不請自到的信息非常反感。與強勢營銷不同，「軟營銷」的主動者是顧客，個性化消費需求的迴歸使顧客在心理上要求自己成為主動方，而互聯網的互動性、實時性和無居間性又使其實現主動方地位成為可能。顧客會在某種個性化需求的驅動下，自己到網上尋找相關的信息。從這一點出發，企業不能再把顧客看作可替代的商品，而應該和顧客建立起長期合作的伙伴關係，即所謂的「伙伴營銷」方式。重視顧客的長期價值，以適應「軟營銷」方式的要求。

(四) 網絡營銷是一種「直復營銷」

在網絡經濟環境下，產業調整使得產業結構進一步分化和融合，傳統營銷方式下的「大營銷」不再適應網絡營銷的要求。取而代之的是以顧客為核心，以互聯網為手段的「直復營銷」。其具體形式包括「直銷」「微營銷」「電子郵件（Email）營銷」等。在這種「直復營銷」方式下，企業和消費者可以直接交流，不再通過第三方。這使得營銷測試變得較為容易，企業可以及時地對營銷效果進行評價，及時改進以往的營銷策略，以獲得更滿意的結果。

二、營銷活動準則的改變

在傳統營銷管理活動中，營銷人員有一套與之相適應的營銷準則，即突出滿足顧客需要、提高產品競爭力、加大強勢廣告宣傳、合理的價格定位等。同樣，網絡營銷也有自己的營銷準則，但只不過是對傳統營銷準則的繼承與揚棄。

傳統營銷管理是「給顧客他們想要的東西」。企業通過市場調查，弄清楚顧客的需求，採取一定的營銷組合策略，滿足顧客的需要。這種方式的本質是一種發現行為，其基本假設是消費者在購買之前，甚至在產品設計之前就已經知道自己想要什麼。然而，網絡營銷戰略越來越基於這樣一種假設，即購買者至少在一開始並不清楚自己想要什麼，而是通過學習知道想要什麼，企業在顧客的學習過程中扮演引導的角色，所以營銷就要求半學半教。半學是指瞭解顧客知道些什麼和顧客的學習過程如何，這繼承了傳統營銷的準則；半教是指在顧客的學習過程中發揮作用，這是網絡營銷時代的必然要求。這是一種既受市場驅動又「驅動市場」的雙向行為。

(一) 消費者學習

　　消費者學習的實質大多是受目標驅動的。所有個人和機構都各自有想實現的目標，個人的目標也許是「成為百萬富翁」；公司的目標也許是「成為行業之首」。為了實現目標，個人和機構求助於各種品牌。品牌與目標緊密相連的觀念對於競爭力具有十分重要的意義。另外一個與傳統的觀點不同之處在於，新興的觀點認為購買者追求許多目標，在同一類產品中某些品牌可以憑藉其獨特的組合而與多個目標相連。

(二) 品牌偏好

　　在每一類商品中，我們關於產品如何滿足各種目標的知識是學來的，一開始，消費者根本不知道如何評價產品的特性，因而無從評判可供選擇的品牌。購買者可能會選用一些品牌，對它們各有好惡。然後消費者通過「學習」和反省，形成自己一套判別某一品牌滿足自己目標的潛意識標準。企業在這一過程中可以通過一定的方法瞭解消費者評價滿意度的標準，然後採取一定的品牌戰略引導消費者的消費偏好和培養消費者對自己品牌的忠誠度。

(三) 購買策略

　　消費者面對眾多品牌最終選擇哪一個？一方面是根據消費者對品牌的偏好，另一方面則是消費者本人學習的結果。事實上，消費者的選擇方式多種多樣，視具體情況和需要而定。一般消費者學會的選擇準則取決於品牌的產品戰略。如果他面對的所有品牌都是為了實現同一目標，那麼消費者可能會對各品牌進行全面比較，直到找到最能滿足自己當前和未來目標的品牌。當消費者面對的品牌情況較複雜時，如面對一個充斥許多品牌的市場，每一個品牌各有複雜的目標結構，很難進行比較。尤其在多媒體、集成化技術不斷提高的今天，這種情況更易出現。這時的消費者會採取一定的策略，如有優惠的品牌、朋友推薦的品牌可能成為他們的購買品牌。

(四) 競爭優勢

　　消費者學習對競爭性質和競爭優勢具有深遠的意義。目前網絡營銷的理念要求給予顧客長期價值充分的重視，信息已成為企業戰略資源，要求 4P 理論與 4C 理論相互關聯。這樣企業在滿足消費者當前需求方面的競爭變得不那麼重要了，而更重要的是如何利用網絡經濟的特點去引導和影響市場的看法、偏愛和抉擇的競爭。在未來的長期競爭中培養自己的核心競爭力。

三、營銷手段的改變

　　網絡經濟不僅給營銷理念和營銷準則帶來空前的冲擊，而且改變了傳統的營銷渠道和手段。這些網絡經濟時代的新渠道和新手段使營銷活動在企業中地位更加重要，也為企業更加有效地開展營銷活動提供了保證。這些互聯網營銷的新方法大致有如下幾種：

(一) 廣告宣傳

　　廣告宣傳包括在互聯網的電子公告牌上發布信息；設立自己的互聯網網頁，在網

頁上設計與本企業產品和經營有關的信息；在點擊率高的網站上安排廣告；在提供搜索引擎的網站上註冊；在專門的廣告黃頁網站上發布廣告；向註冊的顧客發送介紹本企業的多媒體材料；在本企業網址上定期發布新產品、新特性等公開信息。

(二) 信息收集、管理與交流

信息收集、管理與交流具體由建立進行信息收集的數據庫系統通過網絡調查收集市場信息建立客戶材料庫，定期進行網上訪問，收集反饋信息；建立網上愛好者俱樂部，進行網上交派，與伙伴企業建立網上實時交流和共享數據庫系統；建立電子建議箱，收集由客戶實時反饋的信息；建立營銷和設計、生產、採購、財務溝通的網絡渠道（如在線會議、討論室）。

(三) 電子商務

目前在中國開展電子商務還處於起步階段，許多技術尚不成熟，借鑑國外發達國家的經驗，進行電子商務必須做到：信息流能夠高效完整地傳輸；完備有序的物流配送系統；安全可靠的電子貨幣網上支付系統；電子商務賴以運行的法律與規章制度。

第三節　初創企業市場營銷決策

結合前面經典的市場營銷理論和新經濟環境下的市場營銷理論，我們來談談一家創業型的新企業如何能在市場營銷活動中脫穎而出，立於不敗之地。本節主要從品牌與品牌建設、樹立價格競爭優勢、建立新型的營銷渠道以及靈活多樣的促銷策略四個方面來分析具體的營銷活動步驟及相關的決策。

一、品牌與品牌建設

(一) 產品與品牌

一般來說，在市場營銷活動中，顧客所期望的能夠滿足自己需求的所有有形實物和無形的服務統稱為產品。根據這些產品在顧客需求中的重要性，我們還可以將市場營銷中的產品整體分為五個層次：核心利益、有形產品、期望產品、延伸產品和潛在產品。

那麼，作為一家初創企業來說，如何能使它的產品在有形產品的層次上對產品的品質有所保障，又能夠滿足產品對核心利益的要求。例如，讓自己的產品達到期望產品，或者簡單來說，如何能夠讓客戶喜歡上你的產品，而且始終對你企業的產品保持一種忠誠度，這就是個比較困難的問題。

要實現這個營銷目標，就需要塑造品牌，讓客戶忠誠於這個品牌。那麼，什麼是品牌呢？

品牌也可以認為是一個企業的品牌資產。美國營銷協會（American Marketing Association）對品牌的定義是：品牌（Brand）是一種名稱、標記、術語、符號或者設

計，或者他們的組合運用，目的是借以辨認某個銷售者或某個群體銷售者的產品或服務，使之區別於競爭對手的產品和服務。

現代營銷理論逐漸將品牌的建立和管理作為了營銷策略中的重要部分。品牌價值被人們不斷重視，而品牌也被視為一個企業的資產來加以保護和利用。這種資產的價值反映在消費者在選擇產品時的購買決策上，消費者的購買意向自然會增加企業產品的市場份額。

(二) 品牌的塑造

要塑造一個消費者值得信賴的品牌不是一件簡單的事，它需要我們企業從方方面面出發，貫徹一種品牌理念。企業從上到下都應該遵循一種理念。這裡受篇幅限制，我們僅從新產品開發、服務和品牌策略三方面來分析怎樣使初創企業的產品具備品牌優勢。

1. 新產品開發策略

公司對於新產品的開發是取得市場份額的必要條件，能夠在最短時間內開發出新產品，並適應市場的需要，或者在產品功能上，有獨到之處，就能打敗其他競爭對手。例如，一家以信息技術硬件產品生產銷售為主營業務的企業，如何能讓自己的產品具備個性化，除了在硬件速度能夠取得同行優勢以外，相配套的軟件應用系統也必須能夠大量滿足消費者需求。在這方面做得比較突出的企業如國外的蘋果手機，國內的魅族、小米手機等大家耳熟能詳的品牌。

此外，在新產品的開發過程中，企業需要充分瞭解並預測消費者的需求，瞭解消費需求可以通過調查問卷的方式，初創企業可以設計一些調查問卷，讓消費者參與對產品的測評，同時將對產品的改進意見反饋回公司，從而使得產品的設計更具人性化，貼近消費者的需求。再進一步，在產品的創新上，如果能夠像蘋果公司那樣引領消費者，塑造一種潮流、時尚的品牌形象，將更加會大大增加自己產品的品牌競爭力。

2. 產品的服務策略

在市場營銷過程中，對產品的服務是一個重要的組成部分，良好的服務可以提高顧客的滿意度，同時可以為企業帶來潛在的客戶。初創企業可以從幾個方面來促進對市場營銷產品的服務：

(1) 售前服務。目前很多企業都建立了自己的購物網站，將每款產品的圖片、參數都悉數列出，顧客可以通過點擊某款產品來瞭解常規參數。然而，這些信息對於一般的消費這來說是不夠的，特別是一些電子產品，普通消費者很難根據這些參數來分辨產品的優劣。如果可以設立針對每款產品的視頻講解，將每款產品的特點、功能、安裝使用注意事項等，通過視頻的方式，聲情並茂的講解給顧客，必定能為顧客在選購產品方面以很大的幫助。此外，當顧客瞭解了相關信息，對產品產生購買意向以後，顧客一定希望能針對產品是否有現貨、是否能優惠、到貨方式及付款方式等問題進行進一步的咨詢。這就需要網絡營銷企業在其購物網站首頁的醒目位置，放置在線咨詢控件。顧客可以根據自己使用的哪種在線溝通工具來選擇咨詢渠道。客戶點擊控件，立刻可以與企業的后臺客服人員進行即時的溝通。

（2）售中服務。消費者在通過網絡商城購買企業產品的過程中，應該盡可能地得到便利。在產品選擇、填資料等操作時，應盡量简化消費者自己動手輸入的工作。消費者只要按照提示進行選擇，即可使消費者獲得方便快捷的購物體驗。像知名的消費者之間（C2C）網站淘寶網，當消費者點擊立即購買某個產品以後，系統會自動記錄顧客的地址信息，消費者只需要做幾個點選就可以完成訂單。而且，當消費者完成支付程序後，企業的網絡銷售平臺應該像淘寶網站那樣，提供顧客的訂單查詢功能及物流信息查詢等。如圖6-1所示，顧客可以清楚地瞭解到自己所購買的產品的物流狀態。

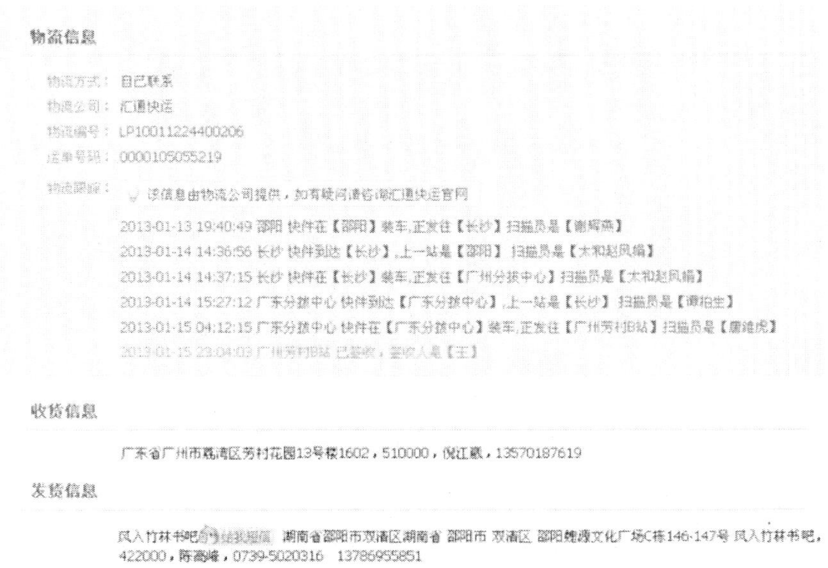

圖6-1　淘寶網物流訊息查詢界面

此外，在交易達成後，企業網站平臺也可以自動通過電子郵件或者短信方式，給客戶發送致謝信息。這樣，讓消費者時刻感受到關懷和被尊重。

（3）售後服務。產品的售後服務包括維修、軟件升級、電話咨詢等。在這裡，我們只分析網絡商城的網上服務。目前很多的網絡營銷企業在其官方網站上建立了產品論壇來為顧客或潛在顧客提供技術交流、產品體驗交流的平臺。這個平臺的鏈接應該放在網上商城的首頁醒目位置。而且，論壇的設計要保證有一定的信息量和訪問量。此外，對於消費者十分關心的產品升級服務等問題，要專門設立區域，列明全國各地可以升級的地址、聯繫人信息等，方便客戶前往。

以上網絡營銷中的售前服務、售中服務、售後服務產品策略的改進，旨在使初創企業在產品的人性化方面得到加強，使之更貼近消費者的需求。

3. 品牌策略

很多企業非常注重傳統的廣告媒體，然而，傳統品牌優勢不一定能夠形成網絡上的優勢品牌，因為網絡媒體與傳統媒體的受眾構成有很大不同，網絡品牌和傳統品牌

有著很大不同。美國著名的咨詢公司（Forrester Research）的調查報告就指出：知名品牌與網站的訪問量之間並沒有必然的聯繫。因此，初創企業想要在網絡營銷中取得品牌優勢，單靠傳統渠道的品牌優勢是不夠的。還應該在網絡上進行仔細的規劃，努力使產品符合網絡受眾對品牌的要求。

那麼，初創企業應該如何在網絡上建立自己的品牌資產呢？筆者認為應該從以下幾點來考慮：

（1）選擇合適的品牌元素。品牌元素即能鑒定並且使品牌具備差異的那些可識別的圖案。大多數知名品牌都擁有多個品牌元素。移動公司神州行「我看行」、動感地帶「我的地盤我做主」，這些品牌元素就充分考慮了不同消費群的特徵。

（2）初創企業還可以利用促銷及相關的營銷活動不斷塑造品牌。例如，可以贊助某個著名的戶外活動網站，與其聯合舉辦一屆汽車拉力賽，從而間接地提高自己品牌的知名度。

（3）完善平臺網站的交互功能，提高網站的品牌知名度。採用交互式的方式，讓企業的部分網站頁面的顯示由網友來自行編輯的方式，讓網站與客戶之間能夠及時有效地溝通，這種交互式的網站稱作「web2.0」時代。實踐證明，這種網站更有利於提高企業品牌的生命力，維繫消費者對品牌的忠誠度。

（4）可以積極尋求與其他網絡知名品牌的聯合業務。例如，聯合發起、舉辦公益活動等。

（5）對於網絡品牌的塑造，與傳統的品牌建設一樣，都不是一朝一夕的，需要長時間的累積和不斷的投資。

二、樹立價格競爭優勢

（一）定價目標

價格策略是網絡營銷中比較複雜的一個環節，因為價格無論對於企業還是消費者，都是最敏感的問題。價格如果超出了消費者的預期，其他再有力的營銷手段都不起作用了。而且，網上的信息相對比較公開，很難說像傳統渠道那樣做到價格保護。所以，初創企業的價格體系應該盡量做到綜合考慮成本因素、供求關係、競爭因素、促銷手段以及分銷渠道等，均衡考慮，檢查各環節的價格構成，最終做到最合理的價格體系，從而能夠獲得適當的投資回報率，提高和穩定市場佔有率，穩定市場價格體系。

（二）價格策略

互聯網的實時性和信息公開性決定了價格策略需要做到靈活和動態定價。對於初創企業來說，可以採取以下幾種定價策略：

1. 動態調價策略

企業的網站后臺需要設計一個動態調價的功能模塊，因為網絡上的價格隨時會因供應商成本、競爭對手沖擊、市場供求關係、競爭產品價格等因素來進行調整。另外，消費者的動態反饋以及公司市場部的市場調查，都可以及時地對產品的價格作出調整，這種動態的調價策略可以優於競爭對手對市場進行的快速反應。

2. 功能定制定價策略

可以考慮讓消費者來自己設計和定製產品功能。根據顧客對所需要的產品的外觀、性能、功能等的具體要求，由他們自己來確定產品的價格，當然，這種自助定價是需要確定一定的範圍內的。不過，這種自主定價的方式一定會讓消費者耳目一新。

例如，對於一家以銷售全球定位系統（GPS）導航儀產品為主要業務的企業，針對客戶在電子地圖方面的需求，客戶可以只要某個地區的，那麼就可以在產品訂單下達之前，預選好區域的電子地圖，達到降低購買產品的總體價格的目的。增加消費對於產品功能的定製和自我選擇的體驗感，將大大有利於公司的業務發展。

三、建立新型的營銷渠道

一般意義上，營銷渠道是指產品和服務從生產者向消費者轉移過程的通道和路徑。當今互聯網的發展使得傳統營銷中的代理商的地域優勢被互聯網的虛擬空間消除。同時互聯網的即時性的信息交流也改變了傳統營銷渠道的其他環節，使得很多錯綜複雜的價格保護、區域限制等問題變得簡單化。

但這並不意味著網絡營銷可以完全摒棄傳統渠道的方法，網絡營銷也具備其特有的渠道，它也需要一系列的渠道建設策略來輔助網絡營銷取得成功。

(一) 網絡營銷渠道的形式

網絡渠道與傳統所說的渠道不同，它除了產品的轉移通道和路徑以外，還包括了借助互聯網技術，提供產品或服務信息用來實現信息溝通、資金轉移和產品轉移這一整套相互依存的中間環節，我們統稱為網絡渠道。總體上來說，網絡渠道可以分為兩大類：一類是通過互聯網實現的從生產者到消費者的網絡直接營銷渠道，即我們通常所說的網絡直銷。在這種直銷方式下，企業與顧客雙方直接聯繫，從網上訂單、網上付款到發貨，不需要第三方的介入。除了這種直接的銷售方式，在網絡營銷特別是支付、物流的環節中，越來越多地出現了第三方環節。例如，時裝設計師網站（Shopstyle.com）是一家獨立的第三方的網絡推廣平臺，這家網站有著強大的產品推廣能力，可以把顧客吸引到網上，於是成為很多著名品牌的網絡經銷商，這類渠道我們稱作網上商店。還有像電子商務中的支付環節，就產生了淘寶的支付寶、拍拍網的財付通等這些我們稱為網絡支付平臺。這些都是我們說的網絡渠道。

(二) 初創企業的網絡營銷渠道建設

下面，我們依次從網絡代理商的選擇、支付平臺的優化、物流平臺的建立與完善三方面來分析初創企業如何在網絡上建立自己的營銷渠道。

1. 網絡代理商的選擇

與傳統代理渠道需要選擇代理商類似，在網絡上如果能找到幾家良好的網上商店做產品的代理商，將大大增加產品的網絡銷量和迅速提高網絡知名度。那麼，應如何選擇一個好的網絡代理商呢？

我們認為應從以下幾個方面來考慮：

（1）穩定的網絡營銷管理團隊。初創企業對於網絡商店的合作必須建立在穩定的

基礎上。代理網店的組織架構、負責人員的實戰經驗等，都是我們要考察的問題。所以，在選擇網上代理商時，也需要知道代理商的發展目標、是否能夠在電子網絡產品銷售行業長久地發展。

（2）穩定的策劃推廣團隊。對於網絡代理商來說，其網絡推廣能力的好壞是代理商店能否盈利的關鍵問題。代理本企業產品的網絡代理商，應該不僅可以在網絡開店，而且能夠對本企業的產品品牌的核心價值有很好地理解，並且能夠將這些價值在網絡上組合推廣出去，讓企業的產品品牌得到快速成長。

（3）良好的客服團隊。網絡代理商需要有完善的客戶服務系統。特別是對於直接面對顧客的客服人員，需要有標準化的服務流程，具備良好的服務心態。這些的基礎是代理商店要有良好的企業文化和管理系統，比如考核系統和績效評估系統。

（4）公關能力。代理銷售商店還要有一定的公關能力，因為在網絡推廣過程中，需要與主流的門戶網站及一些電子社區有良好的關係。

2. 支付平臺的優化

初創企業除了在網絡上建立相應的營銷渠道外，對於網絡支付平臺也應該進行相應的配套建設。

網絡購物對於消費者來說，最關心的問題仍然是支付安全性問題，網絡支付的安全性也直接影響著網絡營銷的成功。根據中國互聯網信息中心（CNNIC）的調查研究報告《第25次中國互聯網絡發展狀況統計報告》顯示：2009年，網絡支付的用戶規模已經達到了9 406萬人，使用率達到了24.5%，年增加幅度高達80.9%，在所有網絡應用中，是用戶增加最快的，表明了越來越多的網民開始使用網上支付（如圖6-2所示）。

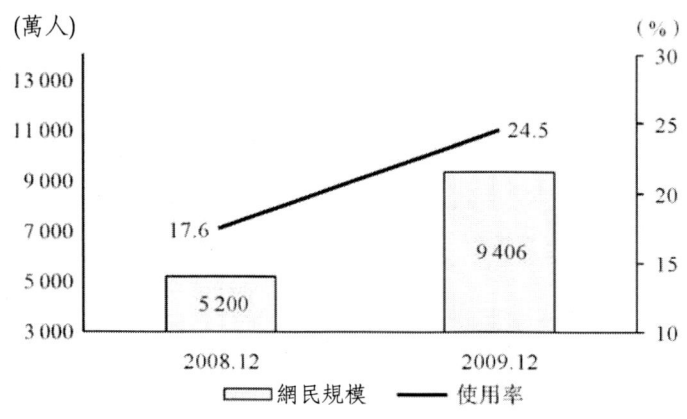

圖6-2　第25次中國互聯網絡發展狀況統計報告

之所以網絡支付越來越受廣大網民的歡迎，一方面得益於第三方支付公司與保險、航空等資金流量大的行業的合作力度的加強，使得網上支付在企業之間（B2B）、企業與消費者之間（B2C）、消費者之間（C2C）領域全面得到使用。另一方面網絡購物也快速有力地拉動了網上支付的增加。

目前，像著名的消費者之間（C2C）網站——淘寶網的用戶，買家和賣家均使用第三方支付平臺「支付寶」來進行網上支付，它的付款流程如圖6-3所示：

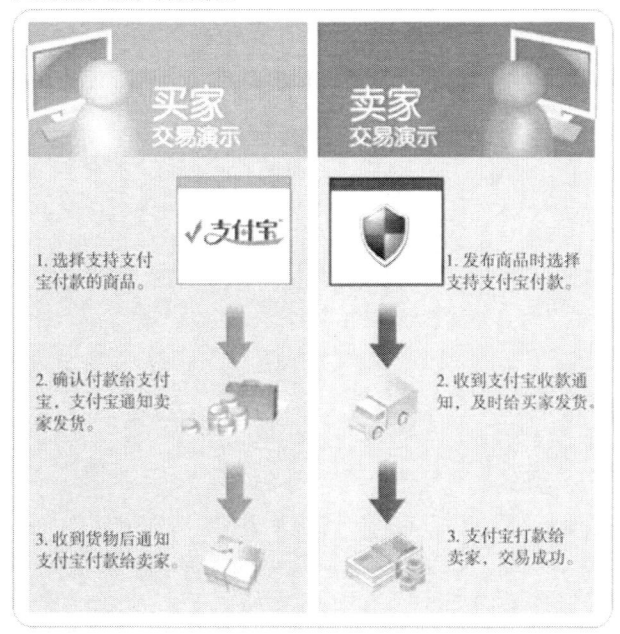

圖6-3　淘寶支付寶支付交易流程圖

淘寶商城也為買家提供了諸如支付寶帳戶支付、支付寶卡通、網上銀行、信用卡支付、國際卡支付、消費卡支付、網點支付、貨到付款、WAP支付、手機客戶端、語音支付、短信支付、找他人代付這些名目眾多的支付方式。這些支付方式為各類型的消費人群提供了最大的付款便利。從而使得消費者在淘寶上的購物可以做到買得放心，買得省心。

所以，初創企業在網絡商城上至少應該提供三種以上不同的支付方式供消費者選擇。而且，為了做到符合目前大部分人群的消費習慣，可以購買淘寶「支付寶」系統，及每年向淘寶繳納一定的服務費，這樣可以在支付環節上做到讓消費者有安全的感覺。

3. 物流平臺的建立與完善

企業的物流平臺實際上就是要解決產品的配送問題。如果初創企業的產品形式是屬於有形產品，不能像服務、音樂、軟件等無形產品那樣在網絡上直接配送。所以，搭建一套完善的物流平臺是必需的。

目前，大部分互聯網企業選擇了將物流分包給專業的快遞公司，這樣做的好處是可以節省公司人力資源，但是不斷增加的物流費用也吞噬了企業的產品利潤。特別是一些體積、重量比較大的產品，物流費用甚至超過了企業的產品利潤。

也有一些企業，比如近幾年發展迅速的電子商務企業與消費者之間（B2C）網站「紅孩子」選擇了自辦物流，即在全國各地建立實體店，然後利用這些各地的分公司擔

任物流配送的任務，而且這些物流配送人員訓練有素，穿著統一紅色製服，騎著配有公司標志的配送車。這種做法一方面使企業的物流成本得到了控制，另一方面也使「紅孩子」公司網站變得極具親和力，得到了更多的忠實客戶。

初創企業一般來說，由於資金有限，可能很難去模仿自建物流平臺一步到位的做法。不過，可以採取自建與外包相結合的方式，將一些偏遠地區外包給成熟的物流公司。同時在一些一二線城市通過網絡代理商、實體店代理商或者自己的分公司建立自己的物流團隊。

四、多樣靈活的促銷策略

網絡促銷（Cyber Sales Promotion）指的是利用現代化的網絡技術向虛擬市場傳遞有關產品和服務的信息，以啓發需求，引起消費者的購買慾望及購買行為的各種活動。網絡促銷一般具備如下三個特點：第一，網絡促銷是建立在計算機與通信技術的基礎之上的，並且隨著技術的不斷改進而改進。網絡促銷是通過這種技術來傳遞產品和服務的形式、性能、功效以及特性等信息的一種活動。第二，網絡促銷的市場是虛擬的互聯網絡。這個網絡中集合了廣泛的受眾，融合了各種的文化。第三，這種互聯網虛擬市場的出現打破了原有的傳統區域化的市場概念。網絡促銷與傳統促銷存在一定的區別：一方面，網絡促銷與傳統促銷在與客戶的溝通方式上不同，網絡上大量採用了多媒體技術提供了雙向、交互式的信息傳播模式。另一方面，在網絡環境下，顧客的消費概念和消費行為都與傳統購物發生了很大變化，這些網絡上的用戶可以大範圍的選擇而不受區域的控制，而且可以直接參與生產和商業流通的循環，這些變化對傳統的促銷理論產生了重大的影響。

網絡促銷的形式是十分豐富的，我們參照傳統營銷的四種促銷形式：廣告、銷售促進、宣傳推廣和人員推銷，也可以將網絡促銷分為以下四種：網絡廣告、網絡銷售促進、網站站點推廣和關係營銷。其中的網絡廣告和站點推廣是比較重要的形式。

網絡廣告的形式也多種多樣，大致可以分為：電子雜志廣告、新聞組廣告、電子郵件廣告、門戶網站旗幟廣告、公告欄廣告等。網絡站點推廣從本質上來說，就是利用網絡營銷策略來增加站點的知名度，從而吸引更多的網民來訪問站點，同時宣傳和推廣企業和產品。初創企業在網絡促銷方面特別是站點的推廣及網絡廣告兩方面的工作可以大力加強。下面我們從這兩方面分別討論。

(一) 網絡促銷的作用

促銷是企業與市場、顧客的聯繫手段，包含了一系列活動。企業的促銷策略實際上是對這些不同的促銷活動進行的組合。網絡促銷的重要問題就是如何吸引互聯網上的消費者，並提供具有價值誘因的產品信息。

創業企業在進行網絡促銷的主要作用表現在以下幾個方面：一是產品展示。通過對新產品或者某款產品的打折或者限時優惠，實現將產品信息展示給顧客的目的，同時，讓顧客充分瞭解產品的特性，認識到企業產品的獨特優勢。二是信息反饋。創業企業可以通過一些主題活動，將顧客的個人信息及對公司產品的需求和意見及時地收

集整理，從而對創業企業以後的營銷、經營決策提供參考。三是發掘需求。運用良好的網絡促銷活動不僅可以誘導消費者對產品產生購買慾望，而且還可以發掘潛在的消費群體，擴大銷售量。四是提高企業知名度。採用新穎的促銷形式，在增加消費者對產品的認知和購買的同時，也對企業品牌的建立有良好的促進作用。

消費者通過參與這些促銷活動，能更容易對企業形成良好的印象，從而轉變為忠實客戶。

(二) 創業企業的網絡促銷策略及站點推廣

1. 網絡促銷方式

一般來說，銷售促進是用來進行短期刺激銷售的行為。網絡銷售也不例外，在網絡市場上利用銷售促進工具來刺激顧客對產品的購買和消費使用稱為網絡銷售促進。創業企業可採取以下幾種形式來進行：

(1) 有獎促銷。創業企業在有獎銷售方面可以增加一些活動，提供能夠針對目標群體有吸引力的獎品。同時，充分利用互聯網的交互功能，掌握參與促銷活動的群體的特徵和消費習慣。例如，針對第二次購買產品的老客戶，在完成對產品和使用方面的調查問卷後即可獲贈獎品。這樣一方面達到了促銷的目的，另一方面也可以及時得到客戶的反饋信息。

(2) 拍賣促銷。網上拍賣是新興的市場銷售形式，即在網上提供產品的信息，讓消費者通過競標的方式來購買該產品。這種方式由於引入了競爭機制，並且在企業和消費者之間產生了互動，由買賣雙方的動態來確定產品的價格，從而達到了一種均衡。而且，網絡拍賣突破了傳統拍賣時間空間的限制，具備獨特的優勢。創業企業可以採用這種新型的方式來進行產品的促銷。

(3) 免費促銷。免費這個詞，在互聯網上可以說是被熱議。其中，像前段時間在殺毒軟件產業中產生的「收費」與「免費」之爭的對峙就十分經典。一部分廠商堅持收費，而有的廠商則宣告殺毒軟件不做任何限制，沒任何附加條件，任何個人和企業都可以隨時隨地下載使用其軟件產品。免費的廠商究竟是在賠錢賺吃喝還是另有圖謀，我們還要看最終市場的考驗。

不過，自有互聯網開始，免費就伴隨左右。像我們熟悉的網易免費電子郵件、免費的網絡存儲空間等。這些免費的資源通常情況下是作為企業促銷的手段，比如說著名的騰訊QQ系統，註冊使用免費，而現在的Q幣、會員機制、網絡廣告等都為企業帶來了豐厚的利潤。再如時下風靡網絡的開心網社區網站，一開始所有組件都是免費的，等註冊用戶到了一定的數量，它的部分組件、部分功能開始收費。所以，創業企業也可以利用免費的網絡資源來進行促銷，但一定要考慮好收益，因為為消費者提供免費的資源，企業是要付出成本的。如何收回這些成本，是通過訪問者訪問網絡廣告獲取，或是通過訪問擴大企業的品牌知名度，還是通過這些增加的訪問者可以擴大網絡商城的產品銷售，這些都是需要綜合考慮的。

(4) 節日紀念日促銷。在節日和一些有紀念意義的日期進行網絡促銷也是比較常用的促銷方式。例如，在一些特定的節日，消費者會關注一些特定的產品。如端午節

可以舉行消費即贈送粽子標志的香包之類的紀念品。又如春節或者國慶長假，人們通常會選擇自駕車出遊，這個時期正是企業進行節日促銷的好時機。創業企業可以在節日到來的前幾日在其官網及營銷平臺網站上設置節日相關的祝福標題，並針對節日期間購買產品的客戶進行一定程度的優惠。

（5）積分促銷。積分促銷在傳統營銷中也有很好的應用，如超市的會員卡、移動公司的手機卡消費積分等。所謂積分促銷，即系統記錄下每個消費者的消費額，贈送相應的積分，積分達到一定數額后即可獲贈禮品或者抵消費等。積分促銷是另一形式的打折促銷，只是將打折的優惠放到了將來的客戶消費。

積分促銷方式可以很好地增加顧客忠誠度，原因顯而易見，比如顧客第一次購買產品后，即得到了企業的會員卡並贈送了一定數額的積分。那麼顧客肯定希望下次再增加積分，然后就能累積到可以享受更大的優惠。

在網絡營銷中，積分促銷的方式同樣易行而且有效，只要后臺的營銷平臺具備相應的數據庫功能，可以記錄和統計每個顧客的消費行為，即可設置相應的積分兌換計劃來實施積分促銷。其他像贈品促銷、打折促銷、優惠券促銷與積分促銷形式類似，只是在給予客戶優惠的時段有所區別，在此不再進行詳細分析。

（6）「秒殺」促銷。「秒殺」是網絡時代誕生的又一新名詞。「秒殺」營銷因其超乎尋常的成功被營銷專家譽為新一代營銷模式，在營銷領域掀起了巨大風浪。何謂秒殺？目前尚沒有學術定義，本書的解釋是：商家在一個特定的時間段，將高價值的商品以優惠的價格（成本價）或者超低的價格（1元人民幣）限量在線銷售，消費者通過在線的方式進行訂購。只要眼明手快，花1元錢，就可以買到價值數千元的筆記本電腦或液晶電視。

從營銷成本的角度來分析「秒殺」。雖然看起來商家在促銷活動中產品價格大虧本，但從達到的廣告宣傳效果和消費者對商家的信譽度的提高來分析，卻是十分值得的。2009年9月，淘寶網舉辦了為期6天的「秒殺」活動，每天20：00點開始。結果受到了網友的大力追捧，數以千萬網上消費者每天準時等候，以最迅速的鼠標點擊搶購「秒殺」活動中推出的商品。活動結束后，淘寶網后臺數據庫顯示，在6天的時間裡，共計有18億人次的網友參與了活動。

由此可見，「秒殺」不是一個傳說，而成為一場運動，而這場運動不僅開闢了一種新的營銷模式，甚至催生了網絡流「今天，你秒了麼？」這句看似簡單的流行語，其實是又一次成功驗證了一種新的網絡營銷理論——「口碑營銷」。秒殺活動中企業的知名度和人氣都大大提高，「秒殺促銷」達到了一箭雙雕的作用。

「秒殺」營銷方式如此之好，那麼創業企業是否也可以在其網絡營銷平臺上原封照搬來使用呢？我們認為，用當然是沒問題，但需要注意一些事項。因為，秒殺促銷的成功是基於兩個重要前提的，即企業有專人負責管理消費者的參與和企業控制好成本。所以，創業企業應該根據自己的客戶群和信譽情況，不要一次做太長時間，加入太多產品，需要分階段實施；在外部的網絡平臺上加大推廣自己的秒殺活動；還必須讓消費者確實得到實惠，達到「口碑」傳播的效果；最后還可以在網站平臺上公布一些前一次秒殺活動的成交數據，以吸引更多的顧客參與下一階段的秒殺促銷活動。

以上的這些方式的網絡促銷手段，其實每種方式和手段都不僅僅是獨立使用的。更多時候，企業需要同時選擇多種形式，靈活運用，才能達到吸引不同層次的消費者，增加客戶的滿意度。

網絡促銷的成功與否，一個最重要的支撐就是用戶對企業站點的訪問量，只有具備了一定量級的願意來訪問企業營銷平臺站點的準客戶，網絡促銷才能取得效果。那麼我們應該如何增加創業企業網絡營銷平臺站點的知名度，讓更多的客戶來瀏覽、關注企業的產品呢？

接下來，我們來介紹站點的推廣策略。

2. 營銷平臺站點的推廣策略

（1）網站搜索引擎優化（SEO）。提高網絡營銷成功率的關鍵就是讓更多的客戶找到自己，這一點毋庸置疑。那麼，當今互聯網上網民搜尋產品的重要途徑並不是直接在地址欄裡輸入某公司的地址，而是幾乎無一例外地使用搜索引擎。所以說，如果公司能通過一些合理手段使各大搜索引擎更容易找到自己，也就是說更容易出現在搜索引擎的醒目位置、排序更優化等，那無疑就具備了網絡營銷的巨大優勢。

對於創業企業來說，可以採取以下一些策略來達到網站搜索引擎優化的目的：

第一，域名及主機策略。在域名的設置和主機名推廣方面需要注意一些基本法則：申請域名之前要確定網站的主題，而且至少要有上百個與主題相關的頁面，並且每個頁面都要有實際的內容，這是網站設計時候對網站優化的工作。對於域名，應包含所優化的關鍵字。

第二，網頁內容結構策略。現在的搜索引擎除了在網站關鍵字、訪問量等數據加以分析以外，對網站的內容和結構設置也是搜索引擎決定網站排名的重要因素。這個因素即所謂「網站專業性及易用性」決定排名的指標。所以，創業企業的購物網站在內容設置上，頁面導航部分需要醒目清晰，每個導航欄的鏈接必須分明。而且首頁必須突出重要內容，並安排站點地圖的鏈接。另外，網站的主體結構的層次鏈接要盡量採取文字鏈接而不能採用圖片，因為這樣有利於搜索引擎的查找和為網站分類。能夠做到以上這些，才能在內容上提升創業企業購物網站在搜索引擎中的友好度，達到優化的目的。

第三，關鍵字優化。關鍵字是搜索引擎搜索網站時需要使用者輸入的文字。對於關鍵字的優化主要從密度和位置兩方面來進行。對於密度要求最好不要超過文本數的3%或者更少。位置可以放在標題、文本頂部、文本底部。

（2）博客（微博）營銷及軟文營銷。近年來，博客和微博逐漸走進了人們的視野，並且日漸盛行。博客的起源是網絡日記，個人在網絡上發表自己的日記，同時可以閱覽別人的網絡日記，由此達到一種思想、理念、知識在互聯網上的共享。

博客營銷有一個重要的特點就是無論企業是否擁有自己的官方博客，博客營銷都會對企業有所影響，因為在互聯網上目前博客網站十分盛行，在別人的博客上，企業也可以傾聽客戶的建議，參與交流。或者自己擁有博客，會更加有利於企業的營銷工作。

例如，創業企業可以在一些著名的網站如新浪、網易等開設自己的官方博客，在

其中營造一些優質客戶的親身體驗，如發表一些遊記、軟文等，讓客戶在博客上發言，與創業企業產生溝通和關聯。

在這裡，又可以將「軟文營銷」的概念加以引入。其實「軟文營銷」與我們后面要提到的植入式或嵌入式廣告營銷的原理是一致的。可以說是嵌入式廣告營銷的一種體現形式，「軟文」顧名思義，採用的載體是文章。就是在一些看似平常的評論、遊記、日記等文字中，提到某企業的產品和服務，讓閱讀者對其產生好的印象，從而達到廣告的效果。

(3) 社區（SNS）網站推廣。隨著互聯網的不斷發展，社區網站也日益火爆。例如天涯、開心網、人人網等，這些社區網站正日益在網絡上興起。據國外有關媒體的報導，知名市場研究公司（InSites Consulting）的數據顯示，全球72%的網民至少已經成為一家社交網站的用戶，總人數達到9.4億。

社區網站的最大的特點就是具備一定得客戶黏度，即一旦上網用戶註冊某個社區網站，成為會員，那麼在一定時期內通常會不斷訪問該網站，並在這個網站上進行一系列的參與活動。這樣，就使得社區網站變成了一種具備一定準客戶群體的新的廣告媒介。創業企業也可以適當選取知名的此類網站，在其網站內做植入廣告借以推廣自己的品牌。

(4) 網站聯盟（友情鏈接）營銷。最近在有人提出了「人肉營銷」的說法，其實從本質上來說是一種網站聯盟形式的「網絡推銷手段」，即將互聯網的商家從網絡上各處論壇、博客等渠道雇用促銷員，這些人員負責將消費者帶到企業的營銷平臺網站，消費者成功消費，企業便付給這些渠道銷售者一定比例的佣金。這種新型的營銷模式可以說綜合了博客營銷、社區營銷的應用，是一種新型的營銷模式。這種客戶成交后付給渠道佣金的方式，類似於企業做的「按點擊付費」的網絡廣告鏈接推廣。只是這種方式更加提高了廣告的精確度，減少了以前的那種「騙取點擊」的情況發生。創業企業也不妨嘗試一下，加入淘寶網的網絡聯盟，運用這種營銷模式增加自己的客戶群。

(5) 媒體合作。網絡媒體作為新興的廣告媒體的一種，也需要與其他的媒體進行合作，以增加網絡受眾。例如，廣播電臺、電視臺、戶外廣告等，這些傳統的媒體在某些領域具備一定的優勢。

(6) 嵌入式（植入式）廣告。嵌入式（植入式）廣告的應用也是來源已久。它是指將產品或品牌或者具備代表性的品牌元素融入一些電影、娛樂節目、網絡游戲、小說等媒介當中，讓消費者在不知不覺中接受了產品的廣告或者品牌。

這種植入式的廣告營銷方式，在人們對傳統的硬性廣告如「彈出式」「插播式」等產生厭倦后，開闢了一種新型模式。它給人以「潤物細無聲」的感覺，取得了良好的營銷效益。

雖然在近期的一些事件中，如在2010年春節聯歡晚會中，某小品和某魔術節目把植入式廣告「演繹」得過於直白，讓這種方式遭到了質疑。然而這些是個別廠商和製作方存在浮躁心理，太過急於求成，而忽略了真正的植入式廣告的精髓應該是「細無聲」而不單單是「潤物」。

因此，創業企業再採用植入式廣告營銷策略時，需要注意的是如何能既巧妙讓消

費者不至於產生不適，又能夠達到廣告的效果。

其實，以上這幾種促銷方式，在實際應用過程中，並不是單獨存在的，他們也可以相互組合，交叉運用。也只有靈活地組合應用這些推廣方式，才能達到預期的良好效果。

第四節　實訓環節的市場營銷

在大多數的以產品銷售為主營業務的公司當中，市場營銷的職責往往是由公司設置的市場部和銷售部兩大部門來完成。一般的，市場部的職責有市場信息挖掘、競爭對手分析、市場開發、市場拓展等；銷售部的職責主要是面對最終客戶的挖掘、跟進、談判、簽訂合同等。他們各司其職，相互之間又緊密配合。

在「創業之星模擬企業經營實訓」軟件中，創業者需要完成以上的市場營銷決策。例如，市場開拓人員的配比、市場開拓區域的選擇、資金的運用、產品的定價、產品的銷售配貨區域等。在這些營銷管理決策環節中，需要注意以下三個關鍵步驟的決策：

一、市場開拓

市場營銷需要成本，要「好鋼用在刀刃上」。營銷環節是企業能否取得優勝的關鍵因素，所以在市場營銷方面的費用支出是必需的，錢該花就要花。拿市場拓展來說，隨著企業經營周期的不斷延長，市場會成為企業發展最大的瓶頸。如果市場數量即可銷售區域不足，將會直接導致企業營業收入落後。所以，市場拓展的區域數量在資金狀況允許的情況下，建議越多越好。

二、廣告費的支出

與市場拓展類似作用的廣告費的投入也是初創企業需要決策的重要內容之一。對於這項支出，大家會面臨這樣的兩難處境：廣告費投入少，擔心樹立不了品牌，沒有影響力，產品訂單數量也少；廣告費投入過多，將直接的影響到企業的產品利潤。所以，這個問題就需要大家去思考，進行合理的廣告決策。

初創企業可以從以下三方面來考慮對各種產品廣告費的投入量：

(一) 預測近期的財務狀況，量力投入

假如企業經營的第一季度經過預計市場上的總需求和平均產品售價，大概可以測算到本季度末企業的稅前利潤。假設本季度的稅前利潤（可簡單地用預計銷售額減去產品的材料及生產成本來估算）有 6 萬元，那麼本周期投入 10 萬廣告費就肯定是不合理的。如果這樣做，企業的資金流就會有問題，反映到企業財務當中，極有可能會導致資金鏈斷裂。既然不能太多，那麼只投入 1 000 元廣告當然也不合理。

(二) 根據經營周期不同，調整廣告費額度

西方經濟學課程中，有有關企業生命周期理論的講解，我們不妨使用這個理論來

分析一下廣告費的投入問題。我們知道，一個行業或者一個企業都會存在生命周期的問題，經濟學將企業的生命周期分為了四個周期，分別是初創期、成長期、成熟期和衰退期。在我們用「創業之星」軟件來模擬企業經營管理的時候，其實，大家不妨從系統給出的市場營銷分析中市場需求曲線圖中就可以發現，隨著經營周期的不斷推移，市場的需求會出現先慢速增加，后快速增長，再后面趨於穩定，最后開始減少的過程。所以，如果我們把這四個時期用8個季度（兩年）時間來模擬的話。那麼第一、二季度可以認為是初創期；第三、四、五季度是發展期；第六、七季度是成熟期；第八季度步入衰退期。

我們分析了生命周期以后，接下來的問題是以上四個時期，哪個時期消費者對廣告宣傳最敏感？而哪個或者哪幾個時期消費者對企業的廣告投入並不敏感？或者簡單來問，企業應該在哪個時期投入廣告最有效？答案是成長期。因為，當行業處於初創期時，市場上基本很少有此類產品，消費者對於生產此類產品的企業也基本一無所知。這個時候即便是某家企業投入巨大的廣告宣傳，更多的效果是讓消費者認知產品，而對公司品牌並沒有多大印象。例如，在2000年之前，手機行業在中國可以說剛剛是初創期，那個時候，消費者對品牌並不太關注，更多的是關注手機的功能本身，至於手機生產廠商三星、摩托羅拉、諾基亞等在消費者面前其實沒多大區別。

而當市面上此類產品不斷增加，消費者體驗了一段時間這類產品，就會開始對其有一定的認知。這個時候該行業也就進入了成長期，在成長期，消費者開始由認知產品轉向認知企業和品牌，所以，在這個時期，企業投入廣告往往會取得很好的效果。再經過一段時間，如果行業步入到成熟期或者衰退期，廣告宣傳的效果就會又不大明顯了。例如，現在的家電行業，海爾、美的等各大國內品牌已經根深蒂固的在消費者的腦海裡了，這個時候，如果有一家新的家電企業想要進入市場，那麼他的廣告投入肯定是起不到很好的效果的。

所以，回到我們的廣告費決策的問題上面，企業在不同的經營周期需要積極調整廣告費的支出量。在消費者對廣告、品牌開始敏感的時候加大投入廣告宣傳，才能起到事半功倍的效果。

(三) 市場的競爭態勢

我們在分析企業經營中的問題，進行管理決策的時候，單純考慮自身情況是絕對不行的。一定要考慮全局，考慮整個市場環境和競爭對手的情況。這個問題其實也很容易理解，打個簡單的比方，假設在一個地區或者某段時間內，只有你一家企業進入該地區銷售，也就是經濟學當中所講的構成了暫時的壟斷經營的時候，那麼廣告就顯得多余了，即使你一分錢廣告不做，照樣可以讓這個市場上的消費者都來購買你的產品。

我們知道，當一個行業是處於完全壟斷的市場結構當中，它的企業基本上是不用為自己的產品做廣告的。雖然通常我們的初創企業不可能做到完全壟斷，但是在生產經營過程中，却經常可以做到在部分區域或者部分時間內實現暫時的壟斷。這個時候，也就是競爭減弱，當然廣告費用的支出就可以相應的減少。反之，當企業處於激烈競

爭的環境中，那麼在廣告宣傳的投入方面，也不能示弱。

三、產品報價及銷售上限

　　銷售上限看似單純，只是一個限制區域銷售人員的銷售數量的一個指標，實際上，這個指標卻在企業能否取得較多訂單上起到了關鍵性的作用。因為設置銷售上限數，其實是模擬了在現實企業中產品的區域供給和調配的操作。可銷售區域的產品供給數量（也就是上限數）一定要根據這個區域該種產品的需求來確定。不能出現一個區域原本可銷售 1 000 件，企業只供給 100 件，而另一個地區需求只有 100 件，而企業卻供給了 1 000 件。這樣，原本可能有 1 100 件的銷售訂單，現在就只能有 200 件銷售訂單了。

　　另外，關於報價的高低，這又是一個兩難的抉擇。產品定價高，怕影響銷售數量。而定價太低，顯然影響利潤，如果過低還有可能低於成本價，賣得越多虧得越多。那麼應該如何權衡，使定價趨於合理呢？這個問題其實也可以跟廣告費投入量來類似的考慮三個因素：第一，企業的財務狀況。產品定價不能低於生產成本，並且要給企業留出一定的合理利潤。不賺錢或者賠本賺吆喝的事情不能辦，畢竟，企業的經營是以盈利為目的的。第二，行業的生命周期。在初創期，消費者不但對品牌不敏感，其實，對產品價格同樣也是不敏感。經濟學中我們也有個指標來衡量敏感程度——彈性。在初創期，消費者對於產品價格彈性的需求是比較小的。也就是說，在初創期的時候，由於產品還不被大眾所普遍認知，所以價格的高低對於消費者的購買數量的影響並不大。低價並不能帶來消費量的巨大增加，高價也不會帶來消費量的巨大減少。第三，競爭態勢。與之前考慮廣告費投入同樣的分析方法，如果企業實現了區域壟斷，那麼即使產品定價是可被接受的最高價，其產品仍然會被消費者購買。

第七章　生產作業管理與決策

知識及技能目標：

1. 掌握企業生產作業管理的基本概念
2. 瞭解企業生產管理的流程
3. 熟悉初創企業在生產管理方面的決策方法

案例導入：

影像柯達

1877年，一位銀行職員外出旅行，他帶著使用濕板的照相器材，裝滿了一馬車，他為此很生氣，開始積極研究把濕板變為干板。之後他製造出了小型照相機，與膠卷一起出售，同時開始提供冲洗顯像服務。這位使照相機風行世界的發明家就是美國柯達公司的創始人喬治・伊斯特曼。

從柯達創立至今，一個世紀過去了。在照相技術上，這家公司一直走在前面，即使就第二次世界大戰之后的攝影歷史來看，柯達在彩色、黑白膠卷方面，都是遙遙領先。還有，從人類首次成功登上月球的阿波羅計劃開始，有關美國開發太空的記錄，沒有柯達產品是無法想像的。

從創立那一天起，柯達便堅持「創造好產品」這一方針。即使如此，柯達也並非一帆風順。20世紀80年代初期，由於美元強勢，導致柯達在海外盈余大幅度削減，而且讓競爭者有機可乘，以削價滲透進入市場。膠卷的第二名牌——富士便一度瓜分了由柯達獨占的十分之一的美國市場。

柯達將以往的功能式組織重新組為24個事業單位，每一個事業單位都獨立核算，成立了10個投資單位從事新產品的開發工作。

如今，柯達公司的決策開始下放給較低層，新產品上市的速度也快多了。其中的一個投資事業——尖端科技，便開發出柯達的新產品鋰電池，並成長為3億~5億美元的市場。這項新產品在兩年內便上了商品陳列架，以往通常要花5~7年的時間。

柯達的方針使自己渡過難關，保持在競爭中的不敗地位。1987年，名列美國50家最大工業公司第25位，營業額133億美元，利潤11.78億美元。同年，名列美國50家最大出口公司的第25位，出口額22.55億美元。為了適應開發創新的需要，1985年，柯達把組織形態改為營業線結構，以適應國際市場各種不同的需求，以及全球各地互異的生產方式。柯達的每一條營業線都是一個獨立的組織。負責某項產品的研究開發、生產、行銷等業務。另外，營業線也必須為自己的決策以及成敗負責。

營業線的建立使柯達公司向質量管理國際化邁進一大步，而營業線的實質意義是

賦予各個營業線經理決策權,以快速反映市場變化。

對營業線而言,是把符合市場需求的產品自研究開發到推出的時間減半。如底片沖洗部改良一項產品,既提高這項產品的服務品質,又使照相館沖洗底片的時間減半。如果是在舊有的組織下,至少需要7年才能完成。然而在營業線組織結構下,只花了兩年的時間,便把改良后的產品推出上市。

1988年漢城奧運會籌備委員會在1986年才決定由柯達負責奧運會影像記錄設備。柯達公司的電子攝影部迅速展開桌上型彩色錄像帶印刷機的開發工作,並於18個月后推出上市,比漢城奧運會揭幕的時間早了約6個月。

消費產品部意識到市場需求的變化,於是著手開發兩款35毫米的單鏡頭相機,並於2年后推出上市,正好趕上低成本的35毫米單鏡頭相機的熱潮。電影與視覺效果產品部於1987年推出的兩款35毫米電影膠片,獲得美國電影藝術與科學學院的技術成就獎。這是上述兩院成立60年來,首次在一年內頒發兩項技術成就獎給同一家公司。

幾年前,當瑞‧迪穆林就任柯達公司專業攝影部經理時,他決定直接收集市場對柯達產品的反應,於是親自拜訪客戶,在陪同一位新聞攝影記者進行採訪工作時,他注意到攝影記者無法一手拿相機,一手打開柯達膠卷盒。

迪穆林回到公司,立刻決定開發一種單手易開的膠卷盒,這項開發工作不僅要投下大筆資金,重新鑄模和更換生產設備,同時也不可能在短期內回收,然而柯達還是展開研究開發工作。結果開發出來的成果,深受新聞攝影從業人員的喜愛。

1987年10月,柯達各部門的研究開發負責人成立專家小組,試圖通過協調,尋求一項產品開發最有效、最快速的辦法。

小組成員首先比較柯達與其他公司產品開發有何不同;其次再檢討柯達最近3項新產品的開發過程,以確認柯達產品開發的優劣點;最后專案小組開始擴大規模,行銷與生產部門一起加入研討。

柯達加速開發新產品的成功做法如下:

(1) 根據市場需求,將產品功能明確化。通過無形的市場信息,歸結出產品可具備的功能,是一件困難的工作,卻也是增加企業競爭力的關鍵所在。不過,收集方法必須正確,否則,不但會導致開發出來的產品無人問津,更會浪費公司寶貴的資源。柯達為了確保市場信息的正確,特別訂立了一套作業流程,包括收集市場信息、消化信息,直到用之以開發產品。

(2) 將產品開發過程明確化。專題小組制定一套產品開發作業系統,不但詳細列出各項開發步驟,同時詳列檢查步驟,以確保開發工作順利進行。這套產品開發作業系統,適用於柯達每條營業線、部門,而這套系統被定名為「製造能力確保系統」。

(3) 以專題管理的方式,成立專題小組來從事各項產品的開發工作。柯達認為任何一項產品的開發,都必須先成立專題小組,專題小組的成員則包括研究開發、生產、行銷等部門的有關人員。不過,小組的成員與組長將隨著產品開發工作的進行而有所改變。

(4) 鼓勵在各部門間流通。柯達特別成立一個委員會,以加薪與獎金的方式鼓勵在公司內部轉換工作,以確保各部門的活力,並充分運用人力資源。

(5) 充分利用時間。柯達在剛開始成立營業線時，授權各營業線自行購買所需設備，結果設備重複的情況層出不窮。現在柯達要求各營業線共同使用部分設備，而營業線應確保自己使用設備的時間與其他營業線不產生冲突，這樣就必須事先規劃整個工作流程並利用等待設備的空閒時間訓練職工或從事新產品測試工作。

(6) 建立小量生產的生產線。柯達的開發工作接近尾聲時，事先小量生產，以測試市場反應，作為改良的依據。盡管建立小量生產的生產線，必須花下大筆投資，不過却可以免除暫停一條生產線的浪費。

這幾條措施使柯達的新產品開發適度加快，從而占據了有利競爭位置。

評點：

雖然柯達公司因在數碼產品的冲擊下而決策有誤，造成破產，但柯達昔日輝煌的取得無不取決於柯達優良的生產作業管理與決策。生產作業管理是企業對設備、流程、人員等進行規劃、設計、指揮與控制，以便將原材料和能源轉化為產品。許多人簡單地認為生產作業就是企業生產出物質產品，實際上生產作業活動還涉及以服務和以資源為基礎的產業群。美國柯達公司在生產作業方面最值得借鑑的一點就是新產品（符合市場需要）的開發速度快，而且隨時把市場反饋回來的對產品功能要求的信息融進新產品，使之在市場上總能占一席之地。這一成功做法正是柯達公司在生產作業管理方面的獨到之處。

第一節　生產作業管理的基本概念

一、企業生產管理的概念

生產作業管理又稱生產管理（Production Management），是對企業生產系統的設置和運行的各項管理工作的總稱。還可以稱為生產控制。其內容包括：第一，生產組織工作，即選擇廠址、布置工廠、組織生產線、實行勞動定額和勞動組織、設置生產管理系統等。第二，生產計劃工作，即編製生產計劃、生產技術準備計劃和生產作業計劃等。第三，生產控制工作，即控制生產進度、生產庫存、生產質量和生產成本等。

二、企業生產管理的任務和內容

(一) 企業生產管理的任務

企業生產管理的主要任務一般有：製訂生產計劃、把握原材料供給情況、把握生產進度、把握產品的品質狀况、按計劃出貨、對生產從業的管理以及職務教育七個方面。

1. 製訂生產計劃

這裡所說的生產計劃主要是指月計劃和日計劃。原則上，生產部門要以營銷部門的銷售計劃為基準來確定自己的生產計劃，否則在實行時就很可能會出現產銷脫節的問題，要麼是生產出來的產品不能出貨，要麼是能出貨的產品却沒有生產，不管是哪

一種情形，都會給企業帶來浪費。當然，由於市場本身瞬息萬變，所以營銷部門有時也無法確定未來一段時期內的銷售計劃。這時，生產部門就要根據以往的出貨及當前的庫存情況去安排計劃。最后還要記住，生產計劃製訂出來后一定要傳達給採購部門以及營銷部門。

2. 把握材料的供給情況

雖然說材料的供給是採購部門的職責，但生產部門有必要隨時把握生產所需的各種原材料的庫存數量，目的是在材料發生短缺前能及時調整生產並通報營銷部門，以便最大限度地減少材料不足所帶來的損失。

3. 把握生產進度

為了完成事先製訂的生產計劃，生產管理者必須不斷地確認生產的實際進度。起碼要每天一次將生產實績與計劃進行比較，以便及時發現差距並樹立有效的補救措施。

4. 把握產品的品質狀況

衡量產品品質的指標一般有兩個：過程不良率和出貨檢查不良率。把握品質不僅僅要求生產管理者去瞭解關於不良的數據，而且更要對品質問題進行持續有效的改善和追踪。

5. 按計劃出貨

按照營銷部門的出貨計劃安排出貨，如果庫存不足，應提前與營銷部門聯繫以確定解決方法。

6. 對從業人員的管理

和單純技術工作不同的是，生產管理者要對自己屬下的廣大從業人員負責，包括把握他們的工作、健康、安全及思想狀況。對人員的管理能力是生產管理者業務能力的重要組成部分。

7. 職務教育

要對屬下的各級人員實施持續的職務教育，目的在於不斷提高他們的思想水平和工作能力，同時還可以預防某些問題的再發生。為了做到這一點，生產管理者要不斷地提高自身的業務水準，因為他不可能完全聘請外部講師來完成他的教育計劃。

(二) 企業生產管理的內容

生產管理的具體內容包括基礎數據維護、生產計劃維護、下生產單、備料、領料、投料、退料、模具查詢、工序記錄、統計工時、生產下線記錄、產成品統計、製訂維修計劃、報表輸出。

1. 基礎數據維護

生產管理的基礎數據包括產品用料構成、工時定額、設備信息、生產線信息、工序信息等。系統支持基礎數據的查詢、打印、增加、修改、刪除等操作。

2. 產品用料

產品用料定義了每種產品的材料構成及用量，即生產某種產品需要哪些材料以及需要多少，當生產單下達后，系統根據產品用料表自動計算所需物料及用量。

3. 工時定額

工時定額定義了每道工序的標準工時，可以此為標準進行工時統計。

4. 設備信息

設備信息記錄了各種設備的基本信息，如所在生產線名稱、設備名稱、型號、工作狀態、責任人、安裝時間、原值、折舊年限、折舊方法、淨殘值等，設備信息可為成本計算提供依據。

5. 生產線信息

生產線信息記錄了各生產線的基本信息，如生產線編號、生產線名稱、對應工序、安裝地點等。

6. 工序信息

工序信息定義了各道工序的工序編號、工序名稱、作業內容。

7. 模具庫

模具庫用於存放模具信息，如模具編號、名稱、規格、對應客戶等，可以多種條件隨時查詢。

8. 生產計劃維護

生產計劃來自銷售管理、生產管理本身以及庫存管理，生產計劃是下達生產任務的依據。系統支持生產計劃的查詢、打印、修改、刪除、追加計劃等操作。

9. 下生產單

生產單是執行生產計劃的第一步，填寫時可直接引用生產計劃，也可手動填寫。生產單確認后，系統將依據產品用料表自動計算所需物料，生成物料需求清單。

10. 生產備料

生產備料根據物料需求清單確定庫存物料是否短缺，如果短缺，那麼是外購，還是生產以及外購多少，生產多少。備料單確認后，系統將依據外購數量、生產數量，自動生成採購計劃和生產計劃。

11. 生產領料

備料完成后，不足部分的物料等待採購或生產，已有的材料可先領取，以便進行生產，生產領料后即可進行生產。

12. 工序進料

工序進料用於記錄進入生產線各道工序的物料量，並根據領料量，計算物料剩余量。

13. 工序退料

工序退料用於將多領或錯領的物料退還倉庫，退料單確認后，物料直接入倉。

14. 工序記錄

工序記錄用於對產品生產的每道工序進行詳細記錄，以便及時瞭解產品的完成情況。系統支持工序記錄的查詢、打印、新增、修改、刪除等操作。

15. 工時統計

工時統計依據工時定額，計算並統計產品生產的人工工時，以便計算工人工資。

16. 製訂維修計劃

製訂維修計劃是指製訂設備的短期、長期、臨時的維修計劃，以便及時、準確、高效地對設備進行必要的維修，以確保設備正常運行。

17. 生產月報表

生產月報表對當月的材料使用情況進行了統計，統計的信息有材料名稱、單位、投料量、使用量、廢料量、材料利用率等。

三、生產管理的績效考核

生產管理績效是指生產部所有人員通過不斷豐富自己的知識、提高自己的技能、改善自己的工作態度，努力創造良好的工作環境及工作機會，不斷提高生產效率、提高產品質量、提高員工士氣、降低成本以及保證交期和安全生產的結果和行為。生產部門的職能就是根據企業的經營目標和經營計劃，從產品品種、質量、數量、成本、交貨期等市場需求出發，採取有效的方法和措施，對企業的人力、材料、設備、資金等資源進行計劃、組織、指揮、協調和控制，生產出滿足市場需求的產品。相應地，生產管理績效主要分為以下六個主要方面：

（一）效率（Productivity）

效率是指在給定的資源下實現產出最大。也可理解為相對作業目的所採用的工具及方法是否最適合併被充分利用。效率提高了，單位時間人均產量就會提高，生產成本就會降低。

（二）品質（Quality）

品質就是把顧客的要求分解，轉化成具體的設計數據，形成預期的目標值，最終生產出成本低、性能穩定、質量可靠、物美價廉的產品。產品品質是一個企業生存的根本。對於生產主管來說，品質管理和控制的效果是評價其生產管理績效的重要指標之一。所謂品質管理，就是為了充分滿足客戶要求，企業集合全體的智慧經驗等各種管理手段，活用所有組織體系，實施所有管理及改善的全部，從而達到優良品質、短交貨期、低成本、優質服務等，充分滿足客戶的要求。

（三）成本（Cost）

成本是產品生產活動中所發生的各種費用。企業效益的好壞在很大程度上取決於相對成本的高低，如果成本所擠占利潤的空間很大，那麼相應的企業的淨利潤就會降低。因此，生產主管在進行績效管理時，必須將成本績效管理作為其工作的主要內容之一。

（四）交貨期（Delivery）

交貨期是指及時送達所需數量的產品或服務。準時是在用戶需要的時間，按用戶需要的數量，提供所需的產品和服務。一個企業即便有先進的技術、先進的檢測手段，能夠確保所生產的產品質量，而且生產的產品成本低、價格便宜。但是如果沒有良好的交貨期管理體系，不能按照客戶指定的交貨期交貨，直接影響客戶的商業活動，客

戶也不會購買你的產品。因此交貨期管理的好壞是直接影響客戶進行商業活動的關鍵，不能嚴守交貨期也就失去了生存權，這比品質、成本更為重要。

（五）安全（Safety）

安全生產管理就是為了保護員工的安全與健康，保護財產免遭損失，安全地進行生產，提高經濟效益而進行的計劃、組織、指揮、協調和控制的一系列活動。安全生產對於任何一個企業來說都是非常重要的，因為一旦出現工作事故，不僅會影響產品質量、生產效率、交貨期，還會對員工個人、企業帶來很大的損失，甚至對國家也產生很大的損失。

（六）士氣（Morale）

員工士氣主要表現在三個方面，即離職率、出勤率、工作滿意度。高昂的士氣是企業活力的表現，是取之不盡、用之不竭的寶貴資源。只有不斷提高員工士氣，才能充分發揮人的積極性和創造性，讓員工發揮最大的潛能，從而為公司的發展做出盡可能大的貢獻，從而使公司盡可能地快速發展。

因此，要想考核生產管理績效，就應該從以上六個方面進行全面的考核。

第二節　生產作業管理的組織結構與職能

一、生產管理人員的工作職責

（一）生產控制部門的作用

生產控制部門的作用主要有：

（1）對銷售部門接到的訂單能協調製訂出一個較為合理的年度、季度、月度銷貨計劃；

（2）對銷售部門隨意變更生產計劃、緊急加單或任意取消單能進行適當的限制；

（3）根據產能負荷分析資料，能製訂出一個合理完善的生產計劃，對生產訂單的起伏、生產計劃的變更有準備措施，預留「備份程序」；

（4）能準確地控制生產的進度，能對物料控制人員做好物料進度的督促；

（5）當生產進度落後時，能及時主動地與有關部門商量對策，協商解決辦法，並採取行動加以補救。

（二）生產控制部門的工作職能

生產控制部門的工作職能主要有：

（1）協調銷貨計劃；

（2）製訂生產計劃；

（3）控制生產進度；

（4）督促物料進度；

(5) 分析產能負荷；
(6) 生產數據統計；
(7) 生產異常協調。

(三) 電腦技術主管 PC（主管）的工作職責

電腦技術主管的工作職責主要有：
(1) 綜合協調銷貨計劃；
(2) 綜合調整生產各車間產能；
(3) 生產計劃的製訂與審查；
(4) 對生產計劃的各項進度加以檢查；
(5) 對生產計劃及生產進度的適當調整；
(6) 物料進度的檢查；
(7) 統計數據的分析；
(8) 部門間的溝通與協調；
(9) 製造資源計劃（MRPⅡ）系統的推動與完善（邏輯測試）；
(10) 部門員工的培訓。

(四) 電腦技術主管助理的工作職責

電腦技術主管助理的工作職責主要有：
(1) 部門有關文件的起草擬定；
(2) 實施部門員工的培訓；
(3) 製造資源計劃（MRPⅡ）系統的具體推動與完善（邏輯測試）；
(4) 部門間般事務的溝通協調；
(5) 主管不在時暫代主管職務。

(五) 生產計劃員的工作職責

生產計劃員的工作職責主要有：
(1) 生產計劃的製訂；
(2) 產能的調整；
(3) 生產進度的控制；
(4) 生產計劃及生產進度的適當調整；
(5) 物料進度的分析；
(6) 統計數據的分析；
(7) 部門間有關事務的溝通與協調；
(8) 製造資源計劃（MRPⅡ）系統的推動與完成（邏輯測試）。

(六) 電腦技術統計員（PC 統計員）的工作職責

電腦技術統計員的工作職責主要有（建立製造資源計劃系統此職位可不設）：
(1) 生產進度的統計（主要工作）；
(2) 產能分析的統計；

(3) 銷貨計劃的統計；

(4) 生產計劃的統計；

(5) 物料進度的統計；

(6) 出貨的統計以及其他有關的統計；

(7) 各種統計圖表的繪製。

(七) 生產控制文員的工作職責

生產控制文員的工作職責主要有：

(1) 文件的歸類、保管與分發；

(2) 文件的打印工作；

(3) 各種數據的輸入工作等。

二、生產管理人員的崗位素質要求

(一) 生產控制主管的崗位素質要求

生產控制主管的崗位素質要求主要有：

(1) 25～35歲，大學本科以上學歷，英語六級，電腦應用熟練（計算機專業優先）；

(2) 有3年以上生產及物料控制（PMC）管理工作經驗；

(3) 精通質量管理體系委員會國際標準（ISO9000）體系，能熟練編寫有關文件；

(4) 對製造資源計劃（MRPⅡ）原理非常熟悉，能推動與完善製造資源計劃系統（能自行參與製造資源計劃軟件開發最佳）；

(5) 有良好的組織協調能力。

(二) 電腦技術主管助理的崗位素質要求

電腦技術主管助理的崗位素質要求主要有：

(1) 23～30歲，大專以上學歷，英語四級，電腦應用熟練；

(2) 有2年以上生產及物料控制（PMC）部門工作經驗，熟悉生產及物料控制部門整體運作；

(3) 懂質量管理體系委員會國際標準（ISO9000）體系，能編寫有關文件；

(4) 懂製造資源計劃系統，能對二次開發提出改善意見；

(5) 懂培訓工作優先。

(三) 生產計劃員的崗位素質要求

生產計劃員的崗位素質要求有：

(1) 23～30歲，大專以上學歷，英語四級，電腦操作熟練；

(2) 有2年以上生產及物料控制（PMC）部門工作經驗，熟悉生產及物料控制整體運作，能獨立編製合理的生產計劃；

(3) 懂質量管理體系委員會國際標準（ISO9000）體系；

(4) 對製造資源計劃系統有一定瞭解。

（四）電腦技術統計員的崗位素質要求

電腦技術統計員的崗位素質要求有：
(1) 18～30 歲，高中或中專以上學歷，電腦操作熟練，略懂英語；
(2) 有 1 年以上生產及物料控制或貨倉部門統計或倉管工作經驗；
(3) 熟練掌握統計技術，懂各種圖表繪製；
(4) 對質量管理體系委員會國際標準（ISO9000）體系有一定瞭解。

（五）電腦技術文員的崗位素質要求

電腦技術文員的崗位素質要求主要有：
(1) 女，18～28 歲，高中或中專以上學歷，電腦操作熟練；
(2) 有生產及物料控制或貨倉工作經驗優先；
(3) 熟悉各種單據報表管理工作。

第三節　實訓環節的生產作業管理

在創業經營模擬實訓過程中，參與創業經營管理的團隊需要完成產品設計、研發、廠房租賃或購買、生產線採購、生產原材料採購以及生產工人的招聘。最后將產品原材料投放到所購買的生產線當中去等一系列有關生產的活動。

這些活動需要創業經營團隊中負責生產的生產總監，根據與銷售總監、財務總監、總經理的協商，確定生產計劃及原材料採購計劃。這些活動對於生產總監的要求是細緻、認真、做到精細生產，不能出現原材料採購錯誤，生產線停工，生產產品數量、品種與原計劃不符等低級失誤。

在此基礎上，生產管理的核心是提高生產效率，應該盡可能地使自己企業的生產線的先進程度領先於競爭對手。對於生產規模，應該與銷售渠道的拓展進度相配合。隨著渠道數量、銷售網點的增加，生產產品的規模也要及時擴大。

第八章　財務管理與決策

知識及技能目標：

1. 瞭解財務及財務管理的基本概念
2. 瞭解財務管理的目標及內容
3. 熟悉企業三大財務報表
4. 瞭解財務管理分析的基本程序和方法
5. 瞭解與企業相關的稅收制度

案例導入：

互聯網的籌資案例

在過去幾年裡，不少企業家開始把因特網作為尋找資金的一種來源。網絡開始逐漸為小企業獲得資金提供機遇。由於網絡未來潛力的存在，網絡作為融資來源的作用值得關注。網上籌資最出名的企業家是春天街布魯英公司的所有者安德魯·克萊恩。1995年，他用因特網為公司籌資160萬美元。然而從那時起，很少有其他小企業所有者盡力使用這種方法。

克萊恩認為：使用因特網向投資者籌集資金時，「其他企業不會像春天街那麼容易，因為春天街第一次使用有獨一無二的機遇」。結果，公司不只在網上得到了廣泛的關注和宣傳，這有助於公司的成功。克萊恩說：「如果我們沒有成千上萬的報紙報導的優勢，就不可能為公司籌到所需資金。」春天街的新聞故事聽起來很簡單——好像企業家只要在因特網上建立網頁，宣傳企業的股票，等待投資者的電話就可以了。事實並非如此，企業仍需經歷申請籌集資金說明書，在證券交易委員會和州證券當局登記這樣的過程。企業也聘用證券律師和投資銀行來出售股票。但是即使有這些成本，使用因特網籌集資金也是很好的選擇。事實上，克萊恩自己也成立了網上投資銀行和經濟商行——理智資本公司。

除理智資本公司外，許多公司甚至小企業管理局也在網上盡力撮合投資者和尋求資本的企業家。多數是秘密匹配服務，使投資者和債權人能互相尋找和評價對方。這些先行者有以下幾個：

本能公司和10個金融機構合夥成立的商業現金流快速搜尋網使企業能找到最合適的債權人。尋求資金的公司選擇4種信貸選擇（信貸額度、貸款、信用卡、租賃）的任一種。然後，下載幫助企業家寫申請的免費軟件，最后用電子郵件或傳真形式送給債權人。本能公司的產品經理科拜·富麗曼認為，各地的債權人會在兩小時到一周內對申請進行決策。

小企業管理局倡議辦公室資助的天使資本電子網絡是為私人投資者提供資本融資額為 25 萬～500 萬美元的小企業信息的掛牌服務機構。投資者至少有淨資產 100 萬美元或 20 多萬美元的年收入。在網址上列出的公司每年支付 450 美元，且必須符合一定的條件。

替代融資——當我們提及小企業的融資來源時，我們通常指銀行、私人投資者和非銀行債權人，但是企業家只要運用一點創造性就能找到非傳統的其他融資來源。詹姆斯·莫仁茲稱之為「替代融資」。他熟練地掌握了全部操作過程。莫仁茲說：「我們對待風險資金的辦法之一就是銷售和營銷做得更好，看得更遠，能看到企業的未來，而不僅僅滿足於能夠及時給雇員發工資。」

思考題：
（1）因特網上籌資有何優缺點？
（2）什麼叫替代融資？
（3）你認為因特網上籌資在中國可行嗎？

第一節　財務及財務管理的基本概念

一、財務與財務管理的含義

（一）企業財務

企業財務是指企業在生產經營過程中客觀存在的資金運動及其所體現的經濟利益關係。前者（客觀存在的資金運動）稱為財務活動，后者（經濟利益關係）稱為財務關係。

（二）財務管理

財務管理是企業組織財務活動、處理財務關係的一項綜合性的管理工作。

理解財務管理的含義要注意三個方面：

1. 財務管理是管理者所做的一項工作，是企業各項管理工作中的一項重要工作

企業有很多管理，如人事管理、物資管理、生產管理、營銷管理等各種各樣的管理工作，而財務管理是企業各項管理工作中的一個子系統。

2. 財務管理工作和其他管理工作的主要區別

（1）財務管理是資金（價值）管理。財務管理的對象是資金（價值），財務管理是資金（價值）的管理。

（2）財務管理是綜合性管理工作。如人事管理是管人的，物資管理是管物的，生產管理是管生產運作環節的，財務管理是管資金的，即資金的管理或價值的管理。企業任何工作都離不開資金，資金涉及企業的方方面面，財務管理的對象決定財務管理是一種綜合性的管理工作，而不是一種專項的管理。

3. 財務管理工作內容

財務管理工作內容包括兩大部分，即組織企業財務活動和處理企業與各有關方面的財務關係。

二、財務活動與財務關係

(一) 財務活動

企業的財務活動包括投資、資金營運、籌資和資金分配等一系列行為。

例如，創辦一個企業，首先要籌集資金（籌資活動），然後有效投放資金（投資活動），投放各個項目的資金還要管理（資金營運活動），資金產生增值後要合理分配（分配活動）。

1. 投資活動

投資是指企業根據項目資金需要投出資金的行為。企業投資可分為廣義的投資和狹義的投資兩種。廣義投資包括對外投資（如投資購買其他公司股票、債券、或與其他企業聯營、或投資於外部項目）和內部使用資金（如購置固定資產、無形資產、流動資產等）。狹義的投資僅指對外投資。

2. 資金營運活動

資金營運活動是指企業日常生產經營活動中發生的一系列資金收付行為。

一方面，企業需要採購材料或商品，從事生產和銷售活動，同時還要支付工資和其他營業費用；另一方面，當企業把商品或產品售出後，便可取得收入，收回資金。

3. 籌資活動

籌資是指企業為了滿足投資和資金營運的需要，籌集所需資金的行為。企業通過籌資通常可以形成兩種不同性質的資金來源：一種是企業權益資金；另一種是企業債務資金。籌資活動不光只是資金的流入，還有流出。與籌資相關的流入、流出都屬於籌資活動。

【例8-1】（多項選擇題）下列各項中，屬於企業籌資引起的財務活動有（　　）。

A. 償還借款　　　　　　　　B. 購買債券
C. 支付利息　　　　　　　　D. 發行股票

【答案】ACD

【解析】B選項屬於狹義的投資活動。

4. 分配活動

廣義的分配是指對企業各種收入進行分割和分派的行為，如銷售產品取得銷售收入後，要考慮補償成本、支付債權人利息、給股東分配股利等。狹義的分配僅指對企業淨利潤的分配，如分配給投資者、企業留存。財務管理在不特指的情況下指的是狹義分配，即稅后利潤的分配。

(二) 財務關係

財務關係是指企業在生產經營過程中所體現的經濟利益關係。這些財務關係主要包括8個方面（見圖8-1）。

1. 企業與投資者之間的財務關係

這主要是企業的投資者向企業投入資金，企業向其投資者支付投資報酬所形成的經濟關係。

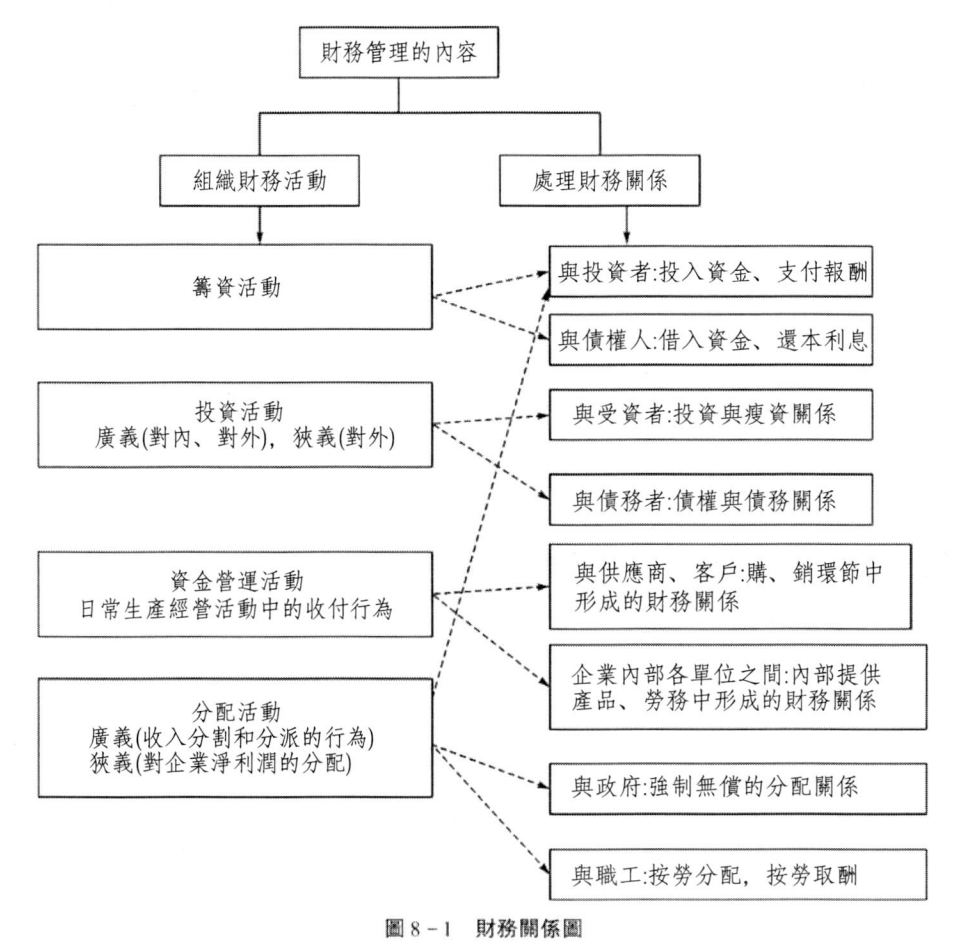

```
                    財務管理的內容
                   ┌─────┴─────┐
              組織財務活動      處理財務關係
                   │
          ┌────────┴────────┐      ┌──────────────────────────┐
          │    籌資活動      │─ ─ ─▶│ 與投資者:投入資金、支付報酬 │
          └─────────────────┘      └──────────────────────────┘
                                   ┌──────────────────────────┐
                              ─ ─ ▶│ 與債權人:借入資金、還本利息 │
                                   └──────────────────────────┘
          ┌─────────────────┐      ┌──────────────────────────┐
          │    投資活動      │─ ─ ─▶│ 與受資者:投資與瘦資關係     │
          │廣義(對內、對外), │      └──────────────────────────┘
          │狹義(對外)        │      ┌──────────────────────────┐
          └─────────────────┘─ ─ ─▶│ 與債務者:債權與債務關係     │
                                   └──────────────────────────┘
          ┌─────────────────┐      ┌──────────────────────────┐
          │  資金營運活動    │─ ─ ─▶│ 與供應商、客戶:購、銷環節中 │
          │日常生產經營活動中│      │ 形成的財務關係              │
          │的收付行為        │      └──────────────────────────┘
          └─────────────────┘      ┌──────────────────────────┐
                              ─ ─ ▶│ 企業內部各單位之間:內部提供 │
          ┌─────────────────┐      │ 產品、勞務中形成的財務關係  │
          │    分配活動      │      └──────────────────────────┘
          │廣義(收入分割和   │      ┌──────────────────────────┐
          │分派的行為)       │─ ─ ─▶│ 與政府:強制無償的分配關係   │
          │狹義(對企業淨利潤 │      └──────────────────────────┘
          │的分配)           │      ┌──────────────────────────┐
          └─────────────────┘─ ─ ─▶│ 與職工:按勞分配,按勞取酬    │
                                   └──────────────────────────┘
```

圖 8-1　財務關係圖

2. 企業與債權人之間的財務關係

這主要是指企業向債權人借入資金，並按合同的規定支付利息和歸還本金所形成的經濟關係。

3. 企業與受資者之間的財務關係

這主要是指企業以購買股票或直接投資的形式向其他企業投資所形成的經濟關係。

4. 企業與債務人之間的財務關係

這主要是指企業將其資金以購買債券、提供借款或商業信用等形式出借給其他單位所形成的經濟關係。

5. 企業與供貨商、企業與客戶之間的關係

這主要是指企業購買供貨商的商品或勞務以及向客戶銷售商品或提供服務過程中

形成的經濟關係。

6. 企業與政府之間的財務關係

這是指政府作為社會管理者通過收繳各種稅款的方式與企業形成的經濟關係。

7. 企業內部各單位之間的財務關係

這是指企業內部各單位之間在生產經營各環節中，互相提供產品或勞務所形成的經濟關係。

8. 企業與職工之間的財務關係

這主要是指企業向職工支付勞動報酬過程中所形成的經濟利益關係。

值得注意的是，企業與投資者和企業與受資者之間的關係都指的是一種所有權性質的關係。如果企業購買其他企業的債券或者債權人把資金投給企業都不是投資者和受資者之間的關係，而應該歸為企業與債務人或企業與債權人之間的關係。

三、財務管理環節

財務管理環節是指財務管理的工作步驟與一般工作程序。財務管理環節具體內容如圖8-2所示：

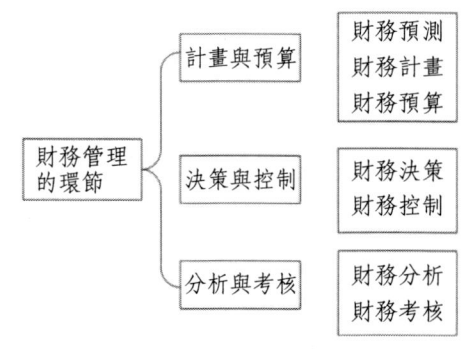

```
                    ┌─ 計畫與預算 ─┬─ 財務預測
                    │              ├─ 財務計畫
                    │              └─ 財務預算
財務管理            │
        ─────────── ┼─ 決策與控制 ─┬─ 財務決策
的環節              │              └─ 財務控制
                    │
                    └─ 分析與考核 ─┬─ 財務分析
                                   └─ 財務考核
```

圖8-2 財務管理的環節

【例8-2】（單項選擇題）財務管理的核心工作環節為（ ）。

A. 財務預測　　　　　　　　B. 財務決策

C. 財務預算　　　　　　　　D. 財務控制

【答案】B

【解析】財務決策是財務管理的核心，決策的成功與否直接關係到企業的興衰成敗。

第二節　財務管理的目標和內容

一、財務管理的目標

隨著中國經濟體制改革的不斷深化，對企業財務管理體制的完善和發展提出了新

的要求。如何科學地設置財務管理最優目標，對於研究財務管理理論，確定資本的最優結構，有效地指導財務管理實踐具有一定的現實意義。本書接下來從確定財務管理的最優目標出發，對財務管理最優目標（企業價值最大化）進行分析研究。

(一) 企業財務管理的目標概述

企業是具有一定目標，在生產或流通領域從事特定活動，向社會提供商品和勞務，實現自主經營、自負盈虧、自我約束、自我發展，獲取利益的經濟實體。財務管理的目標是指企業財務管理在特定的內外部環境中，通過有效地組織各項財務活動，實施各項財務管理職能，正確地處理好各項財務關係所要達到的最終目標。企業財務管理的目標具有相對穩定性、多元性、層次性。

企業財務管理目標是企業理財活動所希望實現的結果，是評價企業理財活動是否合理的基本標準。為了完善財務管理的理論結構，有效指導財務管理實踐，必須對財務管理目標進行認真的研究。企業財務管理目標是企業財務管理的出發點和歸宿。因此，財務管理目標區分為基本目標與具體目標。財務管理的基本目標是指在企業財務管理活動中起主導作用的目標，它是引導企業財務管理的航標。企業財務管理的基本目標應該與企業的總體目標一致，但要考慮財務管理的內容。西方財務管理把其內容概括為：資金的籌措、投放、運用和分配。在中國，通常把財務管理的內容劃分為資金的籌集、運用和分配。它們在內容框架上並沒有嚴格意義上的區別，都體現為籌資管理、投資管理、利潤分配管理等內容。由此可以確定財務管理的基本目標和具體目標及其相互間的關係。即企業財務管理的基本目標反映了企業財務管理活動與其他管理活動的共同目標，企業財務管理基本目標的實現不可能由企業財務管理一方面來實現，需要企業其他管理方面的共同努力來實現。企業財務管理的基本目標直接制約著其具體目標，具體目標必須服從於或受製於基本目標。

1. 財務管理的基本目標

系統論的整體性原則認為：系統整體大於部分之和。在確定財務管理基本目標時，必須與企業管理目標保持一致，以發揮企業整體優勢。本書認為財務管理的基本目標是提供社會效益的同時不斷追求企業經濟效益的滿意值。

2. 財務管理的具體目標

企業資金運動過程和企業財務管理基本目標決定了企業財務管理具體目標。本書認為具體目標由三個方面構成，即企業籌資的目標、企業投資的目標及損益分配管理的目標。

(二) 有關企業財務管理目標的三種主要觀點

對於企業的財務管理目標是什麼，目前尚無統一的定論。其中最流行的觀點有利潤最大化、股東財富最大化（或股價最大化）和企業價值最大化三種主要觀點。

1. 關於利潤最大化

企業利潤最大化是指企業的利潤在盡可能短的時間裡達到最大。它強調企業生產經營的目的在於利潤，而且利潤總額越大越好。

企業是一個以營利為目標的組織，在市場經濟環境中，投資者出資開辦企業最直

接的目的就是經濟求利。利潤額是企業在一定期間全部收入和全部成本費用的差額，而且是按照收入與費用配比原則加以計算的，在一定程度上，不僅體現了企業經濟效益和股東投資回報的高低、企業對國家的貢獻，而且和職工的利益息息相關。

這種觀點認為，利潤代表了企業新創造的財富，利潤越多則企業的財富增長得越多，越接近企業生存、發展和盈利的目標，以利潤最大化為目標，也確有一定的道理。從微觀上講，利潤賺取得越多，表明企業對資金的利用效果越好；表明企業在市場中抵抗風險的能力越強；表明企業在市場競爭中實力越雄厚。從宏觀上講，企業利潤賺取得越多，對社會的貢獻就會越大，從而促進了整個社會效益的提高。盡管如此，利潤最大化目標也暴露出一些缺陷，主要包括以下幾個方面：

（1）利潤最大化沒有考慮取得的利潤與投入資本的關係，利潤最大化不等於利潤率最大化。實現的高額利潤可能是犧牲了大量的經濟資源而獲得的，對於經濟資源有限的企業來說，更應從如何降低成本入手，力爭以最少的投入獲得更大的產出。況且不考慮利潤和投入資本的關係，往往會使財務決策優先選擇高投入的項目，不利於高效率的項目。

（2）利潤最大化沒有考慮獲取的利潤同其承擔風險的關係。在項目和投資的選擇上，收益固然重要，但忽視了項目和投資的風險，一旦出現不利的事實，企業將陷入困境，甚至破產。利潤最大化目標下，財務決策僅僅局限於用比較不同項目收益的大小作為決策的依據，顯然是很不可取的。

（3）利潤最大化難以協調企業同經營者之間的利益。當企業的利潤目標與經營者的利益一致時，才會促進經營者努力達到利潤最大化目標。經營者獲取利潤的多少往往通過考核其經營業績的方式進行測量，而考核其經營業績的指標主要是銷售額和利潤額指標。為了追求經營績效，他們往往會將收益放在第一位，而忽視了經營和投資的風險。在目標不能達到的情況下，他們往往又會挖空心思在帳面上做手腳，虛增收入和利潤，蒙騙廣大社會公眾，不利於企業的長遠發展。

（4）利潤最大化沒有考慮企業的可持續發展。利潤最大化目標只是一種短期性目標。這往往會使財務決策帶有短期行為的傾向，只顧眼前利益，不顧企業的長遠發展，導致企業短期雖然實現了利潤最大化而長期發展能力卻被削弱了。

2. 關於股東財富最大化

股東權益最大化是指通過財務上的合理經營，為股東帶來最多的財富，股東的權益主要是通過股票的市價得以充分體現。

股東財富最大化考慮了資金的時間價值和風險，克服了利潤最大化的諸多缺陷，是中國目前比較普遍和流行的觀點。這一觀點起源於西方資本市場比較完善、證券業蓬勃興起的美國。在美國，股東在財務決策中占主導作用，而職工、債權人和政府所起的作用很小，因而美國公司特別重視股東的利益，以股東財富最大化作為其理財目標。而股東財富又主要通過股票價格的高低體現，因而股東財富最大化又轉化為股票價格最高。然而實際情況是股東財富最大化不可能成為中國企業的理財目標。這是因為：

（1）中國目前股份制企業還不具有普遍性，上市公司的比例偏小，不足以代表中

國所有企業的共同特徵，股東還不具有普遍意義的概念。對於非股份制企業，以股東財富最大化作為理財目標顯然不太合理；對於非上市的股份制企業也無法通過股票市價來衡量股東財富的多少。

（2）中國目前證券市場還很不完善，用股票市價來衡量理財的結果很不客觀。在中國股市中，投機的氣氛十分濃厚，莊家炒作現象十分嚴重，加上政策面的影響較大，股價波動的幅度也較大，因而股票市價不能準確地反映企業的真實價值。

（3）股東財富最大化難以兼顧企業其他財務關係人的利益。企業的財務關係人，除了股東，還包括債權人、經營者和職工以及消費者權益保護、環境保護等特殊組織。無論何種財務關係人，都應享有對企業財富的分配權。而股東財富最大化只強調通過提高股價以增加股東的收益，目的只是為了將屬於股東的這塊蛋糕做大，而忽略了將其他財務關係人的蛋糕做大。

（4）股東財富最大化也不利於企業的可持續發展。以股票價格的高低來衡量股東財富的多少，使得絕大多數股東原本著獲取企業剩餘價值為主轉為了以賺取股票差價獲取股票轉讓收益為主，這無疑符合股東的當前利益。

但從長遠來看，這種股票價格最大化犧牲了債權人等其他財務關係人的利益，由此會產生矛盾的激化，不利於企業的可持續發展。

3. 關於企業價值最大化

企業價值最大化是指通過企業財務上的合理經營，採用最優的財務政策，充分考慮資金的時間價值和風險與報酬的關係，在保證企業長期穩定發展的基礎上使企業價值最大。企業的價值除了企業存量資產的重置價值外，還包括企業重要的人力資本價值、重要的無形資產價值以及企業目前的獲利能力和未來潛在的獲利能力。企業價值最大化目標的基本思想是將企業的長期穩定發展擺在首位，強調在企業價值增長中滿足各方的利益。

企業價值最大化的優點是企業價值最大化是一個抽象的目標，在資本市場有效性的假定下，它可以表達為股票價格最大化或企業市場價值最大化。一般認為，以企業價值最大化作為企業財務管理目標有如下優點：

（1）價值最大化目標考慮了取得現金性收益的時間因素，並用貨幣時間價值的原理進行科學的計量，反映了企業潛在或預期的獲利能力，從而考慮了資金的時間價值和風險問題，有利於統籌安排長短規劃、合理選擇投資方案、有效籌措資金、合理制定股利政策等。

（2）價值最大化目標能克服企業在追求利潤上的短期行為。因為不僅過去和目前的利潤會影響企業的價值，而且預期未來現金性利潤的多少對企業價值的影響更大。

（3）價值最大化目標科學地考慮了風險與報酬之間的聯繫，能有效地克服企業財務管理人員不顧風險的大小，片面追求利潤的弊端。

(三) 企業價值最大化是中國企業財務管理目標的較好選擇

一個企業的生產經營是處在一個特定的大環境中的，不同環境中的企業，其財務管理目標會有很大的差異。企業所處的文化背景、政治法律環境、生產力水平和企

的內部治理結構等因素變動都會引起企業財務管理目標的變動。在中國，公有製經濟居主導地位，國有企業作為全民所有製經濟的一部分，其目標是使全社會財富增長，不僅要有經濟利益，而且要有社會效益。在發展企業本身的同時，考慮對社會的穩定和發展的影響，有時甚至為了國家利益需要犧牲部分企業利益。而且，中國證券市場處於起步階段，很難找到一個合適的標準來確定「股東權益」。把「股東權益最大化」作為財務管理目標，既不合理，也缺乏現實可能性。而把企業價值最大化作為財務管理目標則顯得更為科學。但是，用企業價值最大化作為企業財務管理的目標，如何計量便成了問題。為此，現在通行的說法有很多種，其中，以「未來企業價值報酬貼現值」和「資產評估值」具有代表性，這兩種方法有其科學性，但是其概念是基於對社會價值的一種較為狹隘的理解。企業是社會的，社會是由各個不同的人構成的，企業的價值不僅表現在對企業本身增值的作用上，而且表現在對社會的貢獻上，表現在對最廣大人民的根本利益上的貢獻。所以企業財務目標的制定，既要符合企業財務活動的客觀規律，又要充分考慮企業財務管理的實際情況，使之具有實用性和可操作性。只有企業價值最大化目標真正可以做到兼顧各利益關係人的利益要求，並且它與股東財富最大化、利潤最大化目標並不矛盾。從中國目前的理財環境來看，只有將企業財務目標定位於「企業價值最大化」才更加恰當，也更具有現實意義，具體表現為以下幾個方面：

1. 企業價值最大化目標符合中國的國情

與其他發達國家相比，中國現代企業制度尚處於起步階段，企業產權還未完全理順，其發展具有獨特的一面。中國企業應更注重員工的實際利益和各項應有的權利；更加注重協調各方的利益；更加強調社會財富的累積和人民的共同富裕。另外，中國目前的證券市場尚處於弱式有效的狀態，若片面強調股東財富最大化，必然會導致企業行為短期化，風險增大，擴大各利益方的矛盾。只有企業價值最大化才真正符合中國社會主義初級階段的特點。

2. 企業價值最大化符合中國當前的產權制度，利於中國現代企業制度的建立和完善

中國目前的產權制度結構具有多元化、分散性的特點。隨著社會的發展，企業將成為整個社會群體中緊密相連的一員，企業利益與社會利益休戚相關，這也是產權制度發展的內在要求和趨勢。它要求企業必須兼顧產權主體利益和其他關係人利益，使企業價值最大化，旨在把體現企業整個經營成果價值的蛋糕做大，以保證利益關係人各方應分得的份額，因而做到了兼顧各方利益，實現了各方利益的最優化，符合產權制度的內在要求。

3. 企業價值最大化符合企業可持續發展的長遠利益

企業選擇利潤最大化或股東財富最大化目標，從某種意義上講，都會導致企業行為短期化，風險也隨之增大，不利於企業的長遠發展。而企業價值最大化不再只強調企業當前的微觀經濟利益，更注重微觀經濟利益與宏觀經濟利益協調一致；更講求信譽，注重企業形象的塑造與宣傳；更注重提高產品的質量和售後服務，以保持企業銷售收入的長期穩定增長。

4. 企業價值最大化克服了股東財富最大化的缺陷，最大限度地實現了股東利益

股東作為權益資本的供應者，儘管掌握著企業經濟資源的控制權和運用的決策權，但在企業利益多元化的今天，股東的權利必須受到其他關係人權利的制約。只有在各方的參與和努力下，才有可能將體現企業經營成果價值的蛋糕做大。

因此，企業價值最大化要求股東在追求自己財富的價值最大化的同時，必須考慮其他關係人的價值也最大化。從這個意義上講，企業價值最大化既克服了股東財富最大化的缺陷，又使得股東利益得到了最大程度的滿足。綜上所述，以企業價值最大化作為財務管理目標，無論從理論上還是從實際效果看，均優於其他財務管理目標。

（四）企業財務管理的具體目標

企業財務管理的具體目標是其總目標的具體化。由於財務活動包括籌資活動、投資活動、資金營運活動、分配活動，因此，企業財務管理的具體目標也要分為籌資管理目標、投資管理目標、資金營運管理目標以及分配管理目標（分配管理目標前文已述及，此不再贅述）。

1. 企業籌資管理目標

根據企業價值最大化的內在要求，企業籌資管理的目標應該是在滿足生產經營需要的情況下，準確預測企業所需資金總額，並通過選擇合理的籌資方式和籌資渠道確定理想的資金結構（包括負債資金與權益資金、長期資金與短期資金的比例關係），在不斷降低資金成本的前提下，使風險與收益（資金成本）達到均衡。

2. 企業投資管理目標

根據企業財務管理總目標（企業價值最大化）的內在要求，企業投資管理的目標應該是認真進行投資項目的可行性研究，力求提高投資報酬，降低投資風險。具體言之，一方面，就是企業在進行投資項目的可行性分析時要認真研究市場需求、政府產業導向、環境保護方面的法律法規政策，確定合理的投資規模及正確的投資方向；另一方面在項目財務評價時，以該項目未來的現金流量金額、時間、風險作為評價基礎，根據項目的風險估計水平確立企業加權平均的資金成本（即投資者期望的最低報酬率），採用淨現值法進行決策，選擇淨現值大於或等於零的項目，這樣的投資項目有利於企業價值提高。

3. 企業營運資金管理目標

企業營運資金管理的目標一方面要確定合理的營運資金籌集政策和持有政策，使企業風險與報酬、盈利性與流動性達到均衡；另一方面要合理確定現金、應收帳款、存貨的政策。

（五）初創企業財務目標的選擇

初創企業的財務管理目標的較好選擇應是使相關者利益最大化，而追求這一企業財務管理目標，始終不能偏離企業總目標的要求。而且，確立財務管理目標，要樹立長遠的觀點。企業財務管理目標實現與否，不應該局限於短期行為，也不應該只考慮利潤的多少，還要與質量、技術等其他管理目標聯繫起來加以考慮，以求實現企業價值最大化。

二、財務管理的內容

財務管理是組織企業財務活動，處理財務關係的一項經濟管理工作。

企業財務管理的內容也是由企業的財務活動決定的，企業財務活動及基本內容包括企業籌資引起的財務活動、企業投資引起的財務活動、企業經營引起的財務活動、企業分配引起的財務活動四個主要的方面：

(一) 企業籌資管理

在企業籌資管理中，一是要正確預測需要籌資的最合理金額規模。二是確定合理的籌資方式，比如發行股票和借入資金的選擇以及兩種方式的比例確定。三是如果採取借入資金，要對發行債券還是從銀行借入進行決策。四是要對採取長期還是短期借款以及兩者的比例進行選擇與決策，同時還要對不同性質的銀行的借款比例進行決策，保證借款的穩定性，防止大起大落。五是要對還款的方式進行選擇。

總之，一方面要滿足企業經營與投資的需要，另一方面還要控制籌資風險，除此之外就是要降低籌資成本。其中，在滿足需要的前提下，控制籌資風險最為重要，在風險最低的情況下，再去考慮籌資成本，以防止出現財務危機，導致無法償還到期貸款，使企業面臨破產的危險。

(二) 企業投資管理

企業的投資包括購買固定資產和無形資產等的對內投資，也包括購買股票、債券以及兼併、收購等的對外投資。在投資管理中，企業財務人員應對投資項目進行論證，不僅要論證投資方案的現金流入與流出，還要論證投資的回收期，同時要控制投資風險，對不同的投資方案進行選擇或進行投資組合。另外，還要根據企業的財務狀況，確定合理的投資規模，防止盲目投資，影響財務結構的穩固性，要在投資之前進行詳細的分析，保證決策的正確性。

(三) 營運資金管理

在營運資金管理中，主要涉及流動資產與流動負債的管理，關鍵是加快資金周轉，提高資金的使用效果。主要包括存貨決策、生產決策、信用管理、稅收籌劃等。

(四) 利潤及其分配管理

在分配管理中，財務人員要根據企業的情況，制定最佳的分配政策，其中最主要的是股利的支付率的確定。股利的支付率過高則會影響企業的投資能力，過低則會影響股價的變動。當然，對於非上市公司來說，不存在股價變動問題，但會導致投資人的不滿，影響投資者的積極性。

企業財務人員應重點針對上述四個方面，採取科學的管理方法，制定科學的財務管理體系，提高財務管理水平。

第三節　企業財務管理中的三大報表

　　企業的財務報表是企業財務的總體狀況的反映。一般地，我們從以下三個方面來反映企業財務的總體狀況：一是企業資產負債狀況，二是企業的經營成果，三是企業的現金流量。通俗地講，一是要搞清楚目前有多少錢和欠人家多少錢。二是要搞清楚這一段時間是賺了是賠了，如果是賺了，賺多少；如果是賠了，賠多少。三是要搞清楚這一段時間從手頭上經手了多少實實在在的現金，收入了多少現金，支出了多少現金。

　　為了搞清楚這三個方面的問題，企業準備了三張報表，第一張是資產負債表，這是為了搞清楚第一個問題，第二張是利潤表或損益表，這是為了搞清楚第二個問題，第三張是現金流量表，這是為了搞清楚第三個問題。因此，企業財務管理中最常見的就是這三張報表。

一、資產負債表

　　資產負債表（the Balance Sheet）亦稱財務狀況表，表示企業在一定日期（通常為各會計期末）的財務狀況（即資產、負債和權益的狀況）的主要會計報表。資產負債表利用會計平衡原則，將合乎會計原則的資產、負債、股東權益交易科目分為「資產」和「負債及股東權益」兩大部分，在經過分錄、轉帳、分類帳、試算、調整等會計程序後，以特定日期的靜態企業情況為基準，濃縮成一張報表。其報表功用除了企業內部除錯、經營方向、防止弊端外，也可讓所有閱讀者於最短時間瞭解企業經營狀況。

　　我們先來瞭解一下資產負債表的結構（如表 8-1 所示）。資產負債表的表頭包括報表名稱、編製單位、日期以及報表內容所使用的計量單位；表體包括資產類、負債類和所有者權益三大類內容。

表 8-1　　　　　　　　　　　　　資產負債表

會企 01 表

編製單位：　　　　　　　　　　　___年___月___日　　　　　　　　　　　單位：元

資產	行次	年初餘額	期末餘額	負債和所有者權益（或股東權益）	行次	年初餘額	期末餘額
流動資產：	1			流動負債：	35		
貨幣資金	2			短期借款	36		
交易性金額資產	3			交易性金額負債	37		
應收票據	4			應付票據	38		
應收帳款	5			應付帳款	39		
預付帳款	6			預收帳款	40		
應收股利	7			應付職工薪酬	41		

表8-1(續)

資產	行次	年初餘額	期末餘額	負債和所有者權益（或股東權益）	行次	年初餘額	期末餘額
應收利息	8			應交稅費	42		
其他應收款	9			應付利息	43		
存貨	10			應付股利	44		
其中：消耗性生物資產	11			其他應付款	45		
一年內到期的非流動資產	12			預計負債	46		
其他流動資產	14			一年內到期的非流動負債	47		
流動資產合計	15			其他流動負債	48		
非流動資產：	16			流動負債合計	49		
可供出售金融資產	17			非流動負債：	50		
持有至到期投資	18			長期借款	51		
投資性房地產	19			應付債券	52		
長期股權投資	20			長期應付款	53		
長期應收款	21			專項應付款	54		
固定資產	22			遞延所得稅負債	55		
在建工程	23			其他非流動負債	56		
工程物資	24			非流動負債合計	57		
固定資產清理	25			負債合計	58		
生產性生物資產	26			所有者權益（或股東權益）：	59		
油氣資產	27			實收資本（或股本）	60		
無形資產	28			資本公積	61		
開發支出	29			盈餘公積	62		
商譽	30			未分配利潤	63		
長期待攤費用	31			減：庫存股	64		
遞延所得稅資產	32			所有者權益（或股東權益）合計	65		
其他非流動資產	33				66		
非流動資產合計	34				67		
資產總計	35			負債和所有者（或股東權益）合計	68		

(一) 資產類

資產是一個企業已經擁有的，並且在未來的某個時期將有益於企業經營和發展的經濟資源。資產也可以說是對未來經濟有利的資源。在未來的某個時刻，這種資源可能以現金的方式直接流入企業資產中，像收回「應收款項」，也可能轉換成實際的物資，用來維持企業的生產經營，如房屋和土地可以用來生產供銷售的產品。資產可能具有明確的物質形式，如房屋、機械設備和商品存貨，也有可能不以物質或有形的形式存在，而是以有價的法律所有權或權益的形式存在，如客戶應付的款項、政府債券投資以及專利權。目前，公認的會計準則提倡對資產負債表中的大部分資產以成本計價，而不以它們的現值計價。

例如，某家企業購買了一塊土地，作為廠房用地，支付現金 10 萬元。在登記到會計記錄中也就是資產負債表中的金額將是 10 萬元。假設這塊土地有很多的升值空間，在 10 年後將升值到 25 萬元。雖然土地的經濟價值已大大提高，但在會計記錄和資產負債表上列示的金額將繼續保持不變，仍為成本價的 10 萬元。當它登記到會計記錄中的金額將是 10 萬元，這就是會計的成本原則。

所以說在閱讀資產負債表時，要記住所列示的金額並不表示資產售價或能被重置的價格，也許資產負債表最大的局限性就在於它不能反映企業當前的價值。

(二) 負債類

負債簡單說就是各項債務，負債表示企業未來的資金流出情況。所有的企業都有負債，即使是規模最大、最成功的企業也經常以「賒帳」的方式購買商品、物料用品或者取得服務。由這些購買活動而導致的負債稱為應收帳款。許多企業借款用來擴大企業規模或者購買其他高成本的資產。企業在獲得一項貸款時，都要簽發一張正式的應付票據。標明在某一特定日期前償還所欠款項和要求支付利息，它是一種書面承諾。負債項目通常按照它們預期償還的順序列示。相似的負債可以合併，以避免財務報表中不必要的細節。

例如，如果一家企業在年末有幾項應付費用（如工資、利息、稅款），可以把這些項目合併成一項，稱為應計費用。「應計」一詞是一個會計術語，表示對某些費用的支付進行了推遲或遞延。

(三) 所有者權益類

所有者權益代表企業的擁有者對企業資產的支配權。由於借給企業錢的個人或者組織即債權人的權利在法律上比所有者的權利優先，因此償還后剩餘的資產才是所有者擁有的資產。所以，所有者權益總是等於資產總額減去負債總額。

例如，某家企業的總資產是 30 萬元，負債總額為 20 萬元，那麼所有者權益總額必然是 10 萬元。

企業中的所有者權益有兩個來源：

(1) 所有者的現金或其他資產投資；
(2) 從企業盈利性經營活動中獲得的收益。

企業所有者權益的減少也由兩種方式造成：
（1）所有者提取現金或其他資產；
（2）企業非盈利性經營活動帶來的損失。

隨著信息化的高速發展，如今已不再使用手工做帳了，而是通過使用財務軟件來處理財務報表及帳簿。由於現在的財務軟件基本上都是自動生成資產負債表等財務報表和帳簿的，像智點財務軟件，錄入憑證自動生成報表和帳簿，可即時查看報表的全部數據。這樣就大大提高的企業財務管理的效率，並能夠及時地將財務報告上交，企業的決策者也能夠在第一時間通過財務報表瞭解企業的運行情況，發現問題以便及時解決。

二、利潤表（損益表）

利潤表是反映企業在一定會計期間經營成果的報表。例如，反映1月1日至12月31日經營成果的利潤表，由於利潤表反映的是某一期間的情況，所以屬於動態報表。有時，利潤表也稱為損益表、收益表。

（一）利潤表實例

反映經營成果的利潤表，如表8-2所示：

表8-2　　　　　　　　　　　　　利潤表

編製單位：　　　　　　　時間：＿＿年＿＿月　　　　　　　單位：元

項目	行次	本月數	本年累計數
一、主營業務收入	1		
其中：出口產品（商品）銷售收入	2		
進口產品（商品）銷售收入	3		
減：折扣與折讓	4		
二、主營業務收入淨額	5		
減：（一）主營業務成本	6		
其中：出口產品（商品）銷售成本	7		
（二）主營業務稅金及附加	8		
（三）經營費用	9		
（四）其他	10		
加：（一）遞延收益	11		
（二）代購代銷收入	12		
（三）其他	13		
三、主營業務利潤（虧損以「－」號填列）	14		
加：其他業務利潤（損失以「－」號填列）	15		

表8-2(續)

項目	行次	本月數	本年累計數
減：（一）營業費用	16		
（二）管理費用	17		
（三）財務費用	18		
（四）其他	19		
四、營業利潤（虧損以「-」號填列）	20		
加：（一）投資收益（損失以「-」號填列）	21		
（二）期貨收益	22		
（三）補貼收入	23		
其中：補貼前虧損的企業補貼收入	24		
（四）營業外收入	25		
其中：處置固定資產淨收益	26		
非貨幣性交易收益	27		
出售無形資產收益	28		
罰款淨收入	29		
（五）其他	30		
其中：用以前年度含量工資結合彌補利潤	31		
減：（一）營業外支出	32		
其中：處置固定資產淨損失	33		
債務重組損失	34		
罰款支出	35		
捐贈支出	36		
（二）其他支出	37		
其中：結轉的含量工資包干結余	38		
五、利潤總額（虧損總額以「-」號填列）	39		
減：所得稅	40		
*少數股東損益	41		
加：*為確認得投資損失（以「+」號填列）	42		
六、淨利潤（淨虧損以「-」號填列）	43		

單位負責人：　　　財會負責人：　　　復核：　　　製表：

(二) 解讀利潤表

利潤表是依據「收入-費用=利潤」來編製，主要反映一定時期內公司的營業收

入減去營業支出之后的淨收益。通過利潤表，我們一般可以對上市公司的經營業績、管理的成功程度進行評估，從而評價投資者的投資價值和報酬。新會計準則增加了利得與損失的概念，從而使利潤金額不僅取決於收入和費用，還要考慮直接計入當期利潤的利得和損失金額的計量。

利潤表的作用包括兩個方面的內容：一方面是反映公司的收入及費用，說明公司在一定時期內的利潤或虧損數額，據此分析公司的經濟效益及盈利能力，評價公司的管理業績；另一方面反映公司財務成果的來源，說明公司的各種利潤來源在利潤總額中占的比例，以及這些來源之間的相互關係。

對利潤表進行分析，主要從收入項目分析和費用項目分析入手：

收入項目分析。公司通過銷售產品、提供勞務取得各項營業收入，也可以將資源提供給他人使用，獲取租金與利息等營業外收入。收入的增加則意味著公司資產的增加或負債的減少。記入收入帳的包括當期收訖的現金收入，應收票據或應收帳款以實際收到的金額或帳面價值入帳。

對於長期投資項目，要關注相同項目的收益變化情況，判斷該項目的營運趨勢是否存在經營惡化的情況，項目的投資成本是否能夠回收。要分析利得再收入中的比例及變化，確定公司的收入主要來源，判斷公司的經營狀況是否改善或惡化。

《企業會計準則第3號——投資性房地產》規定：公司已經出租的土地使用權或建築物、持有並準備增值后轉讓的土地使用權可以採用成本模式或公允價值模式進行計量。在採用公允價值模式計量時，由於不對投資性房地產計提折舊或攤銷，而以資產負債表的投資性房地產的公允價值為基礎調整其帳面價值，公允價值與原帳面價值之間的差額計入當期損益。因此，投資者應當注意，房地產類上市公司的利潤變化是否由採用的公允價值計量模式所決定。

費用項目分析。費用是收入的扣除，費用的確認、扣除正確與否直接關係到公司的盈利。所以分析費用項目時，應先注意費用包含的內容是否適當，確認費用應貫徹權責發生製原則、歷史成本原則、劃分收益性支出與資本性支出的原則等。還要對成本費用的結構與變動趨勢進行分析，分析各種費用占營業收入的百分比，分析費用結構是否合理，對不合理的費用要查明原因。同時對費用的各個項目進行分析，看看各個項目的增減變動趨勢，以此判定公司的管理水平和財務狀況，預測公司的發展前景。

利潤表可以告訴報表使用者企業在一定時間內產生了多少營業收入，為實現這些營業收入，投入了多少成本和費用，以及最終賺了多少錢，即利潤情況。利潤表是企業年度或季度及月份財務報告最先看到的內容，裡面包含的信息，如營業收入、成本費用、利潤等是報表使用者最為關注的企業基本面數據。

營業收入或稱銷售收入，是利潤表中最容易理解的部分，它反映了企業在報告期內銷售所有產品或服務所產生的收入。在大多數情況下，只有企業營業收入持續增長才是提升企業利潤的最根本辦法。所以，那些在營業收入上徘徊不前的企業，即使通過其他什麼辦法讓利潤保持增長，都不是正常現象。一個企業的毛利潤額（不含三項費用及資產減值損失和投資收益等）一般要占營業利潤2倍以上（最低要求是毛利率要大於銷售收入費用率），利潤率低的行業和產品倍數還要更高。

對於營業收入的認識，不能僅局限於表中的幾個孤立的數字，還需要到財務報表附注中瞭解營業收入的構成。因為企業同時經營著滿足不同市場需求的若干種產品和服務，瞭解哪些產品和服務對營業收入的貢獻更大，哪些領域存在增長潛力可以瞭解企業未來的表現，並且清楚哪些相關的市場和行業資訊要密切關注。一般情況下企業會有長短期投資產生的投資收益，可能還有如政府補貼、資產重組收益等構成的營業外收入等。有時候，這些非營業收入會成為公司利潤的重要構成。但要判斷它們是可持續的，還是一次性的（即非經常損益），如果是后者，由此帶來的業績增長就很有可能只是表面繁榮，是難以持續的，業績大漲之後就很有可能是業績大跌。

公司為產生營業收入需要有各種投入，在帳面上主要體現為兩個部分，一部分是營業成本，另一部分是所謂的三項費用，即營業費用、管理費用和財務費用。營業成本是公司為產生營業收入需要直接支出的成本和費用，其中主要包括原材料成本和固定資產折舊費用、燃料動力費用和人工費用等。其中，費用部分一般變動不大，投資者更多需要關注原材料成本的變化。例如，鋼鐵公司因鐵礦石價格上漲就會推升營業成本，降低公司盈利，所以需要瞭解公司的產品和用哪些原材料，以及原材料價格的變動情況。三項費用主要反映公司營運費用，如營銷廣告費用、辦公費用、職工薪酬、研發費用、利息費用等。三項費用是衡量公司內部管理層營運效率高低的重點研究領域。

利潤表上體現的利潤，分別是營業利潤、利潤總額和淨利潤。營業收入減去營業成本，又稱毛利潤。毛利潤除以營業收入，其結果是毛利率。毛利率越高，說明企業擴大再生產的能力越強，而一個微薄的毛利率則會限制企業收入和業績擴張的能力，並且增大業績波動的風險。營業利潤是營業收入減去營業成本、三項費用及資產減值損失和考慮投資收益后得出的，營業利潤率（營業利潤÷營業收入）是反映企業盈利能力的關鍵指標。企業不僅要盡可能壓低營業成本，還需要在提高管理效率、做好效能監察、控制經營風險、減少資產損失、降低三項費用上挖潛增效，如此營業利潤率才能表現得優秀，企業最終的業績才能得以最大化。利潤總額則是營業利潤加上營業外收支後的企業稅前利潤，將其減去所得稅后就得到淨利潤。到了這一步，已是利潤的最終體現，但由於摻雜了非營業收入帶來的利潤，持續性和可比性可能會降低，一份「干淨」的淨利潤成績單最好全部是由營業業務產生的利潤所構成。

目前對利潤表的分析主要是分析利潤總額的構成及其變動情況，如銷售價格、單位成本、銷售數量及品種、期間費用等因素與歷史同期、同行業企業和本年預算對比的量本利分析，通過分析找出本企業存在的差距和問題並制定相應的改進意見和措施。這種延續多年的利潤分析方法有助於瞭解企業的經營成果並仍將是今後利潤表分析的主要內容。

但由於現行的利潤表中的利潤概念是在權責發生製會計核算下的利潤即帳面利潤，沒有反映貨幣的時間價值和經營風險價值，因而不能真實反映和促進企業提高經濟效益，不能反映為出資人創造的經濟增加值（EVA）。這種建立在權責發生製基礎上的利潤分析存在兩個問題：一個問題是忽視了利潤實現的風險程度。因為營業利潤能否真正實現要視賒銷淨額即應收帳款的收回情況而定。利潤的實現因應收帳款的收回是否

確定、是否及時等情況存在著不確定性，而壞帳準備的提取又難以準確、全面反映出企業利潤實現的風險程度。利潤表中的利潤額含有因信用風險和會計上的權責發生製而形成的無效增加值，即因壞帳等而不能給企業實際帶來經濟利益淨流入的增加部分。另一個問題是利潤計算的過程忽視了無息應收帳款占用資金的成本。據某企業統計（年銷售額 200 億元）年無息應收帳款的利息額高達近 2 億元，是該企業利潤的 15%。企業由於採用賒銷方式銷售商品或提供勞務，盡管可以增加銷售量、減少存貨，但同時又會因形成應收帳款而增加經營風險。我們目前對應收帳款的管理沒有考慮其機會成本而僅僅從應收帳款周轉率和周轉次數的角度去分析。實際上，應收帳款越多，收款期越長，對應收帳款進行管理而耗費的管理成本就越高、因某些原因無法收回而給企業帶來的壞帳損失以及應收帳款占用資金的應計利息就越大，給企業帶來的潛在利益損失也越大。

應收帳款在流動資產中有舉足輕重的地位，及時回收應收帳款不僅增強了企業的短期償債能力和營運能力，也反映出企業在管理應收帳款方面的效率和效益。企業財務人員可通過分析應收帳款當年應收未收金額占應收帳款總額的比例，來分析企業利潤風險是加大還是降低。據此分析結果，企業即可調整其信用政策及應收帳款催收措施，降低企業利潤實現的風險。利潤風險分析彌補了利潤表中利潤概念在衡量企業效益方面的缺陷，從而能真實地反映企業「經營成果」及其實現的可能性。

傳統的利潤分析更多的是關注企業最終的財務結果──淨資產收益率或每股收益，但卻忽略了實際的淨資產收益率或稅后利潤能否超過或補償出資人投資的機會成本，沒有充分利用時間價值去測算基於資金成本下的真實收益即經濟增加值。忽視權益資本的成本使企業的帳面成本脫離其社會真實成本，利潤表中的盈虧也就沒有多少經濟價值了──實質上虛增了利潤。如果一個企業忽視權益資本成本，會導致經理層對資本的使用沒有任何約束，造成投資膨脹和社會資源的浪費，最終造成與提高資本收益背道而馳的兩個負面影響：其一，誘導企業用擴張「無償資本」的方法去追求利潤的增加，要求出資人不斷追加投入，即「圈錢買利潤」；其二，資本很可能被扭曲的利潤信號誤導而被配置到小於機會收益的低效企業或項目，造成資本的非優化配置，從而造成資源配置的效益浪費。

用經濟增加值（EVA）去反映企業的經營績效是目前一些企業普遍採用的一個新的衡量和考核利潤的標準。經濟增加值就是在考慮了資本投資風險的基礎上，企業創造了高於資本機會成本的經濟效益。只有考慮了權益資本成本的經營業績指標才能反映企業的真實盈利能力。那些盈利少於權益機會成本的出資人的財富實際上是在減少，而只有企業的收益超過權益資本的成本，才能說明經營者為企業增加了價值，為出資人創造了財富。如果企業的收益低於權益資本的成本，則說明企業實質上發生虧損。

通過將現行的利潤表中的利潤無效增加值部分剔除出去，以真實反映企業財富的增加，避免高估利潤。而且根據利潤分析的結果對企業經營業績進行評價和考核時，由此反映的信息在企業之間更具可比性，也更能反映企業資本經營效益變化的真實情況。

三、現金流量表

現金流量表（Statement of Cash Flows）是財務報表的三個基本報告之一，所表達的是在一固定期間（通常是每月或每季）內，一家機構的現金（包含銀行存款）的增減變動情形。現金流量表的出現主要是要反映出資產負債表中各個項目對現金流量的影響，並根據其用途劃分為經營、投資及融資三個活動分類。現金流量表可用於分析一家機構在短期內有沒有足夠現金去應付開銷。

(一) 現金流量表的作用

現金流量表是以現金為基礎編製的財務狀況變動表，是反映企業一定會計期間現金和現金等價物流入和流出的報表。它的主要作用有：

(1) 彌補資產負債表、利潤表信息量的不足；
(2) 有助於評價企業支付能力、償債能力和周轉能力；
(3) 有助於分析企業收益質量及影響現金淨流量的因素；
(4) 有助於預測企業未來現金流量。

(二) 現金流量表的編製基礎

現金流量表以現金及現金等價物為基礎編製，劃分為經營活動、投資活動和籌資活動。按照收付實現製原則編製，將權責發生製下的盈利信息調整為收付實現製下的現金流量信息。

現金是指企業庫存現金和可以隨時用於支付的存款，不能隨時用於支付的存款不屬於現金。現金具體包括如下內容：

(1) 庫存現金（1011）；
(2) 銀行存款（1012）；
(3) 其他貨幣資金（1013）。

現金等價物是指企業持有的期限短、流動性強、易於轉換為已知金額現金、價值變動風險很小的投資。通常包括可在市場上流通的3個月內到期的短期債券。

(三) 現金流量的分類及列示

1. 現金流量的分類

《企業會計準則第31號——現金流量表》將企業一定期間產生的現金流量分為三類：經營活動現金流量、投資活動現金流量、籌資活動現金流量。

(1) 經營活動。經營活動指企業投資活動和籌資活動以外的所有交易和事項。對工商企業而言，經營活動主要包括銷售商品、提供勞務、購買商品、接受勞務、支付稅費等。對於商業銀行而言，經營活動主要是吸收存款、發放貸款、同業存放、同業拆借、收取利息、支付利息等。對於小額貸款公司而言，取得借款以及支付借款利息參照金融機構也屬於經營活動。

(2) 投資活動。投資活動指企業長期資產的購建和不包括在現金等價物範圍內的投資及其處置活動。長期資產是指固定資產、無形資產、在建工程、其他資產等持有

期限在一年或一個營業周期以上的資產。購買股票、基金、集合理財產品等不屬於現金等價物的金融資產也屬於投資活動。

(3) 籌資活動。籌資活動指導致企業資本及債務規模和構成發生變化的活動。資本包括實收資本和資本溢價。債務指對外舉債，包括向銀行借款、發行債券以及償還債務等。應付帳款、應付票據、應付職工薪酬、應交稅費屬於經營活動，不屬於籌資活動。

需要說明的是：第一，企業現金（含現金等價物）形式的轉換不會產生現金的流入和流出。現金、銀行存款、其他貨幣資金三個科目的相互轉換對現金流量不產生影響。如企業從銀行提取現金，從一個銀行帳戶調撥資金到另一個銀行帳戶等，此類活動對應的現金流量項目為「不影響現金流量的活動」。第二，對企業日常活動之外特殊的、不經常發生的特殊項目，應歸入相關類別進行反映。如自然災害損失等流動資產損失，應當列入經營活動產生的現金流量；屬於固定資產損失，應列入投資活動產生的現金流量；捐贈收入和捐贈支出，可列入經營活動。

2. 現金流量的列示

通常情況下，現金流量應當分別按照現金流入和現金流出總額列報。但是，金融企業的有關項目，可以按照淨額列報，這主要指期限較短、流動性強的項目，如短期貸款的發放和收回本金，如現金流量表中的「客戶貸款淨增加額」。

(四) 現金流量表的編製

現金流量表由主表和補充資料兩部分組成。其中主表按照經營活動、投資活動、籌資活動三部分進行列報，這種列報方法稱為直接法。補充資料以淨利潤為起點，剔除投資活動、籌資活動對現金流量的影響，據此計算出經營活動產生的現金流量，稱為間接法。

現金流量表示例見表8－3，現金流量表補充資料見表8－4。

表8－3　　　　　　　　　　　現金流量表

編製單位：　　　　　　　　　　　年　月　　　　　　　　　　　　單位：元

項目	本期金額	上期金額
一、經營活動產生的現金流量：		
借款淨增加額		
收取利息的現金		
收取手續費及佣金的現金		
收到的稅費返還		
收到其他與經營活動有關的現金		
經營活動現金流入小計		
客戶貸款淨增加額		
支付利息的現金		

表8－3(續)

項目	本期金額	上期金額
支付手續費及佣金的現金		
支付給職工以及為職工支付的現金		
支付的各項稅費		
支付其他與經營活動有關的現金		
經營活動現金流出小計		
經營活動產生的現金流量淨額		
二、投資活動產生的現金流量：		
收回投資收到的現金		
取得投資收益收到的現金		
處置固定資產、無形資產和其他長期資產支付收回的現金淨額		
收到其他與投資活動有關的現金		
投資活動現金流入小計		
投資支付的現金		
購建固定資產、無形資產和其他長期資產支付的現金		
支付其他與投資活動有關的現金		
投資活動現金流出小計		
投資活動產生的現金流量淨額		
三、籌資活動產生的現金流量		
吸收投資收到的現金		
發行債券收到的現金		
收到其他與籌資活動有關的現金		
籌資活動現金流入小計		
償還債務支付的現金		
分配股利、利潤支付的現金		
支付其他與籌資活動有關的現金		
籌資活動現金流出小計		
籌資活動產生的現金流量淨額		
四、匯率變動對現金及現金等價物的影響		

表 8-4　　　　　　　　　　　　現金流量表補充資料

單位：元

補充資料	行次	本期金額	上期金額
1. 將淨利潤調節為經營活動現金流量			
淨利潤	36		
加：資產減值準備	37		
固定資產折舊	38		
無形資產攤銷	39		
長期待攤費用攤銷	40		
處置固定資產、無形資產和其他長期資產的損失（收益以「-」號填列）	41		
固定資產報廢損失（收益以「-」號填列）	42		
公允價值變動損失（收益以「-」號填列）	43		
投資損失（收益以「-」號填列）	45		
遞延所得稅資產減少（增加以「-」號填列）	46		
遞延所得稅負債增加（減少以「-」號填列）	47		
存貨的減少（增加以「-」號填列）	48		
經營性應收項目的減少（增加以「-」號填列）	49		
經營性應付項目的增加（減少以「-」號填列）	50		
其他	51		
經營活動產生的現金流量淨額	52		
2. 不涉及現金收支的重大投資和籌資活動			
債務轉為資本	53		
一年內到期的可轉換公司債務	54		
融資租入固定資產	55		
3. 現金及現金等價物淨變動情況			
現金的期末餘額	56		
減：現金的期初餘額	57		
加：現金等價物的期末餘額	58		
減：現金等價物的期初餘額	59		
現金及現金等價物淨增加額	60		

(五) 現金流量表項目的使用說明

現金流量表項目的使用說明如表 8-5 所示：

表 8-5　　　　　　　　　　　現金流量項目使用說明表

編碼	現金流量項目名稱	說明
01	經營活動產生的現金流量	
0101	經營活動現金流入	
010101	收回貸款本金的現金	反映收回貸款本金收回的現金
010102	收取貸款利息的現金	反映收回貸款利息、貼現利息等收到的現金，不含存款利息
010103	收取手續費及佣金的現金	反映收取手續費及佣金收到的現金，如收取財務顧問費、代理保險業務手續費、受託貸款手續費等
010104	收到的稅費返還	反映收到返還的各種稅費，如返還的營業稅、所得稅等
010105	取得借款收到的現金	反映舉借各種短期、長期借款收到的現金，包括從金融機構、股東及其他管道借入的資金
010106	收到其他與經營活動有關的現金	含銀行存款收到的利息、政府補貼收入、賠償款、罰款收入、租金收入等
0102	經營活動現金流出	
010201	發放貸款支付的現金	反映發放貸款所支付的現金
010202	支付利息的現金	反映實際支付的借款利息
010203	支付手續費及佣金的現金	反映支付的銀行手續費、擔保費等
010204	支付給職工以及為職工支付的現金	包含支付給職工的工資、獎金、津貼、補貼，為職工繳納的社會保險、住房公積金，解除關係給予的補償，現金結算的股份支付，支付給職工或為職工支付的其他福利費等。
010205	支付的各項稅費	支付的各種稅費，如營業稅、所得稅、印花稅、房產稅、土地增值稅、車船使用稅等
010206	歸還借款支付的現金	反映償還借款本金支付的現金
010207	支付其他與經營活動有關的現金	如支付的差旅費、辦公費、郵電費、招待費、會議費、聘請仲介機構費，支付的罰款等
02	投資活動產生的現金流量	
0201	投資活動現金流入	
020101	收回投資收到的現金	反映出售、轉讓或到期收回除現金等價物以外的交易性金融資產、持有至到期投資、可供出售金融資產、長期股權投資等收到的現金

表8-5(續)

編碼	現金流量項目名稱	說明
020102	取得投資收益收到的現金	反映因股權性投資而分得的現金股利，因債權性投資而取得的利息收入
020103	處置固定資產、無形資產和其他長期資產支付收回的現金淨額	反映出售固定資產、無形資產和其他長期資產（如投資性房地產）取得的現金，減去為處置這些資產而支付的相關費用
020104	收到其他與投資活動有關的現金	反映收到的其他與投資活動有關的現金
0202	投資活動現金流出	
020201	投資支付的現金	反映購買除現金等價物外的交易性金融資產、持有至到期投資、可供出售金融資產而支付的現金，以及支付的佣金、手續費等交易費用
020202	購建固定資產、無形資產和其他長期資產支付的現金	反映購買、建造固定資產、取得無形資產和其他長期資產支付的現金，包括購買機器設備支付的現金，不包括融資租入固定資產支付的租賃費（在「支付其他與籌資活動有關的現金」中反映）
020203	支付其他與投資活動有關的現金	反映支付的其他與投資活動有關的現金
03	籌資活動產生的現金流量	
0301	籌資活動現金流入	
030101	吸收投資收到的現金	反映收到股東的投資款
030102	發行債券收到的現金	指發行債券收到的現金
030103	收到其他與籌資活動有關的現金	反映收到的其他與籌資活動有關的現金
0302	籌資活動現金流出	
030201	償還債務支付的現金	反映償還到期的債券本金，不含償還借款支付的現金
030202	分配股利、利潤支付的現金	反映實際支付的現金股利、支付給投資單位的利潤等
030203	支付其他與籌資活動有關的現金	反映實際支付的其他與籌資活動有關的現金，如融資租賃支付的租賃費、分期付款方式購建固定資產、無形資產支付的現金等
04	匯率變動對現金及現金等價物的影響	反映企業外幣現金流量因匯率變動產生的差異，小額貸款公司一般不涉及
09	不影響現金流量項目的活動	如提現、繳現、從A銀行劃款至B銀行

第四節　財務管理的分析程序和方法

一、公司財務分析基本程序

(一) 確定分析內容

財務分析的內容包括分析資金結構、風險程度、營利能力、經營成果等。報表的不同使用者對財務分析內容的要求不完全相同。

公司的債權人關注公司的償債能力，通過流動性分析，可以瞭解公司清償短期債務的能力；投資人更加關注公司的發展趨勢，更側重公司營利能力及資本結構的分析；公司經營者對公司經營活動的各個方面都必須瞭解。此外，作為經營者還必須瞭解本行業其他競爭者的經營情況，以便今后更好地為本公司銷售產品定價。

(二) 收集有關資料

一旦確定了分析內容，需盡快著手收集有關經濟資料，這是進行財務分析的基礎。分析者要掌握盡量多的資料，包括公司的財務報表以及統計核算、業務核算等方面的資料。

(三) 運用特定方法進行分析比較

在佔有充分的財務資料之後，即可運用特定分析方法來比較分析，以反映公司經營中存在的問題，分析問題產生的原因。財務分析的最終目的是進行財務決策，因而，只有分析問題產生的原因並及時將信息反饋給有關部門，方能進行決策或幫助有關部門進行決策。

二、公司財務報表分析方法

財務報表分析的方法多種多樣，概括起來主要有三種：第一，百分比分析法；第二，比率分析法；第三，圖表示意分析法。

(一) 百分比分析法

主要通過分析公司不同年度財務報表同一項目的增減變化，說明公司財務狀況及經營狀況的變動趨勢。通過分析公司同一報表不同項目的比例關係及其在不同時期的變動，反映公司財務結構及其變動趨勢。百分比分析通常採用比較財務報表的方式進行，包括橫向分析和縱向分析兩種基本方法。

1. 橫向分析

橫向分析是將不同時期財務報表中的同一項目進行比較，列出各個項目變動的金額和百分比。將兩個時期的報表進行比較，我們通常把前一個時期的數字作為基數來計算變動的百分比。然而，如果基數為負數（如損益表中的稅后利潤以負數表示虧損），則不能以百分比來表示變動。當將兩個以上時期的報表進行橫向比較分析時，可

以有兩種選擇基數的辦法：把最早一個時期的數字作為基數，其他時期的數字依次與基數比較；把上一個時期的數字定為基數，後一個時期與前一個時期依次進行環比。假設某公司1991年、1992年、1993年三個年度的總資產分別為10 000元，15 000元和20 000元。在第一種方法下，把1991年的10 000元定為基數，則1992年比1991年總資產增長了50%，1993年比1991年總資產增長了100%；在第二種方法下，先以1991年的10 000元為基數，1992年比1991年總資產增長50%，再以1992年的15 000元為基數，1993年比1992年總資產增長33%。

2. 縱向分析

縱向分析是對同一報表的不同項目進行比較。一般是將資產負債表中的所有項目都表示成總資產的百分比，將損益表中的各項目都表示成銷售收入百分比。這樣，報表使用者可以更加瞭解這兩種主要報表各個項目的結構關係。

(二) 比率分析法

比率分析法是財務報表分析的一種重要方法。比率分析法以財務報表為依據，將彼此相關而性質不同的項目進行對比，求其比率。不同的比率反映不同的內容。通過比率分析，可以更深入地瞭解公司的各種情況，同時還可以通過編製比較財務比率報表，做出不同時期的比較，從而更準確、更科學地反映公司的財務狀況和經營成果。按照財務分析的不同內容，比率分析通常可分為以下幾類：償債能力、資產運用效率、營利能力和權益性比率。

1. 償債能力

償債能力比率主要用來衡量公司的短期償債能力。公司的流動負債與資產形成一種對應關係。流動負債是指在一年內或超過一年的一個營業周期內需要償付的債務，它一般需要用流動資產來償還。因此可以通過分析公司流動資產與流動負債的關係來判斷公司的短期償債能力。流動性比率主要有以下兩種：

(1) 流動比率。流動比率指流動資產與流動負債的比率，通常用如下公式表示：

流動比率＝流動資產÷流動負債

一般認為，流動比率在2：1較理想。但一家公司的流動比率要多大才合適，要視其行業特點和流動資產的結構而定。流動比率過高說明流動資產未能有效利用，流動比率太低說明企業短期償債能力不強。

(2) 速動比率。速動比率又稱酸性比率，是速動資產與流動負債的比率。速動資產是流動資產扣除存貨后的余額，即現金、銀行存款、有價證券等變現能力較強的流動資產。速動比率的計算公式如下：

速動比率＝速動資產÷流動負債＝（流動資產－存貨）÷流動負債

2. 資產運用效率

資產運用效率反映公司資產利用的效率，主要有以下幾種：

(1) 存貨周轉率。存貨周轉率反映公司的存貨利用情況，計算公式如下：

存貨周轉率＝銷售成本÷存貨平均余額

公式中的存貨平均余額應以各個月末的存貨余額之和除以12求得。但實踐中，為

求簡便，經常以年初和年末的數額平均值作為全年的存貨平均額。一般來說，存貨周轉率越高，利潤額越高，存貨占用的資金越少。但存貨周轉率太高，可能會導致產品供不應求，一旦出現脫銷，給公司的銷售帶來負面影響。因此，存貨周轉速度應控制在合理的範圍內。

另外一個衡量存貨周轉情況的指標是存貨平均周轉天數。存貨平均周轉天數的計算公式如下：

存貨周轉天數＝360÷存貨周轉率

（2）應收帳款周轉率。應收帳款周轉率又稱收帳率，是反映公司應收帳款周轉情況的比率。計算公式如下：

應收帳款周轉率＝銷售收入÷應收帳款平均余額

這個比率越高，說明應收帳款在一個年度裡轉化為現金的次數越多。但是如果應收帳款周轉率太高，可能會因苛刻的銷售條件失去部分客戶。

另外一個衡量應收帳款周轉情況的指標是應收帳款平均收帳期即應收帳款平均周轉天數。應收帳款平均周轉天數的計算公式如下：

應收帳款平均收帳期＝360÷應收帳款周轉率

（3）固定資產周轉率。固定資產周轉率是衡量廠房和機器設備等固定資產使用效率的比率。計算公式如下：

固定資產周轉率＝銷售收入÷固定資產淨值

（4）總資產周轉率。總資產周轉率是衡量公司總資產利用情況的比率，計算公式如下：

總資產周轉率＝銷售收入÷總資產

3. 營利能力

衡量一家公司的營利能力，主要通過以下財務比率進行計算：

（1）銷售利稅率＝利稅總額÷銷售收入；

（2）銷售淨利潤率＝淨利潤÷銷售收入；

（3）成本費用利潤率＝利潤總額÷成本費用總額；

（4）每股稅后利潤＝稅后利潤÷發行在外普通股總數；

（5）利息稅前營業收入率＝（利息支出＋稅前利潤）÷銷售收入；

（6）總資產收益率＝淨收益÷總資產；

（7）淨資產報酬率＝淨收益÷淨資產。

4. 權益性比率

這類比率衡量公司的資產負債情況，反映企業長期償債能力，包括以下比率：

（1）資產負債比率。這一比率反映公司負債經營的情況，由負債總額與資產總額相比較，可以求出，即：

資產負債比率＝負債總額÷資產總額

一般認為，公司應該有一定程度的負債經營，才能保證發展的速度和規模。如果公司不負債或很少借債，那它只能憑自有資金來進行經營，經營風險相對較小，但資

金成本較高；相反，公司過多負債，則經營風險加大。負債比率的高低由公司的經營策略和所處行業決定。有的公司寧願冒風險舉債發展，以提高自有資金的收益，如能源、交通等基礎設施企業。

（2）負債總額與股東權益。這一比率衡量股東投入對負債資金保障程度，即：

負債總額對股東權益比率＝負債總額÷股東權益

（三）圖表示意分析法

百分比分析和比率分析都是通過對數字進行計算比較，分析公司的財務狀況和經營業績，並預示公司的發展趨勢。有時為了更直觀地反映這種趨勢，可以用圖表來幫助分析。常見的圖表分析有平面坐標分析和雷達圖表分析等。

三、財務分析的局限性

財務報表分析對於瞭解公司的財務狀況和經營成績，評價公司的償債能力和經營能力，幫助制定經濟決策，有著顯著的作用。但由於種種因素的影響，財務報表分析及其分析方法也存在著一定的局限性。在分析中，應注意這些局限性的影響，以保證分析結果的正確性。

1. 會計方法及分析方法對可比性的影響

會計核算上，不同的處理方法產生的數據會有差別。

2. 通貨膨脹的影響

由於財務報表是按照歷史成本原則編製的。在通貨膨脹時期，有關數據會受到物價變動的影響，使其不能真實地反映公司的財務狀況和經營成果，引起報表使用者的誤解。

3. 信息的時效性問題

財務報表中的數據，均是公司過去經濟活動的結果和總結。用於預測未來的動態，只有參考價值，並非絕對合理可靠。而且等報表使用者取得各種報表時，可能離報表編製日已過去多時。

4. 報表數據信息量的限制

由於報表本身的原因，其提供的數據是有限的。對報表使用者來說，可能不少需用的信息在報表或附注中找不到。

5. 報表數據的可靠性問題

有時，公司為了使報表顯示出公司良好的財務狀況甚至經營成果，會在會計核算方法上打主意或者採取其他手段來調整財務報表，這時，分析這種財務報表就易誤入歧途。

以上關於財務報表分析及其分析方法局限性的種種說明並不否定財務報表分析的積極意義和作用。瞭解這些局限性，分析時注意它們的影響，可以提高財務報表分析質量。

第五節　初創企業的財務管理

　　創業者對財務管理的認識容易產生兩個大的偏差：一種認為創業初期沒什麼好管理的，不需要進行特別的管理，再者出於節省財務人員成本考慮，也不聘請專門的財務人員進行帳務處理與財務管理；另一種就是認為有財務管理的良好的意識，積極聘請專門的財務人員，並要求很高，但實際運作過程中，由於財務工作量少，並且簡單，導致財務人員覺得工作沒有挑戰性而離職或者由於老板發現高薪聘請財務人員成本過高，而辭退。這導致企業財務人員不穩定，還會因為新舊財務人員交接不清而給企業帶來很多麻煩。

　　中小企業必須建立合理的財務管理目標。既不能不進行管理，又不能超越中小企業創業的這個特殊階段。創業者一定要清楚企業在財務管理這方面的期望和目標，並且要制定一個循序漸進的目標，不要一開始就定很高的目標。

　　中小企業在財務人員的配備和選擇上，也要與這個目標相匹配。大多數企業都期望獲得資歷深、專業技能強的財務人員而有不期望支付很高的薪酬。但這是不容易達到的，即使短期內聘請了一位財務人員，這也可能是因為該財務人員有暫時的職業計劃安排而屈就，一般不會工作長久的。而如果高薪聘請，則又會感覺到人力成本高；如果低薪聘請，則又難以獲得符合財務專業運作要求的人員。所以中小企業不容易獲得理想的財務人員。

　　聘請會計師事務所做兼職財務，進行代理記帳對中小企業的巨大價值如下：

1. 首先是保證了財務管理工作的專業性、安全性

　　會計師事務所專業的工作經驗和技能會幫助中小企業理順財務關係，既能做到在工商、稅務、財務方面基本不出問題，又能做到有效預防出現問題。對很多企業來說，少被罰款就是利潤。

2. 費用合理

　　聘請一名專職財務，每月的工資加上保險、福利對中小企業而言是一筆不小的支出，而如果聘請會計師事務所，則可以根據工作量協商服務價格，低的每月300元左右，高的一般也不超過每月1 500元，當然，如果超過每月1 500元，則說明企業的業務規模比較大了，這時候，企業一般需要專職的財務人員了。這時既可以聘請專職財務人員，又可以聘請事務所做財務顧問，事務所的主要作用是協助老板加強宏觀財務控制，預防和控制是主要目的。

　　此外，中小企業的老板或者管理者要不斷提高自己的財務管理能力，要搞清楚財務的基本運作規律和要求。有的企業老板只顧自己經營，而完全依賴於自己的財務人員，這會給財務管理帶來很大的漏洞，也給企業的經營帶來很大的風險。一般而言，中小企業老板應該注意如下財務問題：

（1）瞭解基本的財務帳簿及其關係；

（2）瞭解出納該做些什麼；

(3) 盯住現金的流動；
(4) 管住支票本；
(5) 財權大印更需要進入管理狀態；
(6) 必須學會估算現金流量；
(7) 你需要增加現金流量；
(8) 分清現金和利潤；
(9) 處理好與銀行、稅務的關係。

第六節　實訓環節的財務管理

在進行金蝶「創業之星」模擬企業經營管理實訓操作時，創業團隊需要對自己企業的資金進行計劃、分配，以及對每個生產周期期初、期末進行費用核算，以保證企業的財務計劃能順利運行，保證資金鏈不斷裂，即在需要支付各項期初、期末費用（包括應付帳款）的時候，銀行帳戶上有可用資金。這個問題也是每個創業團隊在模擬企業經營時十分重要的一點。

第九章　人力資源管理與決策

知識與技能目標：

1. 瞭解人力資源管理的基本概念
2. 掌握企業人力資源管理的流程和職責
3. 熟悉初創企業人力資源管理與決策

案例導入：

人才選聘

某公司隨著生產經營規模的迅速擴大，亟須提高企業的營銷能力，擴充銷售員的隊伍。通過考試，7月份錄用了王明、張軍、李青和趙強4人到銷售部進行為期3個月的銷售業務實習。目前，他們的實習期將滿，銷售部經理考慮從中選拔2人正式留在銷售部工作。部門經理根據平時對他們的觀察和公司領導、同事及用戶對他們的評價，對以上候選人的個人素質和工作狀況進行了歸納總結如下：

一、個人素質

王明：20歲，高中畢業，精力旺盛，工作肯吃苦，但平時大大咧咧，辦事粗心大意，說話總帶有「火藥味」。

張軍：34歲，為人熱情，善於交往，本人強烈要求做銷售工作。

李青：25歲，經濟管理專業大學生，工作認真，穩重文靜，但平時沉默寡言，特別是在生人面前。

趙強：29歲，公共關係專業大學生，為人熱情，善於交往，頭腦靈活，但缺乏銷售經驗。

二、工作業績方面

王明：工作主動大膽，能打開局面，但幾次把用戶訂購的產品搞錯，儘管部門經理多次提出，但仍然經常出錯，用戶有意見。

張軍：工作效率高，常超額完成任務，且在銷售過程中與用戶建立了較熟悉的關係，但常借工作關係辦私事，如要求用戶幫助購買私人用品，紀律性差，常遲到早退，同事意見大，他為此曾找領導說情，希望留在銷售部。

李青：工作踏實，從不出錯，但很少主動獨立聯繫用戶，曾在用戶要求增加訂量時因領導不在而拒絕用戶要求。

趙強：常超額完成任務，並在銷售過程中注意向用戶介紹產品的各種功能，且注意售後服務，得到用戶的好評，但難以完成貨款回收率指標。

思考題：請問應該選哪兩位，為什麼？選後如何幫助他們克服缺點？

第一節　人力資源管理的基本概念

一、人力資源管理的定義

　　人力資源管理是在經濟學與人本思想指導下，通過招聘、甄選、培訓、報酬等管理形式對組織內外相關人力資源進行有效運用，滿足組織當前及未來發展的需要，保證組織目標實現與成員發展的最大化。就是預測組織人力資源需求並製訂人力需求計劃、招聘選擇人員並進行有效組織、考核績效支付報酬並進行有效激勵、結合組織與個人需要進行有效開發以便實現最優組織績效的全過程。學術界一般把人力資源管理分六大模塊，即人力資源規劃、招聘與配置、培訓與開發、績效管理、薪酬福利管理、勞動關係管理。

二、人力資源管理的發展趨勢

　　從設計、宣傳到實施是一項複雜的系統性很強的工作，很多工作單靠一家企業的人力資源部門是很難獨立完成的。這就需要人力資源部門開展有效的內部分工和外部合作工作（這也是人力資源管理的發展趨勢），對人力資源管理部門的職能進行重新定位：
　　首先，將人力資源管理部門的部分職能（如招聘、員工晉升和降級、績效考核等）進行弱化，使之向直線管理部門迴歸，由直接部門直接管理，重新整合於直接管理部門的一般管理之中。之所以強調迴歸，是因為像招聘、員工晉升和降級、績效考核等職能最初屬直接管理部門，后來是經歷了從直線管理部門分離的過程才轉化為人力資源管理部門的職能。
　　其次，將人力資源管理部門的某些職能進行分化，使之進行社會化運作。企業人力資源管理部門的某些職能，如培訓開發、高層職員的招聘選拔、員工管理能力的考核、人才診斷、人員素質測評等，往往需要較專業的專家學者參與，需要專業的知識和設備，更需要多種專門渠道。這些是企業人力資源管理部門較難獨立完成的，可以將這些職能再次分化，向社會化的專業管理咨詢公司轉移。這些管理咨詢公司一般由一大批在人力資源管理方面具有很深造詣的實際工作者組成，專門從事人力資源管理的研究和咨詢（人力資源開發與管理已成為一項重要的社會產業）。它們能夠幫助企業降低長期管理成本，並使企業獲得新的管理技術與管理思想。
　　最後，除去迴歸了的和社會化了的職能外，人力資源管理部門的其他職能就必須強化。如通過制定適當的人力資源政策影響和引導員工行為；為支持組織文化和實現組織變革提供保障；通過參與組織的戰略決策和對員工職業生涯的設計與開發，實現員工與組織的共同成長和發展等。

第二節　人力資源管理的內容和步驟

　　人力資源管理已經突破了傳統的模式，把人上升到資源的角度進行配置和管理。如何實現對人力資源的有效管理和配置，構建一個有效的人力資源管理平臺和體系成為企業人力資源工作的重點。作為這個有效體系的構成部分，人力資源各大模塊體系的完善和工作的展開顯得尤為重要。

一、人力資源規劃（人力資源工作的航標兼導航儀）

　　航行出海的船只都需要確立一個航標以定位目的地，同時需要一個有效的導航系統以確保它航行在正確的路線之上。人力資源管理也一樣，需要確定人力資源工作目標定位和實現途徑。人力資源規劃的目的在於結合企業發展戰略，通過對企業資源狀況以及人力資源管理現狀的分析，找到未來人力資源工作的重點和方向，並製訂具體的工作方案和計劃，以保證企業目標的順利實現。人力資源規劃的重點在於對企業人力資源管理現狀信息進行收集、分析和統計，依據這些數據和結果，結合企業戰略，製訂未來人力資源工作的方案。正如航行出海的船只的航標和導航儀，人力資源規劃在人力資源工作中起到一個定位目標和把握路線的作用。

　　人力資源規劃是預測未來的組織任務和環境對組織的要求，以及為了完成這些任務和滿足這些要求而設計的提供人力資源的過程。它要求通過收集和利用信息對人力資源活動中的資源使用活動進行決策。對於一個企業來說，人力資源規劃的實質是根據企業經營方針，通過確定企業人力資源來實現企業的目標。人力資源規劃分為戰略計劃和戰術計劃兩個方面。

(一) 人力資源的戰略計劃

　　戰略計劃主要是根據企業內部的經營方向和經營目標，以及企業外部的社會和法律環境對人力資源的影響，來製訂出一套幾年計劃（一般為兩年以上）。但同時還要注意其戰略規劃的穩定性和靈活性的統一。在製訂戰略計劃的過程中必須注意以下幾個方面因素：

　　1. 國家及地方人力資源政策環境的變化

　　這包括國家對於人力資源的法律法規的制定以及對於人才的各種措施的實施。如國家各種經濟法規的實施，國內外經濟環境的變化，國家以及地方對於人力資源和人才的各種政策規定等。這些外部環境的變化必定影響企業內部的整體經營環境，從而使企業內部的人力資源政策也隨著有所變動。

　　2. 企業內部的經營環境的變化

　　企業的人力資源政策的制定必須遵從企業的管理狀況、組織狀況、經營狀況和經營目標的變化。由此，企業的人力資源管理必須根據以下原則，並根據企業內部的經營環境的變化而變化。

(1) 安定原則。安定原則要求大企業不斷提高工作效率，企業的人力資源應該以企業的穩定發展為其管理的前提和基礎。

(2) 成長原則。成長原則是指企業在資本累積增加，銷售額增加，企業規模和市場擴大的情況下，人員必定增加。企業人力資源的基本內容和目標是為了企業的壯大和發展。

(3) 持續原則。人力資源要以企業的生命力的可持續增長為目標，並以保持企業的持續發展潛力為目的，必須致力於勞資協調。現實中，企業處於一時的順境並不代表企業的長遠發展，因此這就要求企業領導者和人力資源管理者，具有長遠目標和寬闊的胸襟，從企業長遠發展大局出發，協調好勞資關係，做好企業的人才再造和培植接班人的工作。

因此企業的人力資源戰略必須是企業整體戰略的一個有機組成部分，而人力資源戰略就是聯繫企業整體戰略和具體人才資源活動的一座橋梁。

3. 人力資源的預測

根據公司的戰略規劃以及企業內外環境的分析而製訂人力資源戰略計劃，為配合企業發展的需要，以及避免製訂人力資源戰術計劃的盲目性，應該對企業的所需人才作適當預測，在估算人才時應該考慮以下因素：

(1) 因企業的業務發展和緊縮而所需增減的人才；

(2) 因現有人才的離職和退休而所需補充的人才；

(3) 因管理體系的變更、技術的革新及企業經營規劃的擴大而所需的人才。

4. 企業文化的整合

企業文化的核心就是培育企業的價值觀，培育一種創新向上、符合實際的企業文化。在企業的人力資源規劃中必須充分注意與企業文化的融合與滲透，保障企業經營的特色，以及企業經營的戰略的實現，並保障企業的組織行為的約束力。只有這樣，才能使企業的人力資源具有延續性，符合企業的人力資源特色。

(二) 企業人力資源的戰術計劃

戰術計劃則是根據企業未來面臨的外部人力資源供求的預測，以及企業的發展對人力資源的需求量的預測，而根據預測的結果製訂的具體方案，包括招聘、辭退、晉升、培訓、工資福利政策和組織變革等。

在人力資源的管理中有了企業的人力資源戰略計劃后，就要製訂企業人力資源戰術計劃，人才的戰術計劃一般包括四部分：

1. 招聘計劃

針對人力資源所需要增加的人才，應製訂出該項人才的招聘計劃，一般以一個年度為一個段落，其內容包括：

(1) 計算各年度所需人才，並計劃考察出可有內部晉升調配的人才；

(2) 確定各年度必須向外招聘的人才數量，確定招聘方式，尋找招聘來源；

(3) 對所聘人才如何安排工作職位，並防止人才流失。

2. 人才培訓計劃

人才培訓計劃是人力計劃的重要組成部分，人才培養計劃應按照公司的業務需要和公司的戰略目標，以及公司的培訓能力，分別確定下列培訓計劃：

(1) 新進人才培訓計劃；
(2) 專業人才培訓計劃；
(3) 部門主管培訓計劃；
(4) 一般人員培訓計劃；
(5) 人才選送進修計劃；
(6) 考核計劃。

一般而言，企業內部因為分工的不同，對於人才的考核方法也不同。在市場經濟情況下，一般企業應該根據員工對於企業所作出的貢獻作為考核的依據。這就是績效考核方法。績效考核要從員工的工作成績的數量和質量兩個方面對員工在工作中的優缺點進行考核。例如，市場營銷人員和公司財務人員的考核體系就不一樣。因此在製訂考核計劃時，應該根據工作性質的不同，製訂相應的人力資源績效考核計劃。績效考核計劃具體包括以下三個方面：

(1) 工作環境的變動性大小；
(2) 工作內容的程序性大小；
(3) 員工工作的獨立性大小。

二、招聘與配置（「引」和「用」的結合藝術）

人員任用講求的是人崗匹配，適崗適人。找到合適的人卻將其放到了不合適的崗位與沒有找到合適的人一樣會令招聘工作失去意義。招聘合適的人才並把人才配置到合適的地方才能算完成了一次有效的招聘。招聘和配置有各自的側重點，招聘工作是由需求分析—預算制定—招聘方案的製訂—招聘實施—后續評估等一系列步驟構成的，其中關鍵又在於做好需求分析。首先要明確企業到底需要什麼人、需要多少人、對這些人有什麼要求以及通過什麼渠道去尋找公司所需要的這些人。目標和計劃明確之后，招聘工作會變得更加有的放矢。

人員配置工作事實上應該在招聘需求分析之時予以考慮，這樣根據崗位「量身定做」一個標準，再根據這個標準招聘企業所需人才，配置工作將會簡化為一個程序性的環節。招聘與配置不能被視為各自獨立的過程，而是相互影響、相互依賴的兩個環節，只有招聘合適的人員並進行有效的配置才能保證招聘意義的實現。

三、培訓與開發（幫助員工勝任工作並發掘員工的最大潛能）

對於新進公司的員工來說，要盡快適應並勝任工作，除了自己努力學習，還需要公司提供幫助。對於在崗的員工來說，為了適應市場形勢的變化帶來的公司戰略的調整，需要不斷調整和提高自己的技能。基於這兩個方面，組織有效培訓，以最大限度開發員工的潛能變得非常必要。就內容而言，培訓工作有企業文化培訓、規章制度培訓、崗位技能培訓以及管理技能開發培訓。

培訓工作必須具有針對性，要考慮不同受訓者群體的具體需求。對於新進員工來說，培訓工作能夠幫助他們適應並勝任工作，對於在崗員工來說，培訓能夠幫助他們掌握崗位所需要的新技能，並幫助他們最大限度開發自己的潛能，而對於公司來說，培訓工作會讓企業工作順利開展，業績不斷提高。培訓與開發工作的重要性顯而易見。

四、薪酬與福利（員工激勵的最有效手段之一）

薪酬與福利的作用有兩個方面：一方面是對員工過去業績的肯定；另一方面是借助有效的薪資福利體系促進員工不斷提高業績。一個有效的薪資福利體系必須具有公平性，保證外部公平、內部公平和崗位公平。外部公平會使得企業薪酬福利在市場上具有競爭力，內部公平需要體現薪酬的縱向區別，崗位公平需要體現同崗位員工勝任能力的差距。對過去業績公平的肯定會讓員工獲得成就感，對未來薪資福利的承諾會激發員工不斷提升業績的熱情。薪酬福利必須做到物質形式與非物質形式有機地結合，這樣才能滿足員工的不同需求，發揮員工的最大潛能。

五、績效管理（不同的視角，不同的結局）

績效考核的目的在於借助一個有效的體系，通過對業績的考核，肯定過去的業績並期待未來績效的不斷提高。傳統的績效工作只是停留在績效考核的層面，而現代績效管理則更多地關注未來業績的提高。關注點的轉移使得現代績效工作重點也開始轉移。體系的有效性成為人力資源工作者關注的焦點。一個有效的績效管理體系包括科學的考核指標、合理的考核標準，以及與考核結果相對應的薪資福利支付和獎懲措施。純粹的業績考核使得績效管理局限在對過去工作的關注，更多地關注績效的后續作用才能把績效管理工作的視角轉移到未來績效的不斷提高上面來。

六、員工關係（實現企業和員工的共贏）

員工關係的處理在於以國家相關法規政策及公司規章制度為依據，在建立勞動關係之初，應明確勞動者和用人單位的權利和義務，在合同期限之內，按照合同約定處理勞動者與用人單位之間權利和義務關係。對於勞動者來說，需要借助勞動合同來確保自己的利益得到實現，同時對企業盡到應盡的義務。對於用人單位來說，勞動合同相關法規更多在於規範其用工行為，維護勞動者的基本利益，同時也保障了用人單位的利益，包括對勞動者供職期限的約定，依據適用條款解雇不能勝任崗位工作的勞動者，以及合法規避勞動法規政策，為企業節約人力資本支出等。總之，員工關係管理的目的在於明確雙方權利和義務，為企業業務開展提供一個穩定和諧的環境，並通過公司戰略目標的達成最終實現企業和員工的共贏。

人力資源管理六大模塊的工作各有側重點，但是各大模塊是不可分割的，就像生物鏈一樣，任何一個環節的缺失都會影響整個系統的失衡。人力資源工作是一個有機的整體，各個環節的工作都必須到位，同時要根據不同的情況，不斷地調整工作的重點，才能保證人力資源管理保持良性運作，並支持企業戰略目標的最終實現。

第三節　實訓環節的人力資源管理

　　在「創業之星」模擬企業經營實訓環節中，創業團隊對自己企業人力資源管理的模擬操作相對較少。主要是兩方面：第一，從人才市場中招聘合適的生產工人和銷售人員。第二，與他們簽訂勞動合同，並可以有計劃地對其進行培訓以提升他們的工作效率。

　　這個過程中，需要特別注意的有幾點：第一，凡是招聘回來的員工，都必須馬上簽訂勞合同，如果沒有簽訂，系統將會扣除未簽合同的罰金。第二，對於員工的培訓，需要提出培訓計劃，培訓開始后，下一個生產周期員工的生產銷售能力才能得到提升。第三，有關員工的解聘和調配。公司招聘回來的員工，特別是對生產工人，最好不要輕易解聘。當某季度由於生產戰略需要而變賣生產線后的閒置工人，可以在系統中的「生產製造部」下「生產工人」一欄中找到，並可以將其調配到已裝配好的其他生產線中。如確實需要解聘員工的，也需要提前一個生產周期計劃辭退，並且要支付相應的辭退費用。

第十章　溝通激勵與團隊合作

知識與技能目標：

1. 瞭解團隊合作與溝通激勵在企業運作中的重要性
2. 熟悉初創企業應該如何提高團隊合作及溝通效率

案例導入：

大雁的啟示

　　每年的9月至11月，加拿大境內的大雁都要成群結隊向南飛行，到美國東海岸過冬。第二年的春天再飛回原地繁殖。在長達萬里的航程中，它們要遭遇獵人的槍口，歷經狂風暴雨、電閃雷鳴及寒流與缺水的威脅，但每一年它們都能成功往返。雁群一字排開成「V」字形時，這比孤雁單飛提升了71%的飛行能量。當每只雁振翅高飛，也為后面的隊友提供了「向上之風」，這種省力的飛行模式，讓每只雁節省了最大的能量。

　　如果我們如雁一般向著共同的目標前進，就可以彼此相互依存，分享團隊的力量。當某只「雁」偏離隊伍時他會立刻發現單獨飛行的辛苦及阻力，他會立即飛回團隊，善用前面伙伴提供的「向上之風」。如果我們如雁一般，我們就會在隊伍中跟著帶隊者到達目的地。我們接受他人的協助，並要協助他人。當前導的「雁」疲倦時，他會退到隊伍的后方，而另一只「雁」則飛到他的位置上來填補。其實，艱難的任務需要輪流付出，我們要相互尊重，共享資源，發揮所有人的潛力。當某只雁生病或受傷時，會有其他兩只雁飛出隊伍跟在后面，協助並保護它，直到它康復，然后它們自己組成「V」字形，再開始飛行追趕團隊。如果我們如雁一般，無論在困境或順境時都能彼此維護，互相依賴，再艱辛的路程也不懼怕遙遠。在雁陣中的每一支雁會發出「呱呱」的叫聲，鼓勵領頭的雁勇往直前。其實，生命的獎賞是在終點而非起點，在旅程中遭盡坎坷，你可能還會失敗，只要團隊成員間相互鼓勵，堅定信念，最終一定能夠成功。

第一節　溝通及溝通管理

一、溝通的定義

　　溝通是維持人與人之間良好關係的必要手段。不會溝通，朋友就會越來越少，敵人則會越來越多。因此，學會與人溝通是一件很重要的事。

一位英國青年，他很有經商頭腦。年輕時便初露鋒芒，所以被一家跨國公司錄用。在短短的3個月裡，這位天才青年暢通無阻地坐上了公司部門經理的交椅，他的確很幸運。但人無完人，他缺乏一個成功經商者必備的工具——溝通。他目中無人、桀驁不馴，以至於最能容忍屬下犯錯誤的公司董事長也無能為力，最后將他解雇。后來，他和自己的家人也反目成仇，因為缺乏溝通，大家誰都不能理解誰，最終，他離家出走了。

　　春秋時期，孔子在帶領學生周遊列國的途中，一匹駕車的馬脫韁跑開，吃了一位農民的莊稼，這位農民就把馬扣住不放。弟子子貢能說會道，自告奮勇前去交涉，結果子貢講了半天的道理，說了不少的好話，農民就是不還馬，子貢只好灰溜溜地回來了。孔子見狀，笑說：「拿別人聽不懂的道理去遊說，就好比用高級祭品去供奉野獸，用美妙的音樂去取悅飛鳥，這怎麼行得通呢？」於是讓馬夫前去討馬。馬夫走到農民跟前，笑嘻嘻地說：「老兄，你不是在東海種地，我也不是在西海旅行，我們既然碰到一起了，我的馬吃你兩口莊稼也不是什麼大不了的事。」農民聽馬夫這樣說，再看看與自己打扮相同的農夫，覺得很親切，就十分痛快地把馬還給了他。

　　古往今來，凡是成大事者皆離不開溝通。溝通是聯繫人與人的紐帶和橋梁，溝通把人緊緊地聚合在一起，形成一股強大的力量。溝通也是能力的體現，對不同的人需要用不同的方式與其溝通，否則只會事倍功半。只有學會溝通，我們的事業和生活才會暢通無阻。

　　溝通的重要性不言而喻，然而正是這種大家都知道的事情，卻又常常被人們忽視。沒有溝通，就沒有成功的企業。企業內部良好的溝通文化可以使所有員工真實地感受到溝通的快樂和績效。加強企業內部的溝通管理，既可以使管理層工作更加輕鬆，也可以使普通員工大幅度提高工作績效，同時還可以增強企業的凝聚力和競爭力，因此我們每個人都應該從戰略意義上重視溝通。

二、溝通障礙及規避

(一) 形成溝通障礙的原因

　　在我們日常工作中，關於溝通管理大家並不陌生，但有不少管理者一直在抱怨：「我和他沒法溝通」「跟他說上一百遍，他還是他」……出現這些溝通上的障礙可能與管理者自身原因有著極大的關係。

　　1. 高高在上

　　這類障礙是由身分、地位不平等造成的。溝通雙方身分平等，溝通障礙最小，因為雙方的心態都很自然。例如，與上司交流時，下屬往往會產生一種敬畏感，這就是一種心理障礙。另外，上司和下屬所掌握的信息是不對等的，這也使溝通的雙方發生障礙。

　　2. 自以為是

　　人們都習慣於堅持自己的想法，而不願接受別人的觀點。這種自以為是的傾向是構成溝通障礙的因素之一。

3. 偏見

溝通中的雙方有一方對另一方存在偏見或相互有成見，這會影響溝通的順暢。

4. 不善於傾聽

溝通的一個重要環節是傾聽，溝通不可能是一個人的事情，當有一方在表達時，另一方必須專注傾聽才能達到溝通的效果。人一般都習慣於表達自己的觀點，很少用心聽別人的。

5. 缺乏反饋

溝通的參與者必須要反饋信息，才能使對方明白你是否理解他的意思。反饋包含了這樣的信息：有沒有傾聽、有沒有聽懂、有沒有全懂、有沒有準確理解。如果沒有反饋，對方以為他已經向你表達了意思，而你以為你所理解的就是他所要表達的，造成誤解。為了消除誤解，溝通雙方必須要有反饋。

6. 缺乏技巧

技巧是指有效溝通的方式，目的是消除因方法不當引起的溝通障礙。關於溝通技巧，主要從下面一些角度去認識：

（1）你會正確表達想法嗎？
（2）你能夠按對方希望的時間和方式表達想法嗎？
（3）你能夠與不同職位、不同性格的人進行溝通嗎？
（4）如果已經造成誤解，你能夠消除嗎？

(二) 組織溝通和人際溝通

職場中的人經常遇到兩類溝通：一類是組織溝通，另一類是人際溝通。

1. 組織溝通

所謂組織溝通指企業按照組織程序進行的溝通。一個企業如果制度完善，有健康的企業文化，它的組織溝通就會運行順暢。例如，有些企業有很好的會議制度，通過會議進行有效的溝通。有的公司報告制度較為完善，通過這種書面的形式，也可以實現有效的溝通。一些公司有內部意見的溝通機制，像設置內部意見箱或者舉行不定期的員工座談會等。組織溝通多數通過一定的制度形式加以規定。

2. 人際溝通

人際溝通概念比組織溝通更為寬泛，人際溝通既發生在組織內部，也發生在組織外部。與上司、同事、下屬、供應商、經銷商、家人、朋友等的溝通，都是人際溝通。

(三) 人際溝通的常見誤區

以自然人狀態進入企業，一般容易發生兩個方面的問題：

1. 把自然人狀態採用的溝通方式和方法帶進組織之中

例如，你的下屬可能會不顧場合、聲淚俱下地向你傾訴委屈，而這時你的客戶可能就坐在對面。又如，私下議論公司的規章制度、部門的人和事等，這些行為都不應該發生在組織內。

2. 歸罪於外

前面講過，如果一個組織有很好的制度和文化，所有成員都能夠進行順暢的溝通。

但是現實中，企業大多都存在許多溝通的障礙。溝通不能順利進行，有些職業經理可能推卸責任，歸罪於他人。他們會找出各種理由來搪塞和推脫。

溝通障礙雖然很多來自於別人，來自於組織，以及其他一些客觀原因，但是作為管理者，一定要善於發現自己存在的問題。

（四）如何正確地選擇溝通對象

對於管理者，正確的溝通對象只有以下兩種：

1. 當事人

企業成員、部門之間總會發生一些衝突和矛盾，處理這類問題的基本原則是與當事人溝通。假如銷售部和市場部之間發生了衝突，就應該由兩個部門的負責人直接進行溝通。實際上，有的人不是先與當事人溝通，而是先與其他部門的人談，這種情況就是選擇溝通對象不當。

上下級之間的溝通也往往有類似的情況。如果和下屬之間發生矛盾，應該與下屬通過溝通來解決問題。假如管理者認為某個下屬工作不力，不應對其他下屬說，更切忌把他作為反面的榜樣。管理者應該做的是與這個下屬直接溝通。

2. 指揮鏈上的上、下級

員工之間發生衝突，除了相互之間進行直接溝通以外，還可以請上司幫助解決。同樣，部門之間的障礙，雙方之間既可以直接溝通，也可以找上一級管理者幫助處理。這種按照指揮鏈的上、下級的關係進行溝通的方式是應當倡導的正確方式。

（五）溝通對象錯位

溝通對象常常出現以下錯位：

1. 應當與上司溝通的，卻與同級或下屬進行溝通

例如，人力資源部的任經理對上面交代的工作感到非常為難：剛剛經過層層篩選招進來的網絡部門的員工卻因為公司經營政策調整要被辭退。他感到很不好受。吃午飯時，他和系統集成部的習經理談起了此事：「公司太不負責了，這讓我怎麼和新員工交代？」

2. 應當與同級溝通的，卻與上司或下屬進行溝通

例如，銷售部的肖經理對人力資源部新招收的一批銷售代表感到很不滿意。在一次同老總的談話中談到了此事：「不知道現在人力資源部的人都在忙什麼，最近給我們招來的人根本就不合適。」老總把這件事記在了心上，在一次部門經理會議上點名批評了人力資源部。人力資源部任經理感到非常氣憤，認為銷售部覺得招的人不合適可以直接說嘛，到老總那裡告什麼狀，從此，和銷售部有了芥蒂。

3. 應當與下屬溝通的，卻與上司或其他人員進行溝通

例如，銷售部的肖經理發現最近部門的小王工作不積極，常常請假，他想先向其他同事瞭解一下。於是中午休息時，他對部門的另一位下屬小張抱怨道：「最近這個小王可成了問題了，是不是這樣啊？」很快，小張把這件事傳給了小王，其他同事也都知道了，這樣小王就對他的上司有意見了。

(六) 溝通的渠道

溝通渠道也就是溝通的方式，常見的溝通方式有以下兩種：
1. 一對一溝通
一對一溝通即雙方直接進行溝通。
2. 會議溝通
會議溝通是在一個組織內部進行、多方參與的溝通。

(七) 溝通渠道錯位

溝通渠道也常常出現以下錯位：
1. 應當一對一進行溝通的選擇了會議溝通

例如，銷售部與人力資源部之間就人員招聘的事項產生矛盾。銷售部認為，人力資源部工作不力，沒有招收到合適的銷售人才；人力資源部則認為，銷售部對於人才的要求太高或者面試的方法不當。類似這樣的情況，完全可以一對一溝通，沒必要在會議上提出，因為雙方各執一言，不利於問題的解決，並且浪費與會人員的時間，耽誤會議其他議程。

2. 應當會議溝通的選擇了一對一進行溝通

例如，公司近期要改變報銷辦法，這是一件涉及全公司的事情。但是，老總卻認為有必要同每一位部門經理談談此事，於是一個人一個人談，以每個人 40 分鐘計算，8 位經理共花去老總 320 分鐘的時間。

(六) 選擇溝通對象與溝通渠道的要領

在進行一對一溝通時，必須按照選擇當事人和指揮鏈的上、下級作為溝通對象的原則來處理問題。

同樣，在會議上，也要注意溝通對象的正確選擇。會議溝通的內容有兩種：一種是具體的事情，另一種是某個具體的人。作為職業經理，應該避免的是第二種情況。在會議上溝通的事情應該具有普遍性，以上述所講的人力資源部與銷售部的矛盾為例，人力資源部一直不能為銷售部招收合適的人才，如果其他部門也存在類似的情況，市場部、財務部等各個部門也持有相同的看法，認為人力資源部的工作沒有到位，那麼原因何在呢？通過會議討論，或許就能分析出真正的原因，也許是公司的薪酬待遇太低，也許是各個部門對人才的要求太高，也許是招聘方式不當。

溝通對象和溝通渠道的選擇在企業的溝通中非常重要。要牢記所處的組織環境，一言一行都對組織內的其他人產生影響。如果選擇的溝通對象不當，或者溝通渠道不合適，就會給其他人的工作帶來很多麻煩。所以在這一點上，應該謹慎，要克服選擇溝通對象和溝通渠道的隨意態度，最重要的是杜絕私下說三道四。

三、溝通的基本原則

(一) 溝通是傾聽的藝術

1. 傾聽的重要性

調查研究發現，傾聽在溝通過程中佔有重要的地位。我們在溝通中，花費在傾聽上的時間，要超出其他的溝通行為。

2. 傾聽的好處

(1) 獲得信息。傾聽有利於瞭解和掌握更多的信息。對方說話的過程中，你不時地點點頭，表示你非常注意談話者的講話內容，使說話者受到鼓舞，覺得自己的話有價值，也就會更為充分、完整地表達他的想法，這不正是溝通所需要的嗎？

(2) 發現問題。對於下屬、同事、上司和客戶，通過傾聽對方的講話，推斷對方的性格、工作經驗、工作的態度，借此在以後的工作中有針對性地進行接觸。

多聽對方的意見有助於發現對方不願意表露的或者沒有意識到的關鍵問題。從中發現對方的出發點和弱點，找出關鍵點，這樣就為說服對方提供了契機。

(3) 建立信任。心理研究顯示：人們喜歡善聽者甚於善說者。

實際上，人們都非常喜歡發表自己的意見。所以，如果願意給他人一個機會，讓他人盡情地說出自己想說的話，他人會立即覺得你和藹可親、值得信賴。許多人不能給人留下良好的印象，不是因為他們表達得不夠，而是由於傾聽的障礙。

3. 傾聽的障礙

(1) 觀點不同。觀點不同是傾聽的第一個障礙。每一個人心裡都有自己的觀點，很難接受別人的觀點。當別人在訴說時，你可能這樣想：「你的觀點沒有什麼新意，你不用說，我都知道是怎麼回事。」帶著這樣的想法，自然難以認真聽對方的話。

例如，你的下屬跟你建議，零售可能比批發的利潤更大，你卻想你兩年前經營的就是零售，效益不佳，這種做法根本不行。在這種心理作用下，你連下屬認為零售的好處的陳述都不願意聽。

由於堅持自己的觀點，對於對方的解釋和結論，如果是「英雄所見略同」，你肯定是心滿意足；但如果是出入很大，你可能會產生抵觸情緒——反感、不信任，並產生不正確的假設，在這種排斥異議的情況下，又如何能夠靜下心來認真地進行傾聽呢？

(2) 偏見。偏見是傾聽的重要障礙。假設你對某個人產生了某種不好的看法：「這個人沒什麼能耐。」他和你說話時，你也不可能注意傾聽。又假設你和某個人之間由於某種原因，產生了隔閡，如果他有什麼異議，你就可能認為他所做的一切都是沖著你來的。無論他如何解釋，你都認為是借口。

(3) 時間不足。時間不足是中層經理們最主要的溝通障礙之一，主要表現為以下兩種情況：

一種情況是安排的時間過短，對方不能在這麼短的時間內把事情說清楚。他可能言簡意賅，忽略了許多的細節，需要你仔細去把握。對於傾聽者的你來說，這麼短的時間內既要聽清楚對方所要表達的內容，還要明白並要進行回應，非常匆忙，容易產

生失誤。

另一種情況是在工作過程中的傾聽。你根本就沒有時間認真傾聽對方所要表達的內容,下屬臨時有重要的事情找到你尋求幫助,事先並沒有約定好時間,你正忙著其他的事務,你只是草草地聽著對方的簡單敘述。

(4) 急於表達自己的觀點。人們都有喜歡自己發言的傾向。發言在商場上尤其被視為主動的行為,可以幫助你樹立強有力的形象,而傾聽則是被動的。在這種思維習慣下,人們容易在他人還未說完的時候,就迫不及待地打斷對方或者心裡早已不耐煩了,往往不可能把對方的意思聽懂、聽全。

(5) 環境的干擾。一般情況下,某些管理者沒有自己單獨的辦公室,上司、同事、下屬都可以隨時隨地找到他/她,而且都是急事。所以,雖然管理者和下屬整天在一起,但要進行一對一的溝通却很困難。

(6) 注意力不集中。別人在講話的時候,對方可能四處環顧、心不在焉,或是急欲表達自己的見解,這樣的人是不會受別人歡迎的。

(7) 主觀誤差。平時對別人的看法往往來自於我們的主觀判斷,通過某一件事情,就斷定這個人怎麼樣或者這個人的說法是什麼意思,這實際上帶有很多的主觀色彩。注意傾聽別人說話,可以獲得更多信息,使判斷更為準確。

4. 傾聽的技巧

(1) 設身處地。站在對方的角度想問題,可以更好地理解對方的想法,贏得對方的好感,從而找到對雙方都有利的解決方法。

(2) 積極回應。如果在傾聽過程中,你沒有聽清楚,沒有理解或是想得到更多的信息,想澄清一些問題,想要對方重複或者使用其他的表述方法,以便於你的理解,或者想告訴對方你已經理解了他所講的問題,希望他繼續其他問題的時候,應當在適當的情況下,通知對方。這樣做一方面會使對方感到你的確在聽他的談話,另一方面有利於你有效地進行傾聽。

(3) 準確理解。理解對方要表達的意思是傾聽的主要目的,同時也是使溝通能夠進行下去的條件。以下是提高理解效率的幾個建議:

①聽清全部的信息,不要聽到一半就心不在焉,更不要匆匆忙忙下結論。

②注意整理出一些關鍵點和細節,並時時加以回顧。

③聽出對方的感情色彩。要注意聽取講話的內容、聽取語調和重音、注意語速的變化,三者結合才能完整地領會談話者的真義。

④注意談話者的一些潛臺詞。

⑤克服習慣性思維。人們常常習慣性地用潛在的假設對聽到的話進行評價,傾聽要取得突破性的效果,必須要打破這些習慣性思維的束縛。

(4) 聽完再澄清。由於信息傳播的不實,造成他人對你的誤解。在這種情況下,要等對方表達結束后,再去澄清事實,消除他的誤解。有些事情,越急於解釋越說不清楚,還容易給人造成「越描越黑」的印象。

(5) 排除消極情緒。先不要下定論。在談話者準備講話之前,自己盡量不要就已經針對所要談論的事情本身下定論;否則,會帶著「有色眼鏡」,不能設身處地,從對

方的角度看待問題，出現偏差。

(二) 反饋的方法

1. 反饋是溝通過程的一部分

所謂反饋就是在溝通過程中，信息的接收者向信息的發生者進行回應的行為。

一個完整的溝通過程既包括信息發生者的「表達」和信息接收者的「傾聽」，也包括信息接收者對信息發生者的反饋。

2. 不作反饋的后果

不作反饋是溝通中常見的問題。許多經理人「誤」認為溝通就是「我說他聽」或「他說我聽」，常常忽視溝通中的「反饋」環節。不反饋往往直接導致兩種惡果：

（1）信息發生的一方（表達者）不瞭解接收信息的一方（傾聽方）是否準確地接收到了信息。例如，在溝通時，常常遇到一言不發的「悶葫蘆」，表達的信息往往是「泥牛入海」無消息。

（2）信息接收方無法澄清和確認是否準確地接收了信息。

3. 給予反饋的技巧

（1）針對對方的需求。反饋要站在對方的立場和角度上，針對對方最為需要的方面，給予反饋。

例如，「試用期考核」是由人力資源部和其他用人部門雙重實施的。用人部門給人力資源部反饋新進人員的試用期表現時，僅僅反饋「該員工的表現」是不妥的。因為從人力資源部的角度來看，期望瞭解兩個方面：一方面是「該員工的表現」，另一方面是「用人部門的意見」。如果沒有第二方面，人力資源部難以採取下一步措施。所以，如果僅僅反饋第一方面就是沒有很好地瞭解對方需求，導致反饋低效率或反饋失敗。

（2）具體、明確。

以下是給予具體、明確反饋的兩個例子：

【例 10－1】銷售部肖經理對於人力資源部的工作的反饋，如表 10－1 所示：

表 10－1　　　　　　　　　　　　　　工作反饋表

錯誤的反饋	評述
「任經理，你們就不能給我們招些合適的人才？」	這種表述不具體，只是表明了不滿、抱怨情緒，無助於解決問題，而且容易傷和氣。
正確的反饋	評述
「我們這一周面試了 33 個人，通過了 9 個人，其中有 4 個人嫌薪酬低，3 個人認為這份工作對他們的職業發展沒有太大益處，另外 2 個人還要再考慮考慮。」	說明問題的具體情況，大家可以圍繞問題發生的原因進行分析討論。

【例 10－2】銷售部肖經理對於員工小李的工作的反饋，如表 10－2 所示：

表 10－2　　　　　　　　　　　工作反饋表

錯誤的反饋	評述
「小李，你的工作真是很重要啊！」	這種表述方式很空洞，對方也不知道為什麼自己的工作就重要了，從而不能給對方留下深刻的印象。
正確的反饋	評述
「客戶非常注重我們報告的外觀，外商常常通過報告的裝幀來判斷我們工作的品質和效率，用我們這份東西，他們要去爭取外國公司的巨額投資。小李，你的工作很重要。」	這種對下屬的反饋就不是干巴巴的說教，而能起到事半功倍的效果。

(3) 正面、具有建設性。全盤否定的批評不僅是向對方潑冷水，而且容易被遺忘，下屬很可能對批評的意見不屑一顧，理由是同嚴厲的上級無法進行有效的溝通。相反，讚揚下屬工作中積極的一面，並對需要改進的地方提出建設性的建議，更容易使下屬心悅誠服地接受。對於大多數人來講，讚揚和肯定比批評更有力量。

(4) 對事不對人。反饋是就事實本身提出的，不能針對個人。針對人們所做的事、所說的話進行反饋，通過反饋，不僅使自己，更重要的是使對方清楚你的看法，有助於使人們的行為有所改變或者加強。

(5) 將問題集中在對方可以改變的方面。把反饋的焦點集中在對方可以改進的地方。

例如，有關人才招聘的問題，任經理反饋的信息應該能夠使肖經理有改進的余地。既然任經理認為肖經理對人才的要求過高了，那麼，他所提的反饋應該就是集中於這一方面：「能不能降低要求？降低要求影響銷售部的工作的程度有多大？」把問題集中在對方可以改變的方面，可以不給對方造成更大的壓力，使他感到在自己的能力範圍內，能夠進行改進。

4. 接受反饋的技巧

(1) 傾聽，不打斷。作為反饋的接收者必須培養傾聽的習慣，使反饋者能夠盡可能地展示他自己的性格、想法，以便於接收者盡可能多地瞭解情況。

在這個過程中，如果急於打斷對方的話，一方面是打斷了對方的思路，另一方面也有可能使對方意識到他的一些話可能會冒犯或觸及接收者的利益，所以對方把想說的話隱藏起來，並有足夠的時間進行偽裝，對方就不會坦誠、開放地進行交流，接收者也因此不能知道對方的真實反應是什麼。

(2) 避免自衛。溝通不是在打反擊戰：「對方只要一說話，肯定就是對我的攻擊，作為保護，我必須自衛。」

打斷對方的話並試圖引導注意力返回到己方的目的或興趣。這種反應會激起對方這樣的反應：「他根本就不想聽我說話」，這樣對方也就不會認真地對待。接收者應有意識地接受建設性的批評。

(3) 提出問題，澄清事實。傾聽絕不能是被動的，提出辨明對方評論的問題，沿著對方的思路而不是指導對方思路，傳遞出禮貌和讚賞的信號。另外，提問也是為了

獲得某種信息，在傾聽總目標的控制之下，把講話人的講話引入自己需要的信息範圍之內。

（4）總結接收到的反饋信息，並確認理解。在對方結束反饋之後，可以重複一下對方反饋中的主要內容、觀點，並且征求對方看總結的要點是否完整、準確，保證正確地理解對方要傳遞的信息。

（5）理解對方的目的。當傾聽老板或下屬的講話時，如果不把焦點集中到他們所想實現的目標上，就不會完全理解他們。要仔細分析反饋者是不是包含著其他微妙的目的。

（6）向對方表明你的態度和行動。同上司的溝通結束之後，有必要談談行動方案。同下屬的溝通，不必一定要有行動方案，但要表明態度，給下屬一個「定心丸」，使對方產生信任感。今后，他們有問題還會找到你進行坦誠的交流。

四、如何溝通管理

（一）如何向上級匯報

1. 與上司溝通的障礙

匯報工作時，上司與管理者的期望是不同的。

（1）上司的期望是：

①瞭解部門、管理人員工作的進度和結果；

②通過聽取工作匯報，給予管理人員新的信息和工作指示；

③從原來設定的工作目標角度來審視工作的進度和結果，進行工作評價。

（2）匯報工作的管理人員的期望是：

①向上級描述自己的工作結果；

②通過工作匯報得到上級的指導和建議；

③獲得說明自己和部門工作好與壞的機會；

④得到領導積極的工作評價。

2. 與上司關注焦點的差異

對於上司和作為下屬的管理者來說，關注工作進度和結果以及相應的指導和建議是兩者所共同關注的，但兩者關注的焦點也有所不同，主要表現在以下幾點：

（1）出發點的差異。中層經理期望通過工作匯報，說明自己和部門是如何完成這件工作的，遇到了什麼困難，如何克服的，為此付出了多少辛勞，希望上司能夠給予理解和肯定，給予積極的評價，所以，他們更重視工作過程。而上司更為關注的是下級工作是否能夠按照原定的工作計劃完成任務，達到預定的工作目標，對結果更感興趣，沒有多餘的時間聽取下級描述怎樣進行工作。

（2）評價的差異。上司容易發現下屬在工作中的不足，特別是對自己所期望的方面更為關注，如果下屬沒有達到預期目標，得到的評價會很低。一般情況下，上司只關注結果，而很少對過程加以關注。管理人員對自己的工作過程給予較高的評價，並希望因此從上司那裡得到公正的評價。所謂公正的評價就是即使自己在某些地方沒有

做好或者沒有達到預期結果，也希望上司對自己的工作態度和努力予以中肯的評價。

（3）表達的差異。評價的語言帶有感情色彩，容易引起誤解。領導可能認為如果說重了，會打擊下級的工作積極性，所以就間接地提醒下級。

下列工作評價中，三種表達方式似乎沒有什麼區別，其實代表了上司的三種態度：

上司面帶微笑，拍著下級的肩膀說：「好，總的說來不錯。」（肯定的鼓勵性的）

上司對於下級的工作匯報，點了點頭說：「好，總的說來不錯。」（不偏不倚、中性的）

上司說：「好，你的工作總的說來還不錯啊！」（話裡有話的，表示的是負面的評價）

如果管理人員沒有領悟到上司說話的真正含義，將第三種評價當成領導最好的肯定，就會造成下級理解上的偏差，得到錯誤的信息。等到領導責備下級工作做得有問題的時候，下級會感到很茫然。

（4）信息的差異。上司掌握的主要是關於決策、戰略等宏觀方面的信息，而管理人員所掌握的信息主要圍繞著工作的具體執行、過程等方面。因而，兩者的信息是不對稱的（如表10-3所示）。

表10-3　　　　　　　　　　　　訊息差異表

高層掌握的訊息	中層/基層掌握的訊息
公司發展下一步的戰略調整。 董事會/股東會的關係以及他們對公司的期望和要求。 與相關政府部門/相關行業管理部門的關係。 公司的產權結果調整，資本營運、收購兼併。 公司的資產、負債和現金流量。 公司的重大人事調整事項。 公司的新部門設立，以及新業務的開拓。 ……	下屬的工作情況。 重要客戶的情況。 計劃的進展狀況。 在開展業務時遇到的具體困難和問題。 與各部門的配合和協調中所產生的問題。 技術機密。 專業性方面，如人力資源部經理對人力資源管理有較多的訊息，軟體開發部經理對軟體開發及技術擁有較多的訊息等。 自己的工作狀態。 ……

3. 匯報的要求

（1）精簡。上司對匯報最忌諱的可能就是渲染。一個聰明的上司不是從你工作辛苦與否來評價你，如果你工作又快又好，他就會認為你是有能力的。所以，不要帶著邀功的心態，極力強調你的工作的難處。此外，一般上司都很忙碌，所以，把匯報做得簡明扼要恐怕才能夠令你的上司賞識。

（2）有針對性。匯報的內容要與原定目標和計劃相對應，切忌漫無邊際，牽扯其他沒有關係的事情。

（3）從上司的角度來看問題。由於管理人員與上司之間存在很多差異，所以從上司的角度來看待你的工作，可能會使你的匯報的內容更為貼近上司的期望。假設由於種種原因，不是百分之百地完成工作。你認為自己工作已經做得很不錯了，上司應該體諒你的難處。這種想法是從身為下屬的身分的角度來考慮問題，如果從上司的角度

來考慮問題，上司所關注的是工作完成與否。而且，現在很多老總都是白手起家，都經歷了很多磨難，在他們的眼中，你的工作條件比起他們創業時要好得多。在這種情況下，你又怎麼能期待老總對你的表揚呢？

（4）尊重上司的評價，不要爭論。在上司對你的評價低於你的期望時，不要爭論。因為爭論需要三個階段：提出問題的焦點，提出持不同觀點的理由，尋找問題解決的途徑。而在匯報時，你根本沒有時間把爭論進行到第三階段，因而你的上司也就無法讚同你的觀點。理智的中層經理人不會在這種時候試圖解釋，更不會與上司發生爭論。

（5）補充事實。在匯報完後，一般上司會給予評價，他的評價其實就是一種反饋，從中可以知道上司對哪些地方不很清楚，你可以補充介紹或提供補充材料，加深上司對你所匯報工作的全面瞭解。

（三）水平溝通

所謂水平溝通，主要是指公司的職業經理之間的溝通或者是沒有上下級關係的部門之間的溝通。

在與上司溝通、與下屬溝通、水平溝通三種溝通中，水平溝通是最為困難的。

1. 水平溝通的障礙

（1）過於看重本部門，忽視其他部門。

【例10-3】下面來看看各個部門是如何看待自己，以及其他部門是如何看待這個部門的：

生產部門心目中的自我：

我們從事生產工作，每天很辛苦，工作環境又不好，公司的產品是我們生產出來的。業務部門以及財務部門的人卻常常來找我們的麻煩，他們不體諒我們的困難。我們任勞任怨地工作，卻沒有得到應有的肯定。畢竟因為有了我們，才有了產品。如果沒有我們，公司又如何做生意呢？

市場部門心目中的自我：

公司的前途都靠我們，我們看得準市場的方向，能夠制定出明確的決策，並且帶領公司走向成功。我們還有很好的眼光來應對變化中的市場，並策劃出未來的成長。但即便如此，在公司內部，我們還必須與那些狹隘短視的財務人員、銷售人員以及生產人員打交道。幸好有我們在，公司的未來才不會出現問題。

財務部門心目中的自我：

我們是公司資金的守護神。我們控制成本以確保利潤，我們做事小心謹慎，並且防止公司發生重大錯誤。如果讓生產部門的主張得逞，我們會買更多、更昂貴的機器設備而浪費資金，減少利潤；至於業務部門，如果放手讓他們去干，他們可能會做太多而無益的廣告。

無論你從事的是市場、銷售、生產、人事、財務、研究開發，你都會發現自己的自我評價與其他部門對自己的評價相去甚遠。但是作為一個整體而言，各個部門、同事之間的合作卻是相輔相成，缺一不可。

（2）失去權力的強制性。其實，並不是上下溝通容易，水平溝通難。上下溝通中，

運用權力進行溝通，強制下屬執行，從而掩蓋了溝通中的許多問題。水平溝通對於雙方的溝通能力提出了更高的要求。在指揮鏈中，同級的管理人員處於水平位置，相互之間除了平等的溝通之外，不能用命令、強迫、批評等手段達到自己的目的，不能拿著「大棒子」來對待同事。

（3）人性的弱點——盡可能把責任推給別人。大家經常「踢皮球」，缺乏整體的意識，不能從組織的利益出發，都不願承擔責任，導致工作沒效率。

（4）部門間的利益衝突——害怕別的部門比自己強。這種現象在存在業務競爭的組織中尤為明顯，甚至會導致部門的員工之間相互保密、互相攀比。

（5）退縮。溝通中的退縮是指不能維護自己的權益，或是所用的方法不當，無法喚起別人的重視；表達自己的需要、願望、看法、感受與信念時不自信，而是感到愧疚，顯得心虛、壓抑；無法坦白表達自己的需要、願望、意見、感受與信念。退縮方式在水平溝通中最經常出現。

五、溝通管理的啟示

春秋戰國時期，耕柱是一代宗師墨子的得意門生，不過，他老是被墨子責罵。有一次，墨子又責備了耕柱，耕柱覺得自己真是非常委屈，因為在許多門生之中，大家都公認耕柱是最優秀的人，但又偏偏常遭到墨子指責，讓他過意不去。一天，耕柱憤憤不平地問墨子：「老師，難道在這麼多學生當中，我竟是如此的差勁，以至於要時常遭您老人家責罵嗎？」墨子聽后，毫不動肝火：「假設我現在要上太行山，依你看，我應該要用良馬來拉車，還是用老牛來拖車？」耕柱回答說：「再笨的人也知道要用良馬來拉車。」墨子又問：「那麼，為什麼不用老牛呢？」耕柱回答說：「理由非常的簡單，因為良馬足以擔負重任，值得驅遣。」墨子說：「你答得一點也沒有錯，我之所以時常責罵你，也只因為你能夠擔負重任，值得我一再地教導與匡正你。」

雖然這只是一個很簡單的故事，不過從這個故事中，可以給企業的溝通管理一些有益的啟示，但願每一個人都能夠從這個故事中獲益。

（一）啟示一：員工應該主動與管理者溝通

優秀企業都有一個很顯著的特征，企業從上到下都重視溝通管理，擁有良好的溝通文化。員工尤其應該注重與主管領導的溝通。一般來說，管理者要考慮的事情很多很雜，許多時間並不能為自己主動控制，因此經常會忽視與部屬的溝通。更重要的一點，管理者在下達命令讓員工去執行許多工作后，自己並沒有親自參與到具體工作中去，因此沒有切實考慮到員工所會遇到的具體問題，總認為不會出現什麼差錯，導致缺少主動與員工溝通的精神。作為員工應該有主動與領導溝通的精神，這樣可以彌補主管因為工作繁忙和沒有具體參與執行工作而忽視的溝通。試想，故事中的墨子因為要教很多的學生，一則因為繁忙沒有心思找耕柱溝通，二則沒有感到耕柱心中的憤恨，如果耕柱沒有主動找墨子的行動，那麼結果會怎樣呢？

（二）啟示二：管理者應該積極和部屬溝通

優秀管理者必備技能之一就是高效溝通技巧，一方面管理者要善於向更上一級溝

通，另一方面管理者還必須重視與部屬溝通。許多管理者喜歡高高在上，缺乏主動與部屬溝通的意識，凡事喜歡下命令，忽視溝通管理。試想，故事中的墨子作為一代宗師差點就犯下大錯，如果耕柱在深感不平的情況下沒有主動與墨子溝通，而是採取消極抗拒，甚至遠走他方的話，一則墨子會失去一個優秀的可塑之材，二則耕柱也不可能再從墨子身上學到什麼，也不能得到更多的知識了。對於管理者來說，「挑毛病」盡管在人力資源管理中有著獨特的作用，但是必須講求方式方法，切不可走極端，「雞蛋裡挑骨頭」、無事找事就會適得其反。挑毛病必須實事求是，在責備的過程中要告知員工改進的方法及奮鬥的目標，在「鞭打快牛」的過程中又不致挫傷人才開拓進取的銳氣。從這個故事中，管理者首先要學到的就是身為主管有權利也有義務主動和部屬溝通，而不能只是高高在上簡單布置任務。

(三) 啟示三：企業忽視溝通管理就會造就無所謂的企業文化

如果一個企業不重視溝通管理，大家都消極地對待溝通，忽視溝通文化的話，那麼這個企業長期下去就會導致形成一種無所謂企業文化。任何企業中都有可能存在無所謂文化，員工對什麼都無所謂，既不找領導，也不去消除心中的憤恨；管理者也對什麼都無所謂，不去主動地發現問題和解決問題，因此大家共同造就了企業內部的「無所謂文化」的企業文化。在無所謂文化中，員工更注重行動而不是結果，管理者更注重布置任務而不是發現解決問題。試想故事中的耕柱和墨子，如果兩人都認為一切無所謂，耕柱心中憤恨不去主動積極找墨子溝通，墨子感覺耕柱心有怨言，也不積極主動找耕柱交談以打消其不滿的情緒，那麼故事的結局想必很明顯。墨子沒有優秀的學生，其學問很難產生更深遠的影響。耕柱也就只可能是一個很普通的學生，心中憤恨，日久生怨，說不定還會做出很極端的事情。

(四) 啟示四：打破企業無所謂文化的良方就是加強溝通危機防範

要打破這種無所謂文化，提高企業的經營業績，提高所有員工的工作滿意度，就應該在管理者與部屬之間建立適當的溝通平衡點。如果管理者和部屬沒有溝通意識，就必須創造一種環境，讓他們產生溝通願望，而不能讓他們麻木不仁，不能讓他們事事都感覺無所謂。企業內沒有溝通，就沒有成功，也就沒有企業的發展，所有的人也就會沒有在這個企業中工作的機會。

華為集團老總任正非的《華為的冬天》震撼了業界。用任正非的話說，「十多年來我天天思考的都是失敗，對成功視而不見，也沒有什麼榮譽感、自豪感，而是只有危機感。也許是這樣才存活了十年。」海爾集團老總張瑞敏說：「我每天的心情都是如履薄冰，如臨深淵。」企業從上到下都應該重視溝通管理，主動進行溝通危機防範。在世界貿易大潮已經襲來的今天，任何一個企業最需要具備的，就是溝通管理的危機感和真正抓好溝通管理的勇氣。

(五) 啟示五：溝通是雙向的，不必要的誤會都可以在溝通中消除

溝通是雙方面的事情，如果任何一方積極主動，而另一方消極應對，那麼溝通也是不會成功的。試想故事中的墨子和耕柱，如果他們忽視溝通的雙向性，結果會怎樣

呢？在耕柱主動找墨子溝通的時候，墨子要麼推諉很忙沒有時間溝通，要麼不積極地配合耕柱的溝通，結果耕柱就會恨上加恨，雙方不歡而散，甚至最終出走。如果故事中的墨子在耕柱沒有來找自己溝通的情況下，主動與耕柱溝通，然而耕柱却不積極配合，也不說出自己心中真實的想法，結果會怎樣呢？雙方並沒有消除誤會，甚至可能使誤會加深，最終分道揚鑣。所以，加強企業內部的溝通管理，一定不要忽視溝通的雙向性。作為管理者，應該要有主動與部屬溝通的胸懷；作為部屬，也應該積極與管理者溝通，說出自己心中的想法。只有大家都真誠的溝通，雙方密切配合，那麼企業才可能發展得更好更快。溝通是每個人都應該學習的課程，提高自己的溝通技能應該上升到戰略高度。我們每個人都應該高度重視溝通，重視溝通的主動性和雙向性，只有這樣，我們才能夠進步得更快，企業才能夠發展更順暢更高效。

第二節　激勵與激勵方法

一、激勵的概念

激勵有激發和鼓勵的意思，是管理過程中不可或缺的環節和活動。有效的激勵可以成為組織發展的動力保證，實現組織目標。激勵有自己的特性，激勵以組織成員的需要為基點，以需求理論為指導。激勵有物質激勵和精神激勵、外在激勵和內在激勵等不同類型。

激勵具備以下幾項特徵：

（1）激勵的目的是通過設計科學的薪酬管理系統來滿足企業員工的各種外在性需要，從而實現企業目標及其員工個人目標。

（2）激勵的實現方法是獎勵和懲罰並舉，對員工符合企業期望的行為進行獎勵，對不符合企業期望的行為進行懲罰。

（3）科學的激勵工作是一項系統性很強的工作，它貫穿於企業人力資源管理的全過程，包括對員工的職位評價、個人需要的瞭解、個性的把握、行為過程的控制和績效的評價等。因此，企業工作的全過程都要考慮到激勵效果。

（4）信息溝通貫穿於激勵工作的始末，通暢、及時、準確、全面的信息溝通可以增強激勵機制的運用效果和工作成本。

（5）科學的激勵制度具有吸引優秀人才、開發員工潛能和造就良性競爭環境等作用。

二、激勵的方法

心理學原理把人的需求分為兩大類，即物質需求和精神需求。物質需求是人類生存的起碼條件和基礎；精神需求則是人類所特有的一種精神現象。激勵作為對人的管理中最核心的手段，基礎就是首先考慮到人的精神需求，進而在工作中把滿足個人需要與滿足組織需要有機地結合起來。

在具體實施激勵的過程中，一般使用兩種方法——物質激勵和精神激勵。

(一) 物質激勵

所謂物質激勵，是指通過合理的分配方式，將人們的工作業績效與報酬掛鉤，即以按勞分配的原則，通過分配量上的差異作為酬勞或獎勵，以此來滿足人們對物質條件的需求，進而激發人們更大的工作積極性。

1. 基本收入激勵

基本收入是員工生活費用的基本來源，其中工資是最主要的部分。利用工資作為激勵的方式有兩種：

(1) 用工資來反映員工的貢獻大小、業務水平的高低，鼓勵員工以多貢獻和鑽研業務來取得相應的報酬；

(2) 改革工資制度，用工資晉級擇優原則、浮動工資等作為激勵的手段。

2. 獎金激勵

從理論上講，獎金是超額勞動的報酬。但在現實中，許多企業將獎金變成了工資附加部分，沒有起到「對在工作上具有倡導和鼓勵價值的表現予以額外獎勵」的作用。獎金應該是組織對符合企業倡導精神的員工的一種獎勵方式。利用獎金激勵時要注意：獎金的多少並不在於物質上、經濟上的制約，重要的是心理上的提示作用，即從人的自尊需求層次上起激勵作用。

3. 福利激勵

企業負擔職工工作之外的基本生活設施的建設。在職工福利設施、社會保險、公費醫療等未實現社會化的當前和將來相當長時期內，一些大型的福利項目如住房、旅遊等，仍然作為激勵的手段被企業界廣泛採用。

被用作激勵的大型且許分期獲得的福利條件要具有吸引力，通常採用成績和貢獻累積形成，在達到一定程度後，方能給予，例如用積分製、考核系數積分製的形式。

4. 其他物質激勵

對有創造發明、重大貢獻或在一定期間成績突出、彌補或避免了重大經濟損失的員工，除前述物質獎勵手段外，還可給予大筆獎金或較高價值的實物獎勵。

(二) 精神獎勵

人的精神活動非常獨特，除了生存必不可少的物資需求外，還有尊重的需要和自我實現的需要。尊重的需要是人對名聲、威望、讚賞的欲求。自我實現的需要表現為：希望個人能力得的社會的承認；希望自己能勝任複雜工作；希望個人能得到別人的尊重、信賴和高度評價。自我實現的需要是最大限度發揮自己潛力、實現個人的理想和抱負、發揮特長並在事業上取得成功的慾望。因此，抓好員工的精神獎勵是使員工熱愛團隊、煥發工作積極性的重要措施。當員工的物質需求得到滿足后，一方面他們會對物質需求從更高層次上去繼續追求；另一方面他們會進一步追求精神滿足。

1. 成長激勵

管理者要多為員工創造發揮才能的機會，使人盡其才，要幫助員工在平凡的工作中去尋找發揮聰明才智的機會。再有就是順應員工自我實現的願望，幫助解決其能力

不足的問題。積極主動地為他們提供各種長見識、增才智的機會，培養和強化員工對工作的自信心。成長（成才）激勵形式通常有：利用各種機會把員工有選擇地送到各級院校、培訓中心學習；送國內外考察、進修學習；員工通過深造具備一定能力後及時給予相應專業技術職稱。

2. 關懷激勵

管理者對員工各方面的情況應盡可能多瞭解，如身體狀況、家庭困難、親屬身體狀況、個人工作願望、能力上的長處與不足之處、上下班路途、交通方便程度等，經常給予關心和必要的幫助，員工會感到上級不是把自己當成一部工作機器，而是把自己真正當成人來尊重，來關懷的。這種激勵方法在員工感情上產生的效應是積極、強烈而持久的，對培養員工工作和良好工作動機可產生積極有效的影響。

3. 形象激勵

員工對管理者的期望較高。管理者形象可尊重、可信賴，員工的工作熱情就能有起碼的保證。如果管理者在人們心目中是一個自私自利、吃拿卡要、任人唯親、處事不公的形象，員工的工作熱情就會受到極大削弱。要想調動員工的積極性，靠強權管制是無法奏效的，只有管理者的所作所為得到員工心理上的認同，人們才會心甘情願跟隨創業。員工只有跟隨一心為公、清正廉潔、處事公正的管理者，自己的利益才有保障，勤奮才有回報，自己才會受到承認與尊重，才會有真正的前途。任何一個企業管理者絕不要忽視自身的形象激勵作用。

4. 榮譽激勵

不求上進不是個人原因，主要原因在於環境。從人的基本心理特徵來看，人人都希望得到別人的尊重，都有著光榮感和自豪感。榮譽激勵就是給有貢獻的員工一種榮譽稱號，並以此激發其工作積極性和對企業和工作的責任感與義務感。激勵未獲榮譽稱號者奮發進取，爭取以優異成績獲得組織承認與眾人的尊敬。企業中所設的榮譽稱號有：優秀員工、先進工作者、精神文明標兵、勞動模範等。

在授予榮譽稱號時應注意：

（1）榮譽稱號的得主必須成績突出、群眾認可；

（2）評選標準明確、事實充分，群眾參與評選並願意接受者；

（3）榮譽稱號評選前後要出大力宣傳並舉行儀式，以擴大其影響力；

（4）榮譽稱號也要和物質利益掛鉤，這樣激勵效果就會更理想。

5. 晉升激勵

晉升是指給予一定的職位或升遷。晉升說明個人的價值在升值，個人要挑起更重要的擔子和擔負更重要的責任。隨之也會帶來更高的社會地位和聲譽。晉升對全體員工都是平等的，機會也是均等的，從而使晉升成為人人可追求的目標而起到激勵作用。

6. 目標激勵

目標是具體的目的要求，企業的目標體系包括總目標、部門目標和個人目標，這三級目標應上下相一致。另外，目標激勵應注意：

（1）各級目標明確具體，與員工關係密切並具有激勵性；

（2）目標科學合理，人們通過努力能達到最佳；

（3）目標要具有階段性，以使激勵及時；

（4）達到目標后，與個人利益的相關部分要及時兌現，使激勵真正地起到作用。

7. 命運共同體激勵

企業與員工雙方互為依託、相依成體即是命運共同體。命運共同體的基礎是企業和員工目標一致，相互依賴、相互承認、相互融合，企業的聲望、地位、效益、前途與個人利益息息相關。為了企業的興旺發達，也為了自身的前途，員工會以命運共同體為動力而積極奮鬥。

命運共同體激勵有如下內容：

（1）企業經常向員工灌輸命運共同體思想；

（2）實行民主管理，盡量讓員工參與各種決策，確立員工的主人翁地位；

（3）創造良好的企業文化，使員工感到在企業工作心情舒暢；

（4）各級管理人員以身作則，以自己對企業的責任感、自己和企業的共同命運來影響員工；

（5）在工作上支持員工，幫助其解決問題；

（6）在生活上支持員工，切實為員工辦實事；

（7）開展多種形式的集體活動，使員工感到集體的溫暖；

（8）與員工互相溝通思想，融合情感。

激勵作為人力資源開發與管理中的一個核心課題，其內容十分廣泛，方式也是多種多樣，管理者可根據本單位具體情況靈活掌握，以便找到對本企業、本部門最有效的激勵方法。

第三節　團隊合作

一、團隊合作的概念

團隊合作指的是一群有能力，有信念的人在特定的團隊中，為了一個共同的目標相互支持、合作奮鬥的過程。它可以調動團隊成員的所有資源和才智，並且會自動地驅除所有不和諧和不公正現象，同時會給予那些誠心、大公無私的奉獻者適當的回報。如果團隊合作是出於自覺自願時，它必將會產生一股強大而且持久的力量。

二、團隊合作的誤區

（一）誤區一：「沖突」會毀了整個團隊

俗話說「屋漏偏逢連夜雨」，身為某民營製藥企業項目研發部經理的王平最近被接二連三的壞消息給攪得焦頭爛額：先是某項歷時一年多的新藥研製項目遭遇技術難關，只得中途擱淺；緊接著他又獲知國內另一家知名藥廠通過引進國外先進技術，已經研製成功同類品種的新藥，並通過了醫藥審批，即將生產上市。

兩年前，王平被這家企業的老闆以高薪從內地某省一家國有大型製藥企業技術科

長的位置上挖來，為了充分體現對他的信任，老板將項目研發部的管理權、人事權甚至財務權都一股腦交給了王平，並委派了一名海歸碩士李翔協助其項目的研發。在立項之前，王平和李翔曾經各自提出過一套方案，並且都堅持不肯讓步：李翔主張在引進國外現有的先進技術基礎上改進配方和生產工藝，這樣不僅見效快且技術風險較小，但缺點是要支付一大筆技術轉讓費用；而王平則主張自力更生，自主研發具有獨立知識產權的全套生產技術，這樣做的缺點是技術開發風險較大。

按公司規定，如果雙方都堅持堅持己見，那麼就要將這兩個方案拿到項目研發部全體會議上進行討論，最后進行集體決策。以王平多年的國企管理經驗，如果正副職在業務上產生分歧，當著下屬的面各執一詞激烈討論，必然會不利於整個部門的團結，對領導的權威也是一大挑戰。實際上，他也缺乏足夠的信心說服李翔和整個部門的同事，於是他找到企業老板，使出全身解數甚至不惜以辭職相逼，最終迫使老板在方案提交之前將李翔調離了該部門，從而避免了一場「激烈沖突」。

這是一個很奇怪的現象，團隊的管理者往往會對於沖突諱莫如深，他們會採取種種措施來避免團隊中的沖突，而無論這種沖突是良性還是惡性的。管理者們的擔憂不外乎三個方面：第一，一些管理者把沖突視為對領導權威的挑戰，因為擔心失去對團隊的控制，對於拍板和討論，他們往往會果斷地選擇前者；第二，過於激烈的沖突往往會引發團隊內部的分裂，帶來不和諧音符；第三，在沖突中受打擊的一方不僅會傷及自尊，同時也會對成員的自信心造成很大的影響，不利於團隊整體工作效率的保持和提升。

要成為一個高效、統一的團隊，領導就必須學會在缺乏足夠的信息和統一意見的情況下及時進行決定，果斷的決策機制往往是以犧牲民主和不同意見為代價而獲得的。對於團隊領導而言，最難做到的莫過於避免被團隊內部虛偽的和諧氣氛所誤導，並採取種種措施，努力引導和鼓勵適當的、有建設性的良性沖突。將被掩蓋的問題和不同意見擺到桌面上，通過討論和合理決策將其加以解決，否則的話，隱患遲早有一天會要爆發的。

(二) 誤區二：1+1一定大於等於2

2004年6月，擁有美國籃球職業聯盟（NBA）歷史上最豪華陣容的湖人隊在總決賽中的對手是14年來第一次闖入總決賽的東部球隊活塞。從湖人隊的人員結構來看，有科比、奧尼爾、馬龍、佩頓，湖人隊是一個由巨星組成的「超級團隊」，每一個位置上其成員幾乎都是全聯盟最優秀的，再加上由傳奇教練菲爾·杰克遜對其的整合，在許多人眼中，這是20年來最強大的一支球隊，而由平民球員組成的活塞隊要在總決賽中將其戰勝只存在理論上的可能性。

然而，最終的結果却出乎所有人的意料，湖人幾乎沒有做多少抵抗便以1：4敗下陣來。湖人的失敗有其理由：奧尼爾和科比（OK）組合爭風吃醋，都覺得自己才是球隊的領袖，在比賽中單打獨斗，全然沒有配合；馬龍和佩頓只是冲著總冠軍戒指而來的，根本就無法融入整個團隊，也無法完全發揮其作用，缺乏凝聚力的團隊如同一盤散沙，其戰斗力自然也就會大打折扣。

明星員工的內耗和衝突往往會使整個團隊變得平庸，在這種情況下，1+1不僅不會大於或等於2，甚至還會小於2。在工作團隊的組建過程中，管理層往往竭力在每一個工作崗位上都安排最優秀的員工，期望能夠通過團隊的整合使其實現個人能力簡單疊加所無法達到的成就。然而，在實際的操作過程中，眾多的精英分子共處一個團隊之中反而會產生太多的衝突和內耗，最終的效果還不如個人的單打獨鬥。

在通常情況下，團隊工作的績效往往大於個人的績效，但也不是那麼絕對，這取決於團隊工作的性質；如果團隊的任務是要搬運一件重物，單憑其中一個成員的力量絕對搬不動，必須要兩個以上的成員才能夠搬動，這時團隊的績效要大於個人績效，1+1的結果會大於或等於2；但如果換成是體操比賽中的團體項目，最后的成績往往會因為某位成員的失誤而名落孫山，這時，團隊的績效還不如其中優秀成員的個人成績，1+1的結果反而會小於2。

(三) 誤區三：「個性」是團隊的天敵

對於多數管理專家而言，《西遊記》中的唐僧師徒組合不能算是一個合格的團隊：其團隊成員要麼個性鮮明，優點或缺點過於突出，實在難以管理；要麼缺乏主見，默默無聞，實在過於平庸。但就是這麼一群「個性」突出，對團隊精神一竅不通的「烏合之眾」，經過組合，克服了常人難以想像的種種困難，最終却完成任務取回了真經！真是讓人大跌眼鏡！

其實，換個角度來看，「個性」也許並不是那麼可怕：

作為團隊領導人和協調者的唐僧，雖然處事缺乏果斷和精明，但對於團隊目標抱有堅定信念，在取經途中，不斷地以博愛和仁慈之心教誨和感化著眾位徒弟。

隊中明星員工孫悟空是一個不穩定因素，雖然能力高超，交際廣闊，疾惡如仇，但桀驁不馴，喜歡單打獨鬥。但最重要的一點是他對團隊成員有著難以割捨的深厚感情，有一顆不屈不撓的心，為達成取經的目標願意付出任何代價。

也許很少有人會意識到，豬八戒對於團隊內部起著承上啓下的重要作用，他的個性隨和健談，是唐僧和孫悟空這對固執師徒之間最好的「潤滑劑」和溝通橋梁，雖然好吃懶做的性格經常使他成為挨罵的對象，但他從不會因此心懷怨恨。

至於沙僧，每個團隊都不能缺少這類員工，臟活、累活全包，並且任勞任怨，還從不爭功，是領導的忠實追隨者，起著保持團隊穩定的基石作用。

每個團隊成員都會有個性，這是無法也無須改變的，而團隊的藝術就在於如何發掘組織成員的優缺點，根據其個性和特長合理安排工作崗位，使其達到互補的效果。

通用電器前執行總裁杰克·韋爾奇曾經提出過一個「運動團隊」的概念，其中很重要的一點就是團隊的每一個成員都干著與別的成員不同的事情，團隊要區別對待每一個成員，通過精心設計和相應的培訓使每一個成員的個性特長能夠不斷地得到發展並發揮出來。高效的團隊是由一群有能力的成員所組成的，他們具備實現理想目標所必需的技術和能力，而且有相互之間能夠良好合作的個性品質，從而出色地完成任務。

但遺憾的是，多數團隊的管理者並不樂於鼓勵其成員彰顯個性；相反的，他們會要求屬下削弱自我意識，盡量與團隊達成一致，在個體適應團隊的過程中所喪失的不

僅僅是個體的獨立性，同時也失去了創造力，許多天才和有創意的想法就這樣被抹殺，而這恰恰是企業是否能夠獲得成功的關鍵所在。

如果仔細研究那些成功的創業團隊，我們會發現這些團隊的個體無一例外都具有非常鮮明的人格個性，他們各自發揮自己的才華，相互結合，從而有力地推動著創業進程。

第四節　實訓環節的溝通激勵與團隊合作

在實訓環節中，經營團隊在有關溝通、激勵和團隊合作方面，並沒有相應的系統操作。然而，這三方面在創業企業管理過程中却是至關重要的。

第三篇
創業模擬訓練

第十一章　實訓課程規則

第一節　經營概述

歡迎您，未來的創業之星：

您與您的團隊將在這裡經歷一次虛擬的創業過程，這裡是一個各項行政服務與商業配件均很完善的經濟開發區。

政府在這裡設立了工商行政管理局、人力資源與社會保障局、國家稅務局、地方稅務局、質量技術監督局等辦事機構；開發區內還設有中國銀行、會計事務所、集中化的交易市場、刻章店等商業機構；每個團隊均可以在開發區的創業大廈內租用自己的行政辦公場地，同時也可以在裡面租用或購買自己的生產車間（廠房）。

你們即將開始經營一家集研究、開發、生產、批發及零售於一體的電子玩具產品行業的公司（如圖 11-1 所示），目前已經有 N（N>6）家企業進入這個行業，你們將與其他企業展開激烈的市場競爭，當然也會有合乎各自利益的雙贏合作。每個公司在經營之初，都將擁有一筆來自股東的 60 萬元的創業資金，用以展開各自的經營，公司的股東團隊即是公司的管理團隊，公司將經歷 6~8 個季度的經營，每個季度公司都有機會進行新產品設計，新產品研發，產品原料採購，生產廠房變更，生產設備變更，生產工人招聘、調整、培訓，產品生產，產品廣告宣傳，新市場開發，銷售人員招聘、調整、培訓，產品訂單報價等經營活動，每個團隊都需要仔細分析討論每一步決策任務，並形成最后一致的決策意見，輸入計算機。希望您的公司在經歷完若干個經營周期后，成為本行業的佼佼者。

圖 11-1

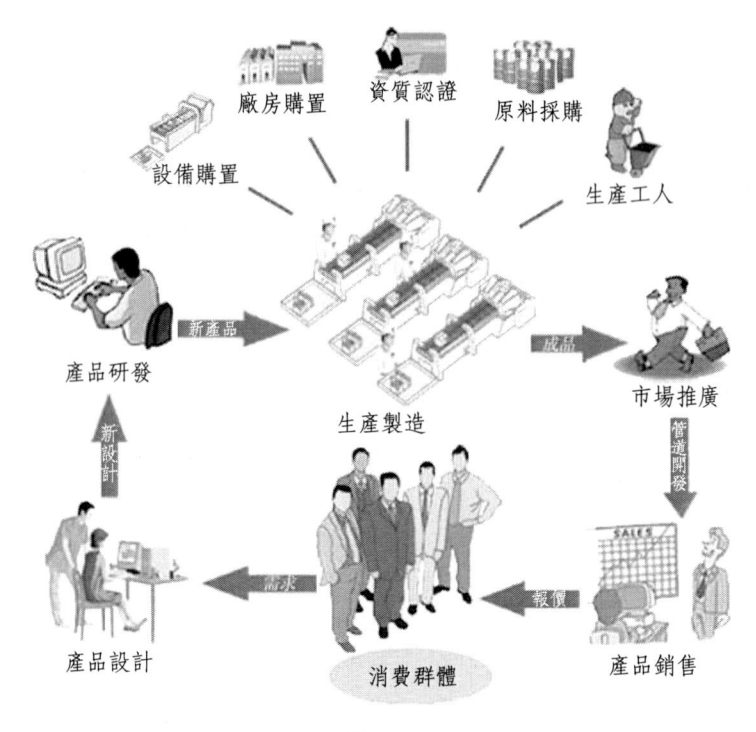

第二節　數據規則

公司經營的數據規則如表 11-1 所示：

表 11-1　　　　　　　　　　公司經營數據規則表

項目	當前值	說明
公司初始現金（元）	600 000.00	正式經營開始之前每家公司獲得的註冊資金（實收資本）
公司註冊設立費用（元）	3 000.00	公司設立開辦過程中所發生的所有相關的費用。該筆費用在第一季度初自動扣除
辦公室租金（元）	10 000.00	公司租賃辦公場地的費用，每季度初自動扣除當季的租金
所得稅率（%）	25.00	企業經營當季如果有利潤，按該稅率在下季初繳納所得稅
營業稅率（%）	5.00	根據企業營業外收入總額，按該稅率繳納營業稅
增值稅率（%）	17.00	按該稅率計算企業在採購商品時所支付的增值稅款，即進項稅，以及企業銷售商品所收取的增值稅款，即銷項稅額

表11-1(續)

項目	當前值	說明
城建稅率（％）	7.00	根據企業應繳納的增值稅、營業稅，按該稅率繳納城市建設維護稅
教育附加稅率（％）	3.00	根據企業應繳納的增值稅、營業稅，按該稅率繳納教育附加稅
地方教育附加稅率（％）	2.00	根據企業應繳納的增值稅、營業稅，按該稅率繳納地方教育附加稅
行政管理費	1 000.00元/人	公司每季度營運的行政管理費用
小組人員工資	10 000.00/組	小組管理團隊所有人員的季度工資，不分人數多少
養老保險比率（％）	20.00	根據工資總額按該比率繳納養老保險費用
失業保險比率（％）	2.00	根據工資總額按該比率繳納失業保險費用
工傷保險比率（％）	0.50	根據工資總額按該比率繳納工傷保險費用
生育保險比率（％）	0.60	根據工資總額按該比率繳納生育保險費用
醫療保險比率（％）	11.50	根據工資總額按該比率繳納醫療保險費用
未辦理保險罰款	2 000.00元/人	在入職後沒有給員工辦理保險的情況下按該金額繳納罰款
普通借款利率（％）	5.00	正常向銀行申請借款的利率
普通借款還款周期（季度）	3	普通借款還款周期
緊急借款利率	20.00％	公司資金鏈斷裂時，系統會自動給公司申請緊急借款時的利率
緊急借款還款周期（季度）	3	緊急借款還款周期
同期最大借款授信額度（元）	200 000.00	同一個周期內，普通借款允許的最大借款金額
一帳期應收帳款貼現率（％）	3.00	在一個季度內到期的應收帳款貼現率
二帳期應收帳款貼現率（％）	6.00	在兩個季度內到期的應收帳款貼現率
三帳期應收帳款貼現率（％）	8.00	在三個季度內到期的應收帳款貼現率
四帳期應收帳款貼現率（％）	10.00	在四個季度內到期的應收帳款貼現率
公司產品上限（個）	6	每個公司最多能設計研發的產品類別數量
廠房折舊率（％）	2.00	每季度按該折舊率對購買的廠房原值計提折舊
設備折舊率（％）	5.00	每季度按該折舊率對購買的設備原值計提折舊

表11-1(續)

項目	當前值	說明
未交付訂單的罰金比率（％）	30.00	未按訂單額及時交付的訂單，按該比率對未交付的部分繳納處罰金，訂單違約金＝（該訂單最高限價×未交付訂單數量）×該比例
產品設計費用（元）	30 000.00	產品設計修改的費用
產品研發每期投入（元）	20 000.00	產品研發每期投入的資金
廣告累計影響時間（季度）	3	投入廣告後能夠對訂單分配進行影響的時間
緊急貸款扣分	5.00 分/次	出現緊急貸款時。綜合分值扣除分數/次
每個產品改造加工費（元）	2.00	訂單交易時，原始訂單報價產品與買方接受訂單的產品之間功能差異的改造的加工費。單個產品改造費＝買方產品比賣方產品少的原料配製無折扣價之和＋差異數量×產品改造加工費
每期廣告最低投入（元）	1 000.00	每期廣告最低投入，小於該數額將不允許投入。
每期組間交易每期限制金額（元）	10 000.00	每期組間交易每期限制金額，買入＋賣出的原料和訂單總金額不能超過此限制
組間交易信息公示時間（分鐘）	5	組間交易訊息公示時間（分鐘），在此時間內，發布交易訊息者不能結束交易
訂單報價，最低價比例（％）	60.00	訂單報價，最低價比例，最低價＝上季度同一市場同一管道同一消費群體所有報價產品平均數×該比例

第三節　消費群體

一、消費群體概述

每個公司在這個行業都需要面對品質型客戶、經濟型客戶、實惠型客戶需求各異的消費群體，如表11-2所示：

表 11-2　　　　　　　　　　　　　消費群體訊息表

消費群體	品質型客戶
最大預算支出	150.00 元
關注與側重點	（圓餅圖：產品品牌、產品價格、產品口碑、產品銷售、產品功能）
產品功能訴求	他們喜歡商品具有高檔的包裝，時尚的外觀，富有質感，做工細膩，他們要求產品具有舒適的手感，高貴美觀的外觀，同時要便於洗滌，他們追求高質量生活，希望自己所購買的商品選用的是天然材料。
消費群體	經濟型客戶
最大預算支出	120.00 元
關注與側重點	（圓餅圖：產品品牌、產品價格、產品口碑、產品銷售、產品功能）
產品功能訴求	這類用戶追求經濟、實用的外觀包裝，但又不希望毫無檔次，但過於昂貴精美的外包裝又容易讓他們感覺太奢華。他們不喜歡過於低端的面料，願意選用面料講究的產品，並且還希望是便於洗滌的。他們對填充物的要求並不是想像得那麼高，方便易洗即可。
消費群體	實惠型客戶
最大預算支出	90.00 元
關注與側重點	（圓餅圖：產品價格、產品口碑、產品銷售、產品功能、產品品牌）
產品功能訴求	他們精打細算，希望花最少的錢買到自己心愛的商品。他們中意經濟適用的面料，並不希望讓物品看起來毫無檔次，對產品的內部填充物並不講究，追求實用大眾原則。

不同消費群體對產品的關注與側重點是有差異的，消費者從 5 個不同角度挑選評價產品，如表 11-3 所示：

表 11-3　　　　　　　　　消費者選擇產品影響因素情況表

產品價格	產品價格是指公司銷售產品時所報價格，與競爭對手相比，價格越低越能獲得消費者的認可。
產品功能	產品功能主要指每個公司設計新產品時選定的功能配置表（BOM 表），與競爭對手相比，產品的功能越符合消費者的功能訴求就越能得到消費者的認可。
產品品牌	產品品牌由公司市場部門在產品上所投入的累計宣傳廣告多少決定，與競爭對手相比，累計投入廣告越多，產品品牌知名度就越高，越能獲得消費者認可。
產品口碑	產品口碑是指該產品的歷史銷售情況，與競爭對手相比，產品累計銷售的數量、產品訂單交付完成率越高，消費者對產品的認可就越高。
產品銷售	產品銷售是指公司當前銷售產品所具備的總銷售能力，與競爭對手相比，總銷售能力越高，獲得消費者認可也越高。

不同類型的消費群體對以上五方面關注的側重度是不同的，一般側重度越大的說明消費者越關注，對消費者是否購買該產品的影響也越大。

二、消費者產品選擇原則

消費者選擇產品將以每個參與公司的 5 項評價為依據，5 項評分高的公司獲得的市場需求就多，分值低的公司獲得的需求就少。形象期間，以下是一個具體分配示例以供參考理解：

總共 1 000 訂單需求，三個公司競爭，A 公司設 100 上限，B 公司設 300 上限，C 公司沒有設置上限。

在第一輪分配中，根據 5 項分值，A 公司應該可以拿到 150，B 公司應該可以拿到 450，C 公司應該可以拿到 400，合計正好是全部需求 1 000。但由於 A 公司設置了 100 的上限，所以最終實際拿到 100，B 公司設置了 300 的上限，所以最終實際拿到 300，C 公司沒有設置上限，所以實際拿到 400，合計 800 的需求在第一輪分配中已經被消耗。對於 A 公司和 B 公司兩家設置了上限的公司，分別有 150－100＝50 和 450－300＝150 的需求沒有在第一輪競爭中得到滿足，所以 50＋150＝200 的未滿足需求將繼續參與二次選擇。

第二輪分配中，A 公司和 B 公司由於已經達到上限，將不再參與競爭，只剩下 C 公司競爭，還是根據 5 個競爭因素，C 公司應該可以拿到 200，C 公司沒有設置上限，實際拿到 200，累計達到 600。

這樣 A 公司、B 公司、C 公司最終實際的量就是 100、300、600。總共 1 000 的需求全部得到滿足，沒有多餘需求將累積到下季度，如果前面 C 公司也設置了上限，那就可能出現最終部分需求無法得到滿足，這部分需求將累積到下季度。另外，如果 A 公司、B 公司、C 公司中本期如果有違約未能交付的需求，也將一併累積到下季度。

三、各市場區域消費群體最高預算支出分時走勢

不同地區的消費群體在不同時間段具有不同的最大預算支出。消費者不能接受公司在銷售報價過程中的報價超過他們的最大預算支出。

北京、上海、廣州、武漢、成都各自的零售渠道消費者最高預算價格趨勢分別如圖11-2~圖11-6所示。

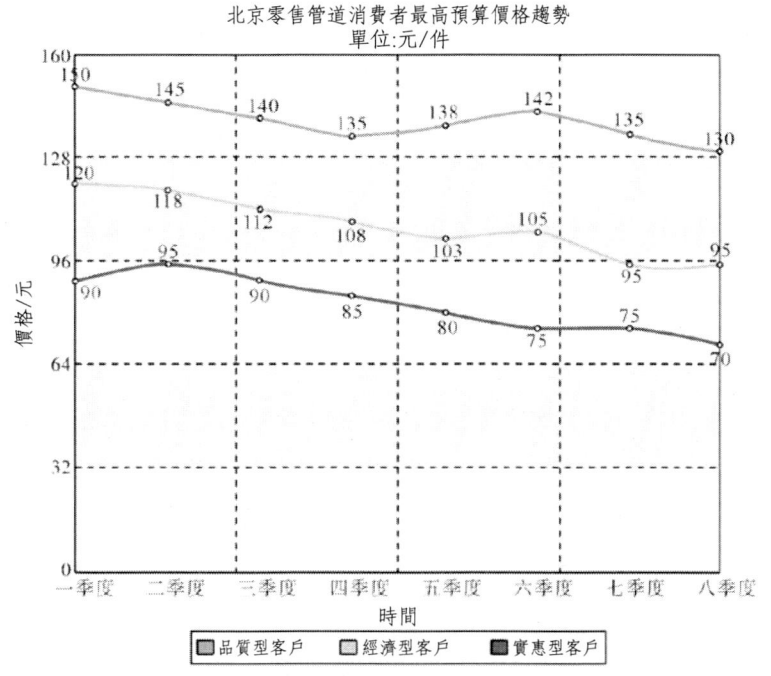

圖11-2 北京零售管道消費者最高預算價格趨勢圖

上海零售管道消費者最高預算價格趨勢
單位:元/件

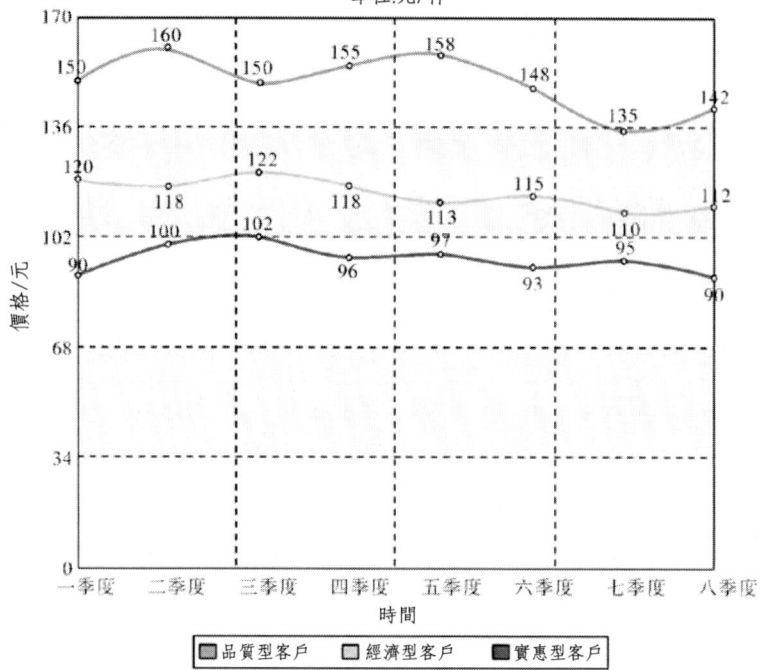

圖11-3　上海零售管道消費者最高預算價格趨勢圖

廣州零售管道消費者最高預算價格趨勢
單位:元/件

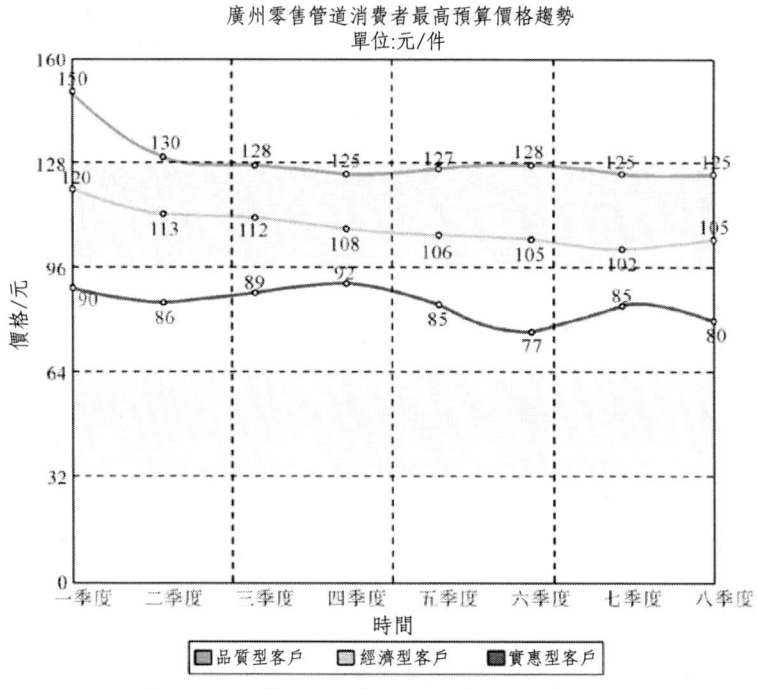

圖11-4　廣州零售管道消費者最高預算價格趨勢圖

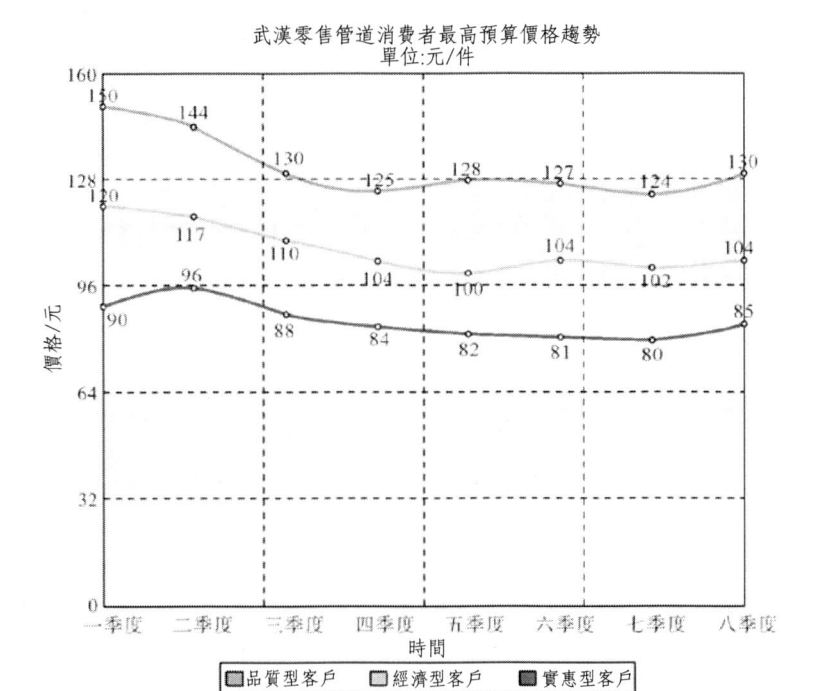

圖 11−5　**武漢零售管道消費者最高預算價格趨勢圖**

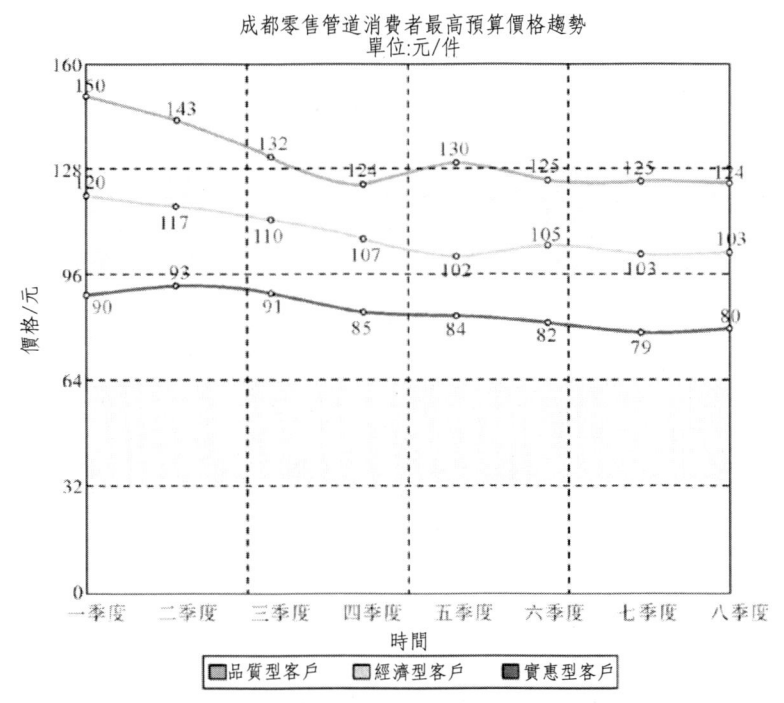

圖 11−6　**成都零售管道消費者最高預算價格趨勢圖**

第四節　設計研發

一、產品設計

不同消費群體具有不同的產品功能訴求。為了使產品獲得更多的青睞，每個公司需要根據這些功能訴求設計新產品。同時產品設計也將決定新產品直接原料成本的高低，另外也將決定新產品在具體研發過程中的研發難度。一般來說，產品功能越多，功能配置表（BOM 表）越複雜，直接原料成本就越高。

對於已經開始研發或研發完成的產品，其設計是不可更改的，每完成一個新產品設計需立即支付 3 萬元設計費用，每個公司在經營期間最多可以累計設計 6 個產品。

二、產品研發

對於完成設計的新產品，產品研發的職責主要是對其開展攻關、開發、測試等各項工作，每個完成設計的產品每期的研發費用是 2 萬元，不同的產品由於設計差異導致產品研發所需的時間周期並不相同，所以所需的總研發費用也將不同。我們可以在公司的研發部完成新產品的研發。

第五節　生產製造

生產製造過程由以下幾部分組成：

一、廠房購置

廠房可以選擇租用或購買，對於租用的廠房，每期期初將自動支付相應的租金，對於購買的廠房，購買當時即支付相應的現金。

廠房可以選擇退租或出售，廠房的退租或出售實際發生在每期期末，此時只有廠房內沒有設備的情況下才能成功，退租后的廠房在下期將不再需要支付相應租金，出售廠房將以廠房淨值回收現金。

以下是不同類型的廠房具體參數（見表 11-4）：

表 11-4　　　　　　　　　　廠房具體參數表

	容納設備	6
	購買價格（元）	100 000.00
	租用價格（元/季度）	7 000.00
	折舊率（%）	2.00

表11-4(續)

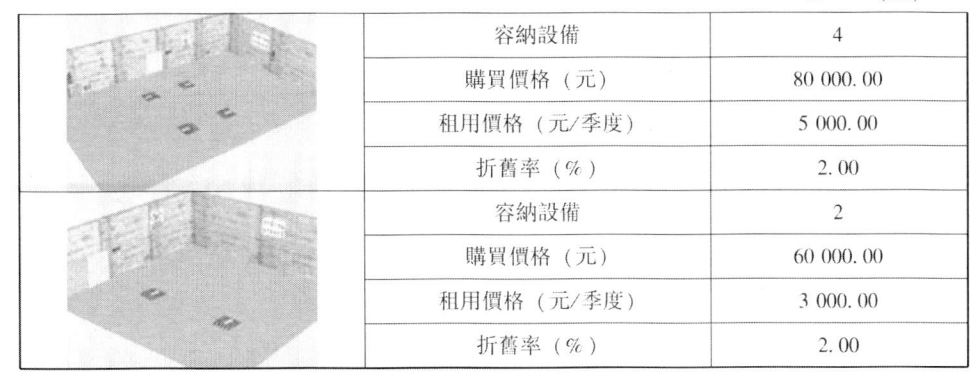

	容納設備	4
	購買價格（元）	80 000.00
	租用價格（元/季度）	5 000.00
	折舊率（%）	2.00
	容納設備	2
	購買價格（元）	60 000.00
	租用價格（元/季度）	3 000.00
	折舊率（%）	2.00

二、設備購置

購買價格：設備只能購買，購買當時即支付購買價格所標示的現金。

設備產能：設備的設備產能是指在同一個生產周期內最多能投入生產的產品數量。

成品率：一批固定數量的原料投入到設備中后，在加工成產品的過程中會產生部分次品，根據合格產品數量與產品總量確定的比率關係。

混合投料：設備在同一生產周期內是否允許同時生產多種產品。

安裝周期：設備自購買當期開始到設備安裝完成可用所需的時間。

生產周期：原料投入直到產品下線所需的時間。

單件加工費：加工每一件成品所需的加工費用。

工人上限：每條設備允許配置的最大工人數，設備產能、成品率、線上工人總生產能力3個因素決定了一條設備的實際產能。

設備出售：設備可以出售，當設備上無在製品和工人時，設備可以立即出售。否則設備出售實際發生在每期期末，此時只有設備上沒有在製品和工人的情況下才能成功，出售設備將以設備淨值回收現金。

維護費用：當設備不處於安裝周期時，每季度需支付設備維護費用，該費用在每期期末自動扣除。

升級費用：對設備進行一次設備升級所需花費的費用，該費用在升級當時即自動扣除。每條設備在同一個升級周期內只允許進行一次設備升級。

升級周期：完成一次設備升級所需的時間。

升級提升：設備完成一次升級后，設備成品率將在原有成品率基礎上提升的百分比。升級后設備成品率＝升級前設備成品率＋每次升級可提升的成品率。

搬遷周期：設備從一個廠房搬遷到另一個廠房所需花費的時間。

搬遷費用：設備從一個廠房搬遷到另一個廠房所需花費的費用，該費用在搬遷當時即自動扣除。

以下是不同類型的設備具體參數（見表11-5）：

表 11-5　　　　　　　　　　　設備具體參數表

設備名稱	柔性線		
購買價格（元）	120 000.00	設備產能	2 000
成品率（%）	90.00	混合投料	是
安裝周期	1	生產周期	0
單件加工費（元）	2.00	工人上限	4
維護費用（元）	3 000.00	升級費用（元）	1 000.00
升級周期	1	升級提升（%）	1.00
搬遷周期	1	搬遷費用（元）	3 000.00
設備名稱	自動線		
購買價格（元）	80 000.00	設備產能	1 500
成品率（%）	80.00	混合投料	否
安裝周期	1	生產周期	0
單件加工費（元）	3.00	工人上限	3
維護費用（元）	2 500.00	升級費用（元）	1 000.00
升級周期	1	升級提升（%）	2.00
搬遷周期	0	搬遷費用（元）	2 000.00
設備名稱	手工線		
購買價格（元）	40 000.00	設備產能	1 000
成品率（%）	70.00	混合投料	否
安裝周期	0	生產周期	0
單件加工費（元）	4.00	工人上限	2
維護費用（元）	2 000.00	升級費用（元）	1 000.00
升級周期	1	升級提升（%）	3.00
搬遷周期	0	搬遷費用（元）	1 000.00

三、工人招聘

公司可以在交易市場的人才市場內招聘到不同能力層次的生產工人。

生產能力：工人在一個生產周期內所具有的最大生產能力。

招聘費用：招聘一個工人所需花費的招聘費用，該筆費用在招聘時即自動扣除。

季度工資：支付給工人的工資，每期期末自動支付。

試用期：招聘后試用的時間，人力資源部需在試用期內與工人簽訂合同，否則將支付罰金。

培訓費用：每次培訓一個工人所需花費的費用，每個工人每個經營周期最多只能

進行一次培訓。工人培訓由生產製造部提出，遞交到人力資源部后實施，培訓費用在實施時支付。

培訓提升：工人完成一次培訓后，生產能力將在原有能力的基礎上提升的百分比。培訓后生產能力＝培訓前生產能力×（1＋培訓提升）

辭退補償：試用期內辭退工人無須支付辭退補償金，試用期滿並正式簽訂合同后需支付辭退補償金，一般在每期期末實際辭退工人時實時支付。

以下是不同類型的生產工人（見表11－6）：

表11－6　　　　　　　　　　生產工人的類型

工人類型	生產工人
生產能力	450
招聘費用（元）	500.00
季度工資（元）	3 000.00
試用期	1
培訓費用（元）	300.00
培訓提升（％）	3.00
辭退補償（元）	300.00

四、原料採購

原料分為多個大類，分別是包裝材料、面料、填充物、輔件，其中每個大類的原材料又包含多個明細原料，原料的價格折扣和其他基本信息見表11－7、表11－8。

表11－7　　　　　　　　　　原料價格折扣表

	折扣表		
	從（件）	到（件）	折扣（％）
價格折扣	0	200.00	0
	201	500.00	5.00
	501	1 000.00	10.00
	1001	1 500.00	15.00
	1501	2 000.00	20.00
	2001	－	25.00

表11-8　　　　　　　　　　原料基本訊息表

原料名稱	平均價格（元）	到貨周期	付款周期	原料特性
玻璃包裝紙	1.98	0	0	簡單，實用，容易起皺，易破損
紙質包裝盒	4.25	0	1	經濟，美觀，略顯檔次
金屬包裝盒	6.07	1	1	高檔，時尚，富有質感，做工細膩
短平絨	11.00	0	1	手感柔軟且彈性好、光澤柔和，表面不易起皺，保暖性好
松針絨	16.50	0	0	經濟適用，高雅富貴，立體感強
玫瑰絨	21.00	0	1	手感舒適，美觀高貴，便於洗滌，還具有很好的保暖性
PP棉	15.75	0	0	人造材料，使用最廣泛，經濟實用
珍珠棉	23.5	0	1	相比PP棉更有彈性、柔軟性和均勻性，並且方便洗滌
棉花	27.00	1	1	純天然材質，柔軟富有彈性，均勻性，無靜電，但不可水洗
發聲裝置	3.12	1	1	附加功能，使玩具可以模擬真人發聲
發光裝置	4.92	1	1	附加功能，可使玩具具有閃光功能

五、資質認證

公司可以獲得多種資質認證，不同市場的不同消費者對企業所獲得何種認證將有不同的要求，對於不能符合消費者要求的企業，消費者將拒絕購買其產品。

以下是不同類型的資質認證（見表11-9）：

表11-9　　　　　　　　　　資質認證表

認證名稱	ISO9001
認證周期	2
每期費用	30 000.00
總費用	60 000.00

表11-9(續)

認證名稱	ICTI 認證
認證周期	3
每期費用	30 000.00
總費用	90 000.00

六、市場資質認證要求

在不同的市場中，不同的訂單對資質認證要求各不相同，以下是各市場對資質認證要求的詳細情況（見表11-10）：

表 11-10　　　　　　　　資質認證要求情況表

市場	群體	認證類別	4 季度	5 季度	6 季度	7 季度	8 季度
北京	品質型	ISO9000	Y	Y	Y	Y	Y
	經濟型	ISO9000		Y	Y	Y	Y
	實惠型	ISO9000			Y	Y	Y
上海	品質型	ISO9000	Y	Y	Y	Y	Y
	經濟型	ISO9000		Y	Y	Y	Y
	實惠型	ISO9000			Y	Y	Y
廣州	品質型	ISO9000			Y	Y	Y
	經濟型	ISO9000			Y	Y	Y
	實惠型	ISO9000				Y	Y
武漢	品質型	ISO9000			Y	Y	Y
	經濟型	ISO9000			Y	Y	Y
	實惠型	ISO9000				Y	Y
成都	品質型	ISO9000				Y	Y
	經濟型	ISO9000				Y	Y
	實惠型	ISO9000				Y	Y
北京	品質型	ICTI 認證				Y	Y
	經濟型	ICTI 認證					Y
	實惠型	ICTI 認證					Y

表11-10(續)

市場	群體	認證類別	4季度	5季度	6季度	7季度	8季度
上海	品質型	ICTI 認證				Y	Y
	經濟型	ICTI 認證					Y
	實惠型	ICTI 認證					Y
廣州	品質型	ICTI 認證				Y	Y
	經濟型	ICTI 認證					Y
	實惠型	ICTI 認證					Y
武漢	品質型	ICTI 認證				Y	Y
	經濟型	ICTI 認證					Y
	實惠型	ICTI 認證					Y
成都	品質型	ICTI 認證					Y
	經濟型	ICTI 認證					Y
	實惠型	ICTI 認證					Y

七、製造成本

原材料採購到最終成品下線過程中，最終下線成品將包含以下成本：

（1）每個原材料採購時不含稅實際成交的價格；

（2）生產產品所使用的廠房租金或折舊合計，平均分攤法分攤到每個成品；

（3）生產產品所使用的設備維護、設備折舊費用、設備搬遷、設備升級，平均分攤法分攤到該生產線上的每個成品；

（4）生產產品所對應的工人工資、五險合計，平均分攤法分攤到每個成品；

（5）每個產品生產過程中產生的產品加工費；

（6）生產線生產過程中產生的廢品部分成本，平均分攤法分攤到每個成品。

原材料庫存管理：先進先出法，最先購買入庫的原材料批次將被優先投入生產線進行生產。

成品庫存管理：先進先出法，最先下線入庫的成品將被優先用於交付訂單需求。

第六節　市場營銷

市場營銷分為渠道開發、產品推廣宣傳、銷售人員招聘、培訓、訂單報價等多項工作：

一、渠道開發

整個市場根據地區劃分為多個市場區域，每個市場區域下有一個或多個銷售渠道可供每個公司開拓，開發銷售渠道除了需要花費一定的開發周期外，每期還需要一筆開發費用。每個公司可以通過不同的市場區域下已經開發完成的銷售渠道，把各自的產品銷售到消費者手中。北京、上海、廣州、武漢、成都各自的零售渠道信息如表11-11 所示：

表 11-11　　　　　　　　　　**零售管道訊息表**

	管道名稱	零售管道
	所屬市場	北京
	開發周期	0
	每期費用（元）	20 000.00
	總費用（元）	0.00
	管道名稱	零售管道
	所屬市場	上海
	開發周期	1
	每期費用（元）	20 000.00
	總費用（元）	20 000.00
	管道名稱	零售管道
	所屬市場	廣州
	開發周期	2
	每期費用（元）	20 000.00
	總費用（元）	40 000.00

表11-11(續)

管道名稱	零售管道
所屬市場	武漢
開發周期	2
每期費用（元）	20 000.00
總費用（元）	40 000.00

管道名稱	零售管道
所屬市場	成都
開發周期	3
每期費用（元）	20 000.00
總費用（元）	60 000.00

二、產品推廣

產品推廣主要指廣告宣傳，每個產品每期均可以投入一筆廣告宣傳費用，某一期投入的廣告對未來若干季度是有累積效應的，投入當季效應最大，隨著時間推移，效應逐漸降低。

三、銷售人員

公司可以在交易市場的人才市場內招聘到不同能力層次的銷售人員。

銷售能力：銷售人員在一個經營周期內所具有的最大銷售能力。

招聘費用：招聘一個銷售人員所需花費的招聘費用，該筆費用在招聘時即自動扣除。

季度工資：支付給銷售人員的工資，每期期末自動支付。

試用期：招聘後試用的時間，人力資源部需在試用期內與銷售人員簽訂合同，招聘之後沒有簽訂合同將支付罰金每人2 000.00元。

培訓費用：每次培訓一個銷售人員所需花費的費用，每個銷售人員每個經營周期最多只能進行一次培訓。銷售人員培訓由銷售部提出，遞交到人力資源部後實施，培訓費用在實施時支付。

培訓提升：銷售人員完成一次培訓後，銷售能力將在原有能力的基礎上提升的百分比。培訓後銷售能力 = 培訓前銷售能力 ×（1 + 培訓提升）

辭退補償：試用期內辭退銷售人員無需支付辭退補償金，試用期滿並正式簽訂合同後需支付辭退補償金，一般在每期期末實際辭退銷售人員時實時支付。

以下是不同類型的銷售人員的基本信息和投入費用（見表 11-12）：

表 11-12　　　　　　　　銷售人員基本訊息和投入費用情況表

銷售人員	業務員
銷售能力	500
招聘費用（元）	500.00
季度工資（元）	3 600.00
試用期	1
培訓費用（元）	500.00
培訓提升（%）	5.00
辭退補償（元）	300.00

四、訂單報價

每個經營周期，對於已經完成開發的渠道，將有若干來自不同消費群體的市場訂單以供每個公司進行報價。每個市場訂單均包含資質要求、購買量、回款周期、最高承受價等要素。

當訂單無法按量滿額交付時，需支付訂單違約金：

訂單違約金 =（該訂單最高限價 × 未交付訂單數量）× 訂單違約金比例（30.00%）

五、市場需求

每個經營周期，不同市場區域下的不同銷售渠道都包含了多個消費群體的不同量的市場需求。北京、上海、廣州、武漢、成都零售渠道每個季度平均每組的市場訂單走勢（如圖 11-7~圖 11-11 所示，市場總容量 = 組數 × 組平均市場）。

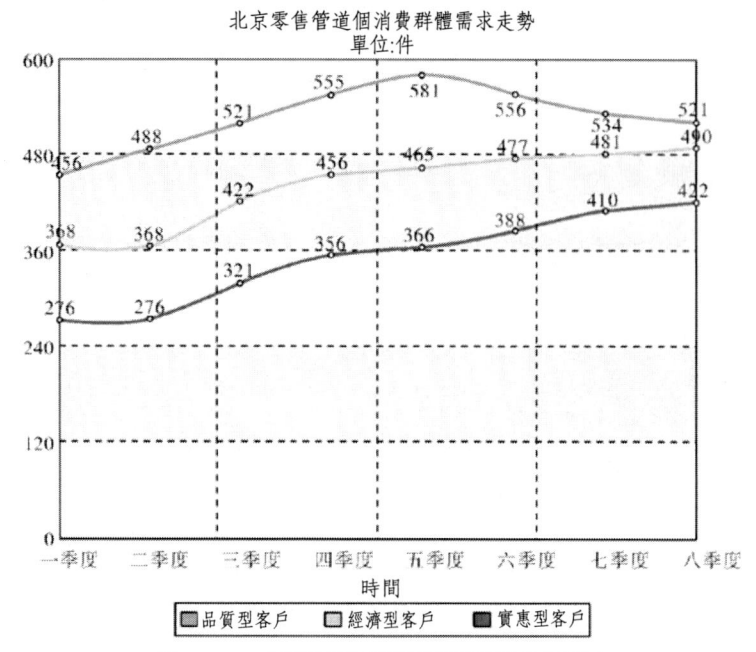

圖 11-7　北京零售管道個消費群體需求走勢圖

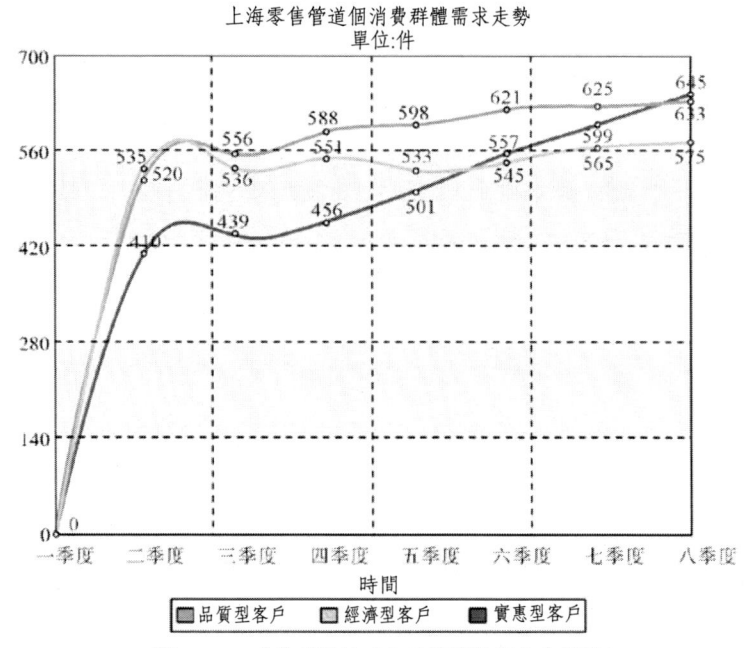

圖 11-8　上海零售管道各消費群體需求走勢圖

廣州零售管道個消費群體需求走勢
單位:件

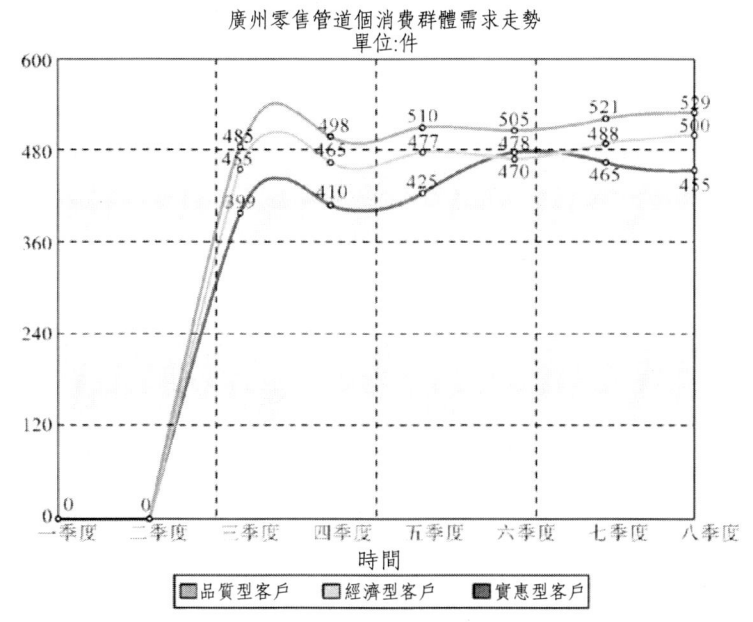

圖 11-9　廣州零售管道各消費群體需求走勢圖

武漢零售管道個消費群體需求走勢
單位:件

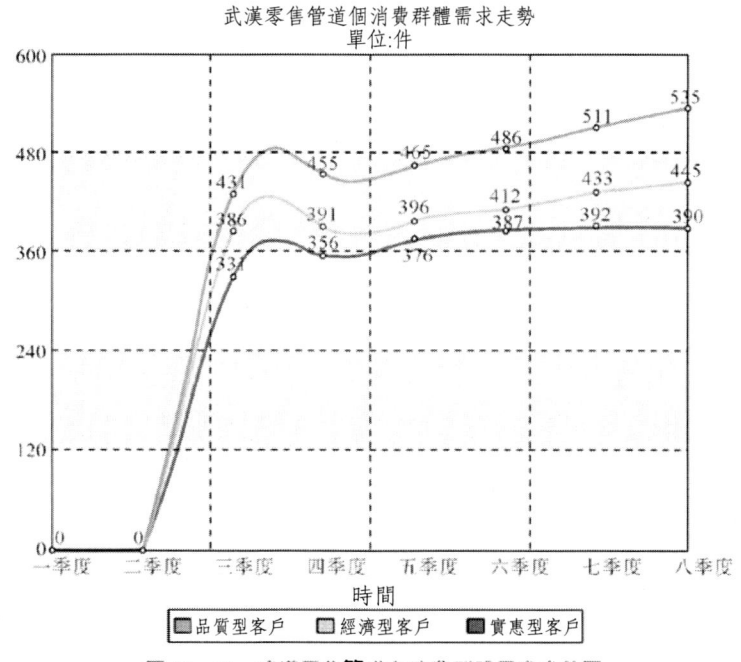

圖 11-10　武漢零售管道各消費群體需求走勢圖

成都零售管道個消費群體需求走勢
單位:件

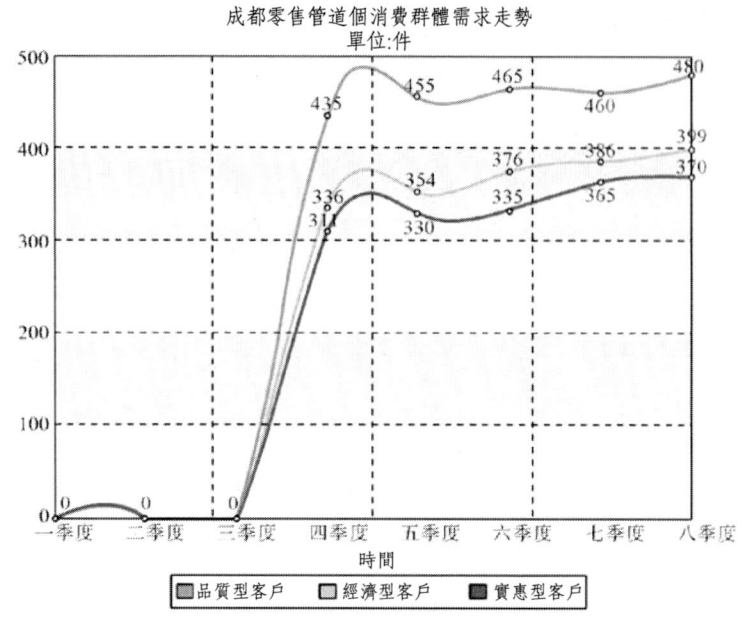

圖 11－11　成都零售管道各消費群體需求走勢圖

第七節　組間交易

一、組間交易

在整個市場中，公司之間可進行原料、訂單需求交易，交易方式為競價拍賣形式，賣方通過發布交易信息發起一樁交易，不同買方通過自由競價形式向賣方遞交各自報價與購買數量。

如果當前交易沒有任何買家參與競價，則賣方可隨時終止當前交易過程。

如果當前交易已經有一個以上的買家參與了競價，則系統規定，賣方從發布交易信息開始，必須經過 5 分鐘后才能結束該樁交易，如果賣家未能在進入下一季度之前結束發起的交易，則相關交易自動取消，交易相關的原料、訂單需求自動歸還給賣方，參與競拍的買方公司遞交的報價數據也自動失效。

交易結束后，系統將根據參與競價的買方所遞交的報價及數量，報價高者所要求的購買數量將獲得優先滿足，如果價格相同，則遞交時間早的買方購買數量獲得優先滿足。

交易結束后，本樁交易如果尚有未轉讓完的原料或訂單需求，則自動返回給賣方，不再允許繼續交易，直到賣方再次發起一樁新的交易。

每期交易金額限制，為了規範公司間合理交易，避免少數公司通過公司交易達成利益輸送，每個公司每期累計可進行最大交易金額上限為 1 萬元，無論買賣雙方，每

期公司間交易金額累計不能超過該額度。

二、交易方法

賣方：
場景「交易市場」→「商情交易區」進行交易信息的發布。
買方：
場景「交易市場」→「商情交易區」進行競價信息遞交。

三、交易示例

A 公司發起交易：

A 公司發布一條原料出售信息，數量 100 件，競拍底價 10 元/個，此時系統會檢查此次交易信息發布合計金額是否大於「當前組間交易可用交易額度」，若大於則不允許發布，若小於則允許發布，發布成功後必須經過 5 分鐘後才能結束當前交易。

B 公司參與競價：

B 公司報價 15 元/個，購買 60 個原料，系統會檢查本次報價合計金額是否在當前公司可用交易額度範圍內，如果在範圍內，則可順利遞交報價，否則不允許遞交報價。

C 公司參與競價：

C 公司報價 16 元/個，購買 60 個原料，系統會檢查本次報價合計金額是否在當前公司可用交易額度範圍內，如果在範圍內，則可順利遞交報價，否則不允許遞交報價。

A 公司結束交易：

根據競價規則，C 公司以 16 元/個優先獲得 60 個原料，並向 A 公司支付 $16 \times 60 = 960$ 元轉讓費用；B 公司以 15 元/個獲得剩餘 40 個原料，並向 A 公司支付 $15 \times 40 = 600$ 元轉讓費用，本次交易結束。

四、產品改造費

產品改造費是訂單需求交易時產生的費用，若此費用產生，則會在買方交付此訂單時扣除。

五、示例

A 公司買入 B 公司訂單 F，數量為 100 套。

在交易前，B 公司的訂單 F 所對應的產品為 B1；A 公司買入時，選擇針對該訂單的產品是 A1；

產品 B1 的原料配製如下：
玻璃包裝紙短平絨珍珠棉
產品 A1 的原料配製如下：
玻璃包裝紙松針絨棉花發生裝置
則以產品 B1 為標準，產品 A1 缺少如下原料配製：
短平絨珍珠棉

若本期原料無折扣，價格如下：

短平絨：11.00 元

珍珠棉：24.00 元

產品改造費 =（買方產品比賣方產品少的原料配製無折扣價之和 + 差異數量×產品改造加工費）×訂單數量

則此處產品改造費 =［（11.00 + 24.00）+ 2×2.00］×100 = 14 000.00（元）

第八節　評分說明

綜合表現分數計算法則如下：

綜合表現 = 盈利表現 + 財務表現 + 市場表現 + 投資表現 + 成長表現

基準分數為 100.00 分，各項權重分別為：

盈利表現權重 30.00 分；

財務表現權重 30.00 分；

市場表現權重 20.00 分；

投資表現權重 10.00 分；

成長表現權重 10.00 分；

（各項權重由講師設置）

盈利表現：

盈利表現 = 所有者權益 ÷ 所有企業平均所有者權益 × 盈利表現權重

（盈利表現最低為 0.00，最高為 60.00）

財務表現：

財務表現 =（本企業平均財務綜合評價 ÷ 所有企業平均財務綜合評價的平均數）× 財務表現權重

（財務表現最低為 0.00，最高為 60.00）

市場表現：

市場表現 =（本企業累計已交付的訂貨量 ÷ 所有企業平均累計交付的訂貨量）× 市場表現權重

（市場表現最低為 0.00，最高為 40.00）

投資表現：

投資表現 =（本企業未來投資 ÷ 所有企業平均未來投資）× 投資表現權重

未來投資 = 累計產品研發投入 + 累計認證投入 + 累計市場開發投入 + $\sum$（到本季為止每個季度末廠房和設備原值總和/相應的購買季度數）

（投資表現最低為 0.00，最高為 20.00）

成長表現：

成長表現 =（本企業累計銷售收入÷所有企業平均累計銷售收入）× 成長表現權重

（成長表現最低為 0.00，最高為 20.00）

第九節　季度結算

以下是進入下一季度時系統所做的主要操作，結算分兩步，一步是計算本季度末的數據，另一步計算下季度初的數據。

一、季末費用結算

結算本季度末的相關數據，系統主要進行以下操作（按先後順序排列）：
(1) 支付產品製造費用；
(2) 支付管理人員工資和「五險一金」；
(3) 更新設備搬遷；
(4) 更新設備升級；
(5) 更新廠房出售、設備出售；
(6) 更新生產工人培訓；
(7) 扣除生產工人未簽訂合同罰金；
(8) 扣除銷售人員未簽訂合同罰金；
(9) 扣除基本行政管理費用；
(10) 辭退生產工人；
(11) 辭退銷售人員；
(12) 出售生產設備；
(13) 出售廠房或廠房退租；
(14) 檢查並扣除管理人員未簽訂合同罰金；
(15) 檢查並扣除未交貨訂單違約金；
(16) 銀行還貸；
(17) 緊急貸款。

二、季初費用結算

結算下季度初的相關數據，系統主要進行以下操作（按先後順序排列）：
(1) 檢查上季度未分配和未完成交付的訂單數量，並轉移到當前季度；
(2) 公司註冊費用（一季度扣除）；
(3) 計算公司應收帳款，並收取；
(4) 計算公司應付帳款，並支付；
(5) 計算上季度營業稅，並支付；

（6）扣除上季度 增值稅、城建稅、所得稅、教育附加稅、地方教育附加稅；

（7）扣除辦公室租金；

（8）更新原料到貨狀態；

（9）更新預付帳款狀態；

（10）更新原料到貨狀態；

（11）緊急貸款。

附錄1：教師端控制軟件操作手冊

一、軟件安裝

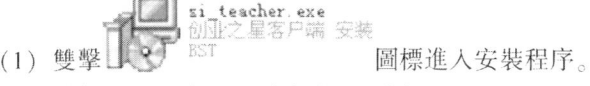

(1) 雙擊 ![si_teacher.exe] 圖標進入安裝程序。
(2) 點擊「下一步」繼續安裝（見圖1）。

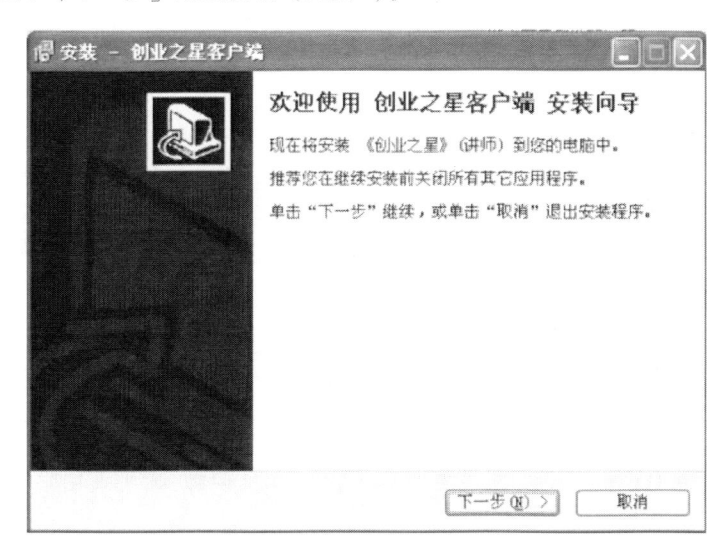

圖1

(3) 決定軟件安裝位置（見圖2）。

創業經營與決策

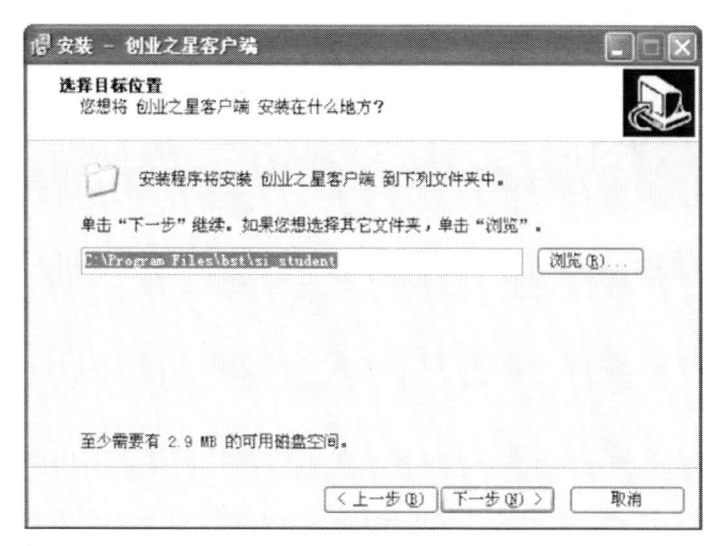

圖2

(4) 決定是否在開始菜單創建圖標（建議安裝，見圖3）。

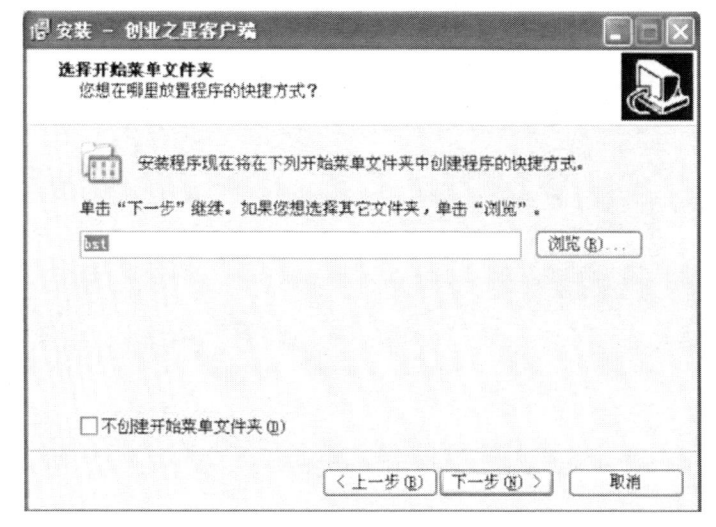

圖3

(5) 決定是否在桌面創建快捷方式（建議勾選，見圖4）。

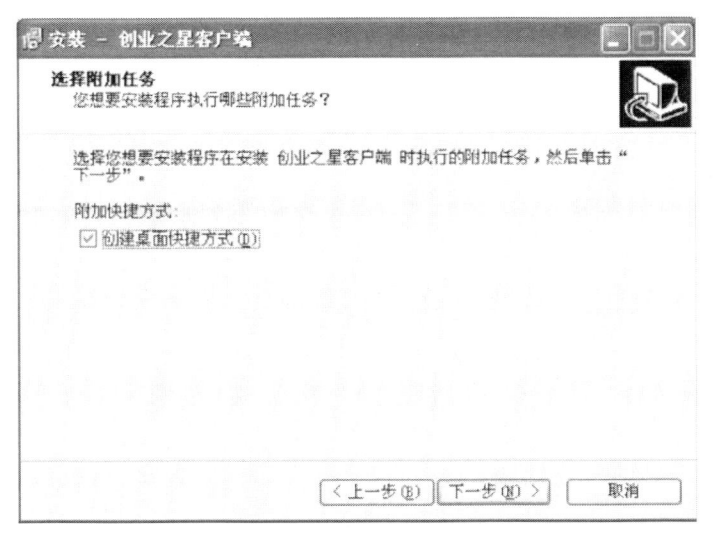

圖4

（6）點擊安裝即可完成安裝。

二、進入軟件

（1）雙擊圖標。

（2）在「服務器」一欄輸入數據處理服務器的網絡 IP 地址。在「教室號碼」一欄輸入教室號碼，該號碼類似於現實生活中的教室號碼，創業之星系統內置 101～109、201～209、301～309、401～409 共 32 個教室供教師使用，可以輸入其中任意一個號碼。一般情況下，建議每一位授課教師單獨開放一個教室號碼，便於開課管理，同時可避免相互干擾。「進入口令」默認為空。在正式使用中，每一位教師可以將自己使用的這個教室設置進入密碼，以防止其他教師或學生進入，干擾教學正常進項（見圖5）。

創業經營與決策

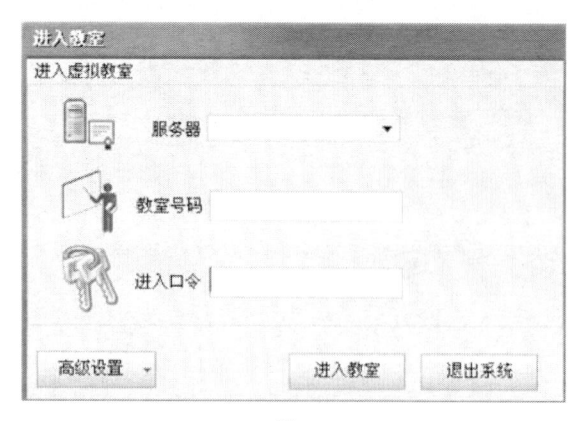

圖 5

（3）點擊左下角「高級設置」（見圖 6）。

圖 6

（4）在「連接端口」處輸入數據處理服務器端口號（一般默認 8080）。以上步驟完成並確認無誤后點擊 。

三、選擇班級

界面列表顯示歷史上課記錄，每一個班級代表了現實教學環境下的一個班級，可

以選擇其中的一個班級開始上課（見圖7）。

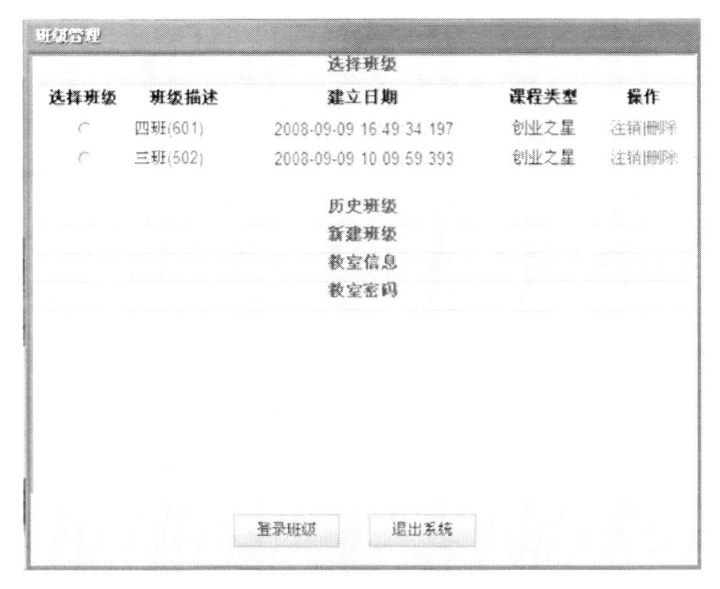

圖7

四、新建班級

（1）軟件可以為從來沒有上過課的班級建立一個新的虛擬班級，班級描述填入對該班級的說明，課程類型為默認（見圖8）。

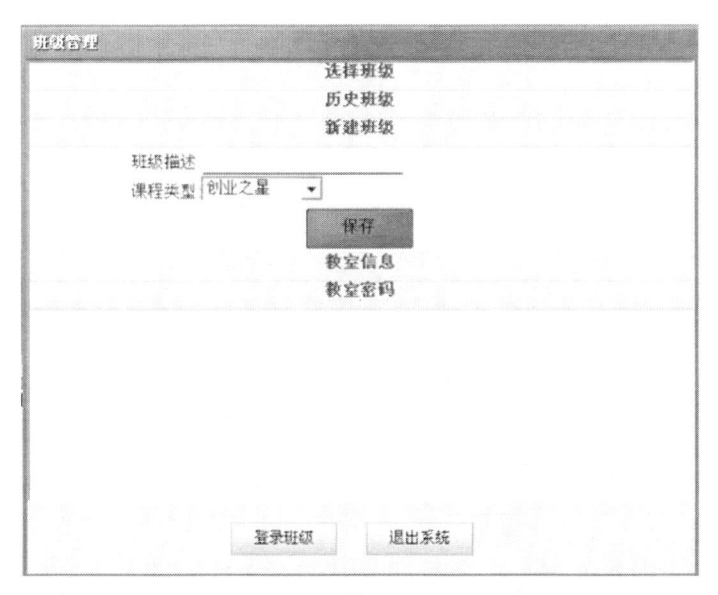

圖8

（2）「教室信息」欄列出了當前教室相關註冊信息（見圖9）。

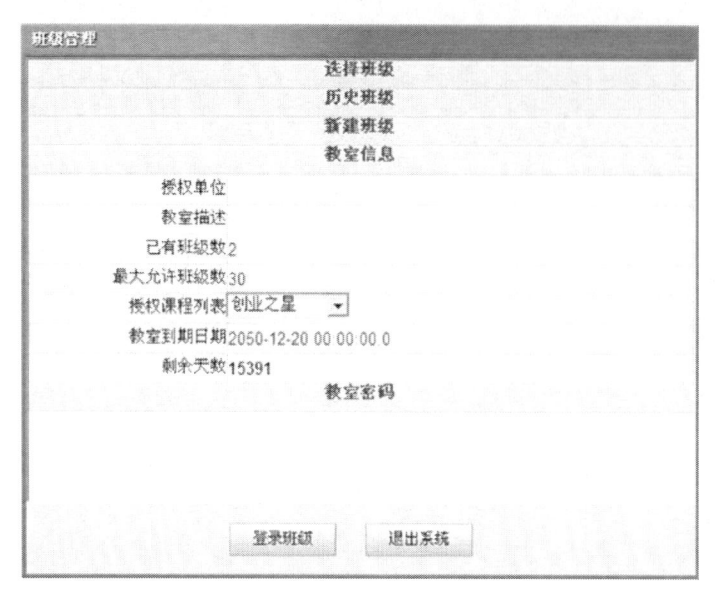

圖 9

（3）「修改教室密碼」欄允許修改當前登錄的教室號碼的登錄密碼（默認為空），修改成功后下次登錄將需要輸入登錄密碼（見圖10）。

圖 10

五、選擇班級上課

（1）選擇一個班級進入系統后，可以看到教室客戶端控制程序的主界面（見圖11）。程序主要分成以下三大塊：

任務列表區：該區域顯示了由教師控制的任務發布情況及課程模擬時間進度和系統設置。

主窗口：該區域顯示有關配置和查詢的操作界面。

各小組在線情況：該區域顯示了各小組登錄在線情況。

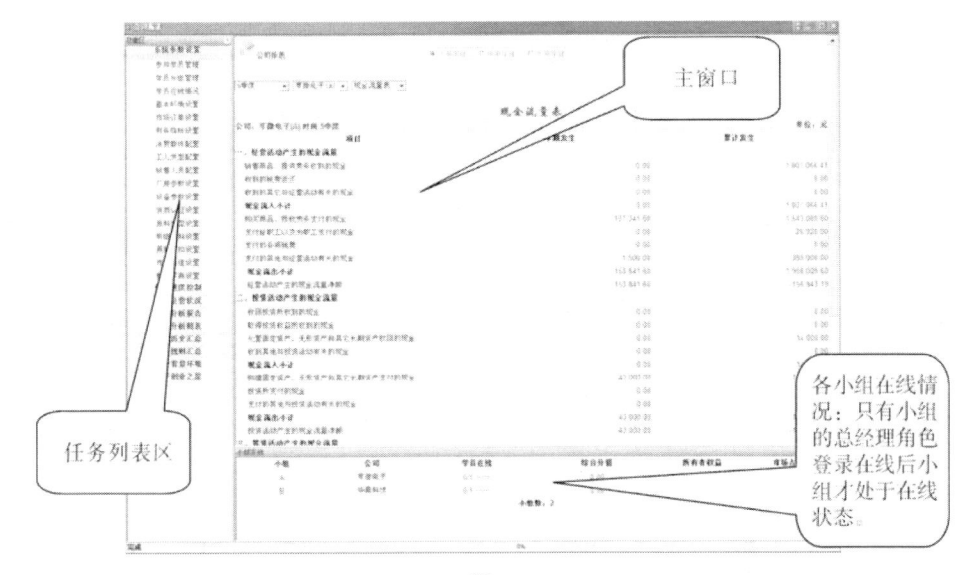

圖 11

（2）建立小組。對於第一次開課的班級，需要建立新的小組，可以點擊「系統參數設置」下的「學員分組管理」（見圖 12）。

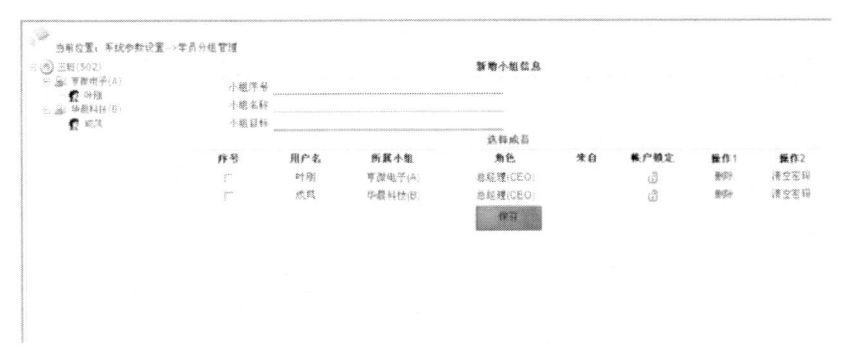

圖 12

小組序號：一般輸入（A，B，C……或1，2，3……）。

小組名稱：輸入要創建的小組（公司）名稱。

小組目標：小組期望達到的目標。

完成后點擊「保存」即可。

（3）學員分組。新建完小組后，還需要把已經登記註冊的學生分配到每個小組。點擊「系統參數設置」下的「學員分組管理」（見圖 13）。

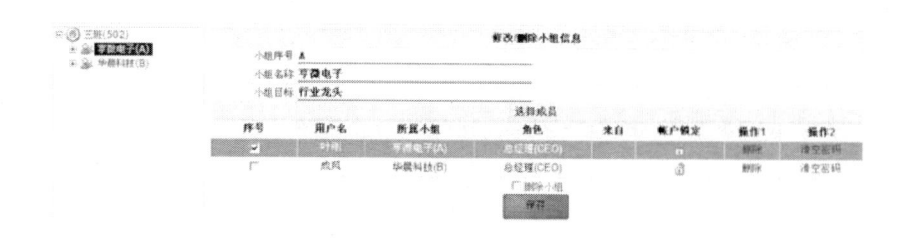

圖 13

　　點擊左欄的「小組」，在右欄要加入該小組的學員前打鈎。完成後點擊「保存」即可。

　　(4) 刪除小組。在上一步保存之前選中「刪除小組」，再點擊「保存」即刪除了該小組。

　　(5) 刪除學員。在學員列表處點擊「刪除」即刪除了該學員。

　　(6) 清空學員密碼。在學員列表處點擊「清空密碼」即可。

　　(7) 學員在線情況。被登記註冊的學員可以使用學生客戶端程序登錄到平臺模擬經營，教師端程序能看到登記註冊的所有學生的登錄在線情況（見圖14）。

圖 14

　　注意：偶爾由於一些不可預測的原因，如學生客戶端非法強制退出等情況。這時在教師端程序上顯示該學員登錄狀態仍為「在線」，出現此情況，需要等待大約1分鐘即可。若此時學生端再次登錄，則提示如圖15所示：

圖 15

　　出現這種情況需要教師端強制斷開該學生端先前的連接，斷開后該學生即可登錄。

斷開學生端的方法，下文中會有介紹。

（8）發布任務（進入下一周期經營）。

選擇「任務進度控制」（見圖16）。

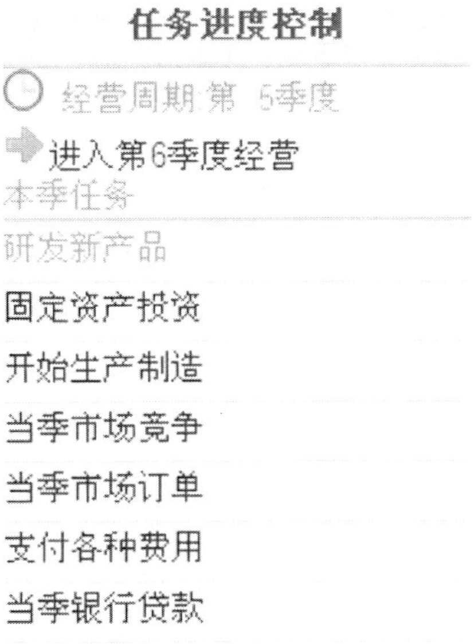

任务进度控制

○ 经营周期 第 5季度
➡ 进入第6季度经营
本季任务
研发新产品
固定资产投资
开始生产制造
当季市场竞争
当季市场订单
支付各种费用
当季银行贷款

圖16

點擊「本季任務」下的各任務，在主窗口可看到各小組任務完成情況（見圖17）。

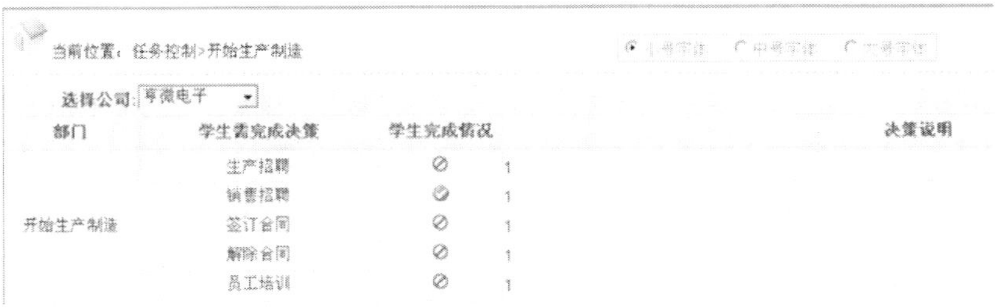

圖17

點擊➡按鈕，確認後即可進入提示的季度經營。

六、系統參數設置

（1）基本環境設置。設置課程的基本環境參數，點擊「系統參數設置」，選擇「基本環境設置」（見圖18）。

圖 18

依次修改后點擊「保存修改」即可保存。

在下拉框中選擇其他課程，點擊查看模板即可查看其他課程的系統參數設置；

在下拉框中選擇其他課程，點擊「恢復自...」即可使用選擇的課程的模板數據作為本課程的模板。

(2) 市場訂單設置。設置本課程下每季度的訂單的總額以及各詳細參數，訂單的多少直接關係到營運的小組是否盈利。點擊「系統參數設置」，選擇「市場訂單設置」（見圖19）。

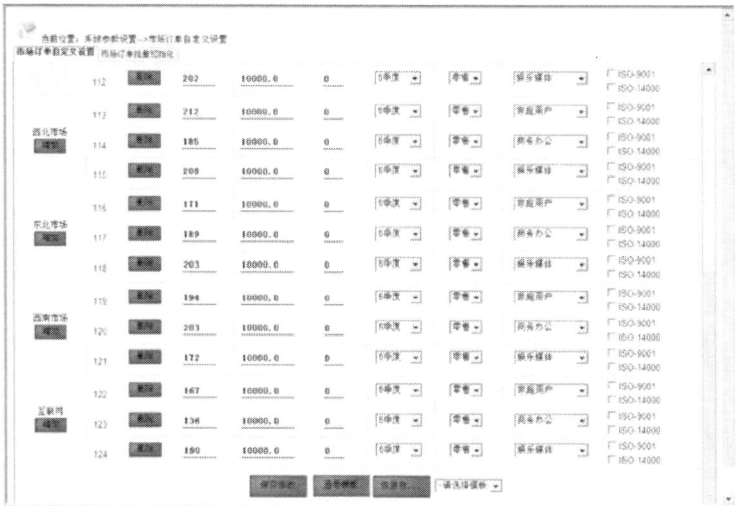

圖 19

依次修改后點擊「保存修改」即可保存。

在下拉框中選擇其他課程，點擊查看模板即可查看其他課程的市場訂單數據。

在下拉框中選擇其他課程，點擊「恢復自...」即可使用選擇的課程的市場訂單作為本課程的訂單數據。

點擊市場訂單數量初始化標籤，系統默認預設 4 個小組的訂單數量，教師可按照實際小組數量批量修改訂單數量。

（3）財務指標設置。設置課程的財務表現分值參數，點擊「系統參數設置」，選擇「財務指標設置」（見圖 20）。

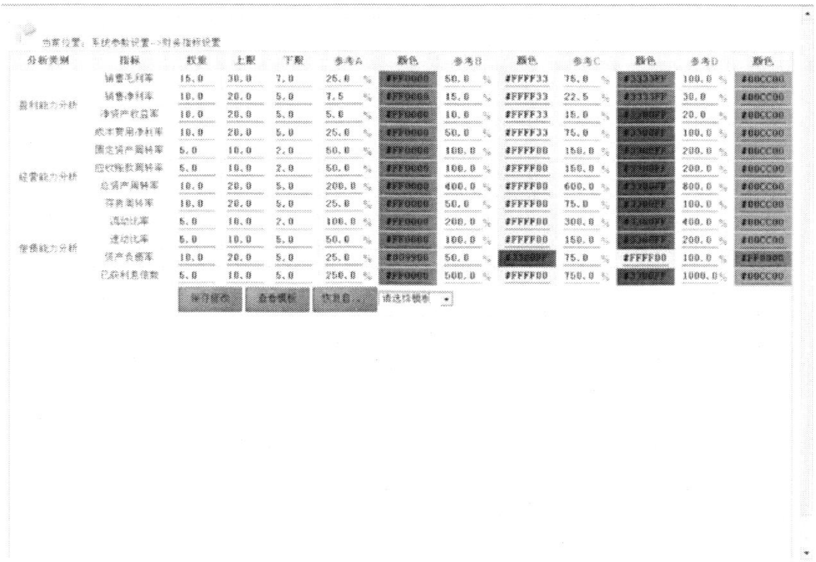

圖 20

依次修改后點擊「保存修改」即可保存。

在下拉框中選擇其他課程，點擊查看模板即可查看其他課程的財務指標設置。

在下拉框中選擇其他課程，點擊「恢復自...」即可使用選擇的課程的財務指標作為本課程的指標數據。

（4）消費群體設置。設置課程的消費群體參數，點擊「系統參數設置」，選擇「消費群體設置」（見圖 21）。

創業經營與決策

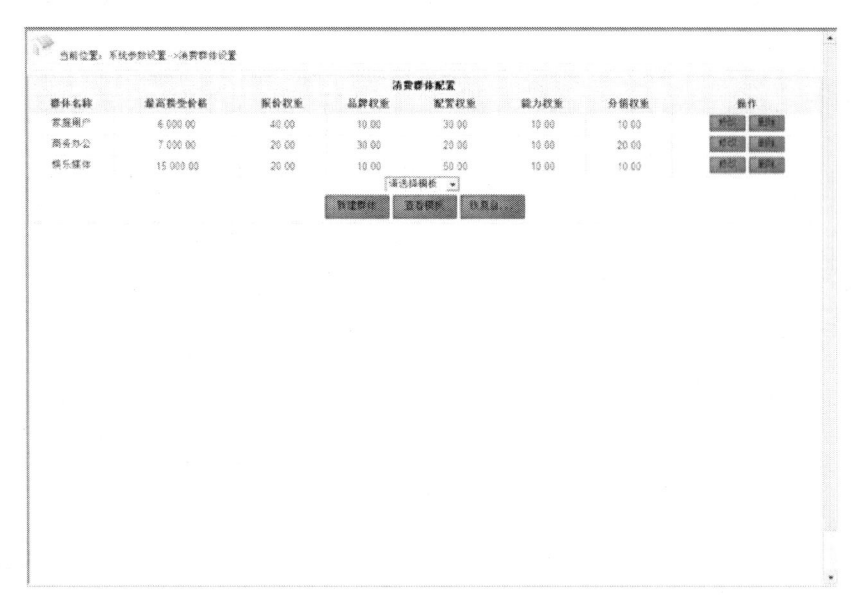

圖 21

點擊「新建群體」或「修改群體」（見圖 22）。

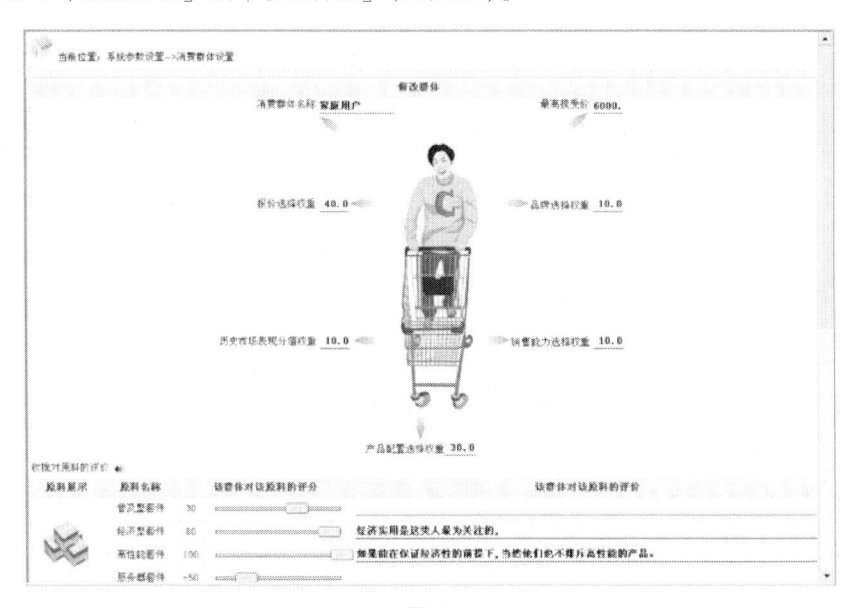

圖 22

此處可新建群體或修改已有群體的詳細參數。對原料評價參數是指該消費群體心目中的理想產品的配置權重。完成后點擊「保存修改」即可（見圖 23）。

在下拉框中選擇其他課程，點擊查看模板即可查看其他課程的財務指標設置。在下拉框中選擇其他課程，點擊「恢復自...」即可使用選擇的課程的財務指標作為課程

194

的指標數據。

圖 23

（5）工人類型設置。設置課程的生產工人參數，點擊「系統參數設置」，選擇「工人類型設置」（見圖24）。

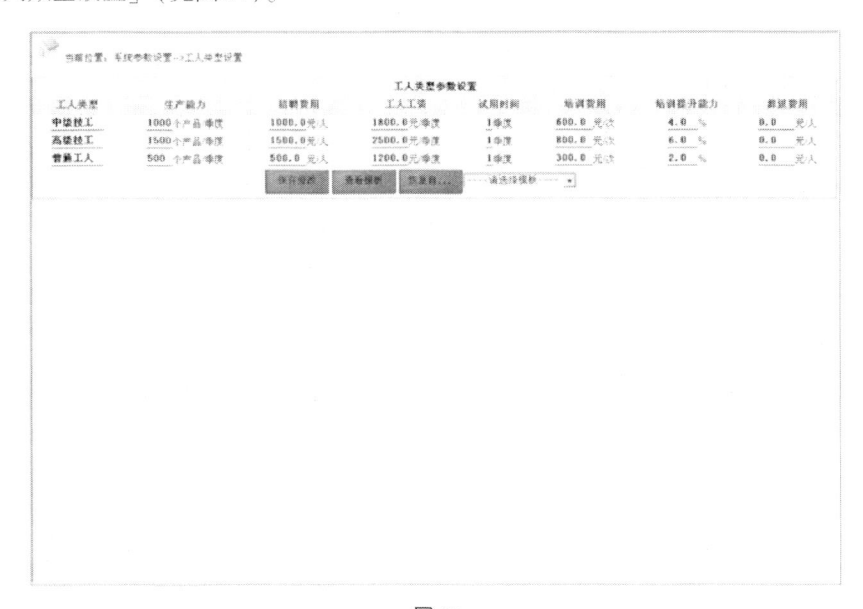

圖 24

依次修改后點擊「保存修改」即可保存。

在下拉框中選擇「其他課程」，點擊「查看模板」即可查看其他課程的工人類型

創業經營與決策

設置。

在下拉框中選擇「其他課程」，點擊「恢復自...」即可使用選擇的課程的工人類型作為課程的數據。

（6）銷售人員設置。設置課程的銷售人員參數，點擊「系統參數設置」，選擇「銷售人員設置」（見圖25）。

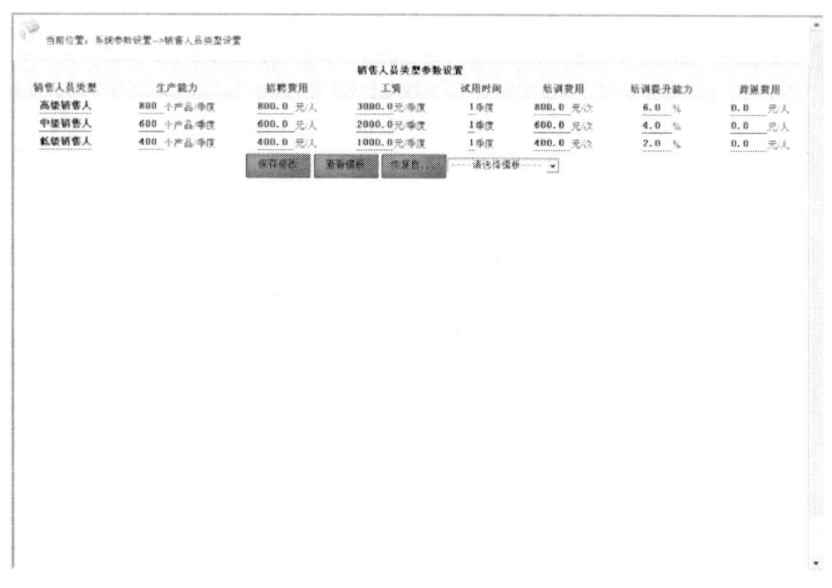

圖25

依次修改后點擊「保存修改」即可保存。

在下拉框中選擇「其他課程」，點擊「查看模板」即可查看其他課程的銷售人員設置。

在下拉框中選擇「其他課程」，點擊「恢復自...」即可使用選擇的課程的銷售人員參數作為課程的數據。

（7）廠房參數設置。設置課程的廠房參數，點擊「系統參數設置」，選擇「廠房參數設置」（見圖26）。

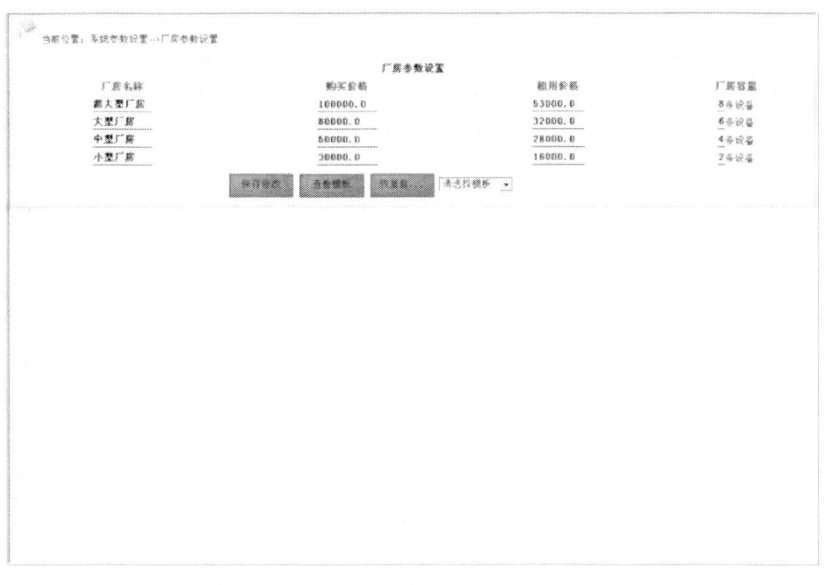

圖 26

　　依次修改后點擊「保存修改」即可保存。
　　在下拉框中選擇「其他課程」，點擊「查看模板」即可查看其他課程的廠房參數。
　　在下拉框中選擇「其他課程」，點擊「恢復自...」即可使用選擇的課程的廠房參數作為課程的數據。
　　(8) 設備 (生產線) 參數設置。設置課程的設備 (生產線) 參數，點擊「系統參數設置」，選擇「設備參數設置」(見圖 27)。

圖 27

依次修改后點擊「保存修改」即可保存。

在下拉框中選擇「其他課程」，點擊「查看模板」即可查看其他課程的設備參數。

在下拉框中選擇「其他課程」，點擊「恢復自...」即可使用選擇的課程的設備參數作為課程的數據。

（9）資質認證設置。設置課程的資質認證參數，點擊「系統參數設置」，選擇「資質認證設置」（見圖28）。

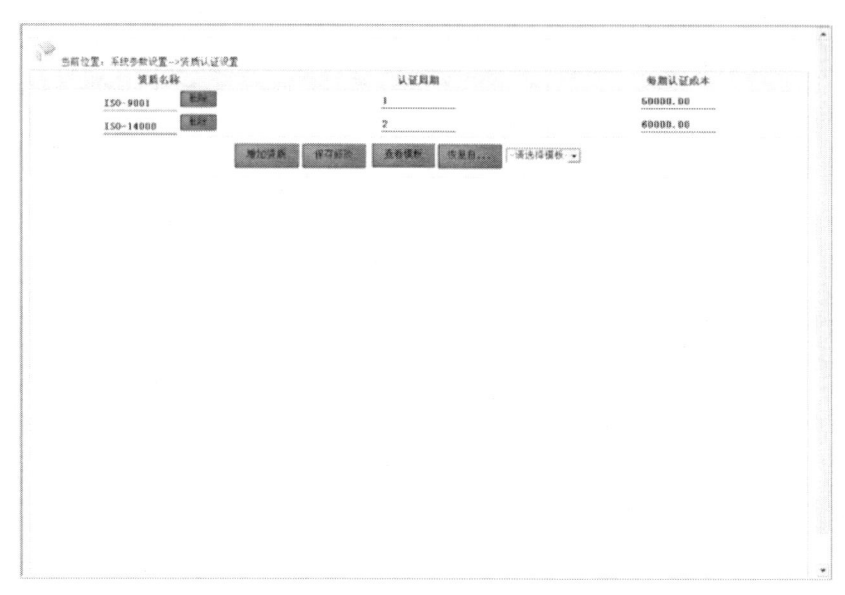

圖28

依次修改后點擊「保存修改」即可保存。

在下拉框中選擇「其他課程」，點擊「查看模板」即可查看其他課程的認證參數。

在下拉框中選擇「其他課程」，點擊「恢復自...」即可使用選擇的課程的認證參數作為課程的數據。

點擊「增加資質」（見圖29）。

圖29

輸入參數后點擊「增加」即可。

（10）原料類型設置。設置課程的市場原料類型參數，點擊「系統參數設置」，選擇「原料類型設置」（見圖30）。

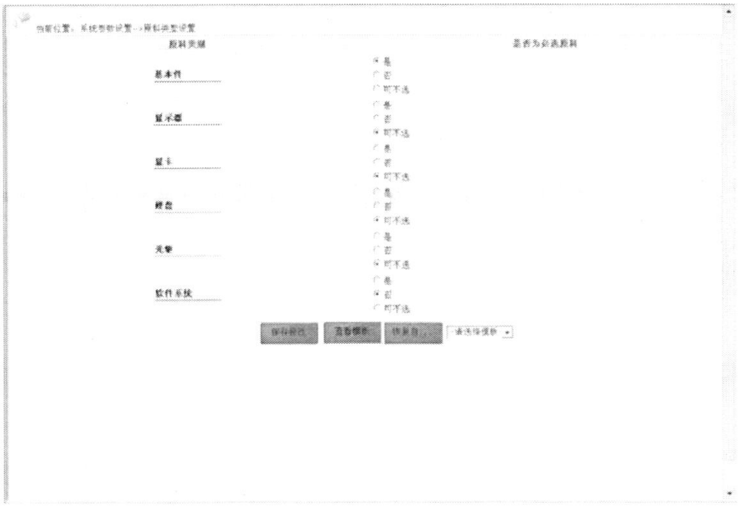

圖 30

依次修改后點擊「保存修改」即可保存。

在下拉框中選擇「其他課程」，點擊「查看模板」即可查看其他課程的原料類型參數。

在下拉框中選擇「其他課程」，點擊「恢復自...」即可使用選擇的課程的原料類型參數作為課程的數據。

（11）明細原料設置。設置課程的市場原料類型參數，點擊「系統參數設置」，選擇「明細原料設置」（見圖 31）。

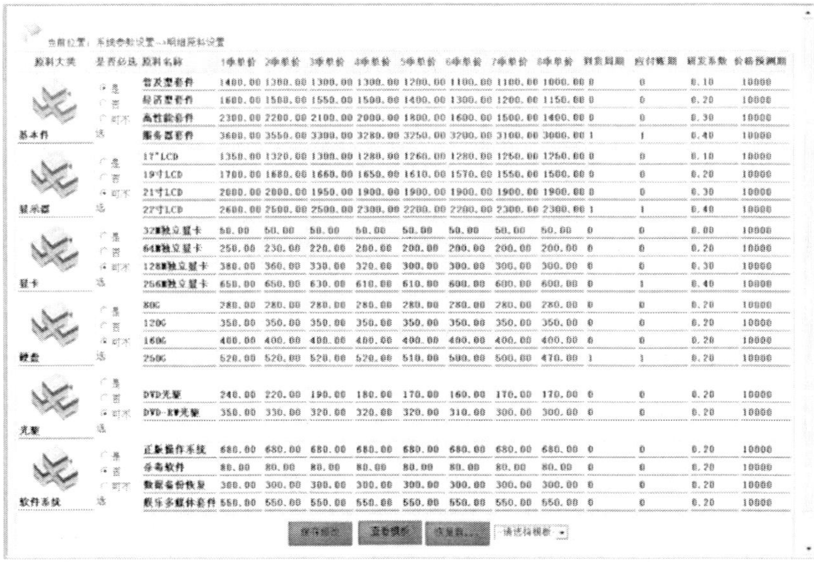
当前位置：系统参数设置-->明细原料设置

原料大类	是否必选	原料名称	1季单价	2季单价	3季单价	4季单价	5季单价	6季单价	7季单价	8季单价	到货周期	应付账期	研发系数	价格预测期
基本件	是	普及型套件	1400.00	1300.00	1300.00	1300.00	1200.00	1100.00	1100.00	1000.00	0	0	0.10	10000
		經濟型套件	1600.00	1500.00	1550.00	1500.00	1400.00	1300.00	1200.00	1150.00	0	0	0.20	10000
		高性能套件	2300.00	2200.00	2100.00	2000.00	1800.00	1600.00	1500.00	1400.00	0	0	0.30	10000
		服务器套件	3600.00	3550.00	3300.00	3280.00	3250.00	3200.00	3100.00	3000.00	1	1	0.40	10000
显示器	可不选	17"LCD	1350.00	1320.00	1300.00	1280.00	1260.00	1280.00	1250.00	1250.00	0	0	0.10	10000
		19寸LCD	1700.00	1680.00	1660.00	1650.00	1610.00	1570.00	1550.00	1500.00	0	0	0.20	10000
		21寸LCD	2000.00	2000.00	1950.00	1900.00	1900.00	1900.00	1900.00	1900.00	0	0	0.30	10000
		27寸LCD	2600.00	2500.00	2500.00	2300.00	2200.00	2200.00	2300.00	2300.00	1	1	0.40	10000
显卡	可不选	32M独立显卡	50.00	50.00	50.00	50.00	50.00	50.00	50.00	50.00	0	0	0.00	10000
		64M独立显卡	250.00	230.00	220.00	200.00	200.00	200.00	200.00	200.00	0	0	0.20	10000
		128M独立显卡	380.00	360.00	330.00	320.00	300.00	300.00	300.00	300.00	0	0	0.30	10000
		256M独立显卡	650.00	650.00	630.00	610.00	610.00	600.00	600.00	600.00	0	1	0.40	10000
硬盘	可不选	80G	280.00	280.00	280.00	280.00	280.00	280.00	280.00	280.00	0	0	0.20	10000
		120G	350.00	350.00	350.00	350.00	350.00	350.00	350.00	350.00	0	0	0.20	10000
		160G	400.00	400.00	400.00	400.00	400.00	400.00	400.00	400.00	0	0	0.20	10000
		250G	520.00	520.00	520.00	520.00	510.00	500.00	500.00	470.00	1	1	0.20	10000
光驱	可不选	DVD光驱	240.00	220.00	190.00	180.00	170.00	160.00	170.00	170.00	0	0	0.20	10000
		DVD-RW光驱	350.00	330.00	320.00	320.00	320.00	310.00	300.00	300.00	0	0	0.20	10000
软件系统	否	正版操作系统	680.00	680.00	680.00	680.00	680.00	680.00	680.00	680.00	0	0	0.20	10000
		杀毒软件	80.00	80.00	80.00	80.00	80.00	80.00	80.00	80.00	0	0	0.20	10000
		数据备份恢复	300.00	300.00	300.00	300.00	300.00	300.00	300.00	300.00	0	0	0.20	10000
		娱乐多媒体套件	550.00	550.00	550.00	550.00	550.00	550.00	550.00	550.00	0	0	0.20	10000

圖 31

依次修改后點擊「保存修改」即可保存。

在下拉框中選擇「其他課程」，點擊「查看模板」即可查看其他課程的明細原料參數。

在下拉框中選擇「其他課程」，點擊「恢復自...」即可使用選擇的課程的明細原料參數作為課程的數據。

(12) 原料折扣設置。設置課程的市場原料類型參數，點擊「系統參數設置」，選擇「原料折扣設置」(見圖 32)。

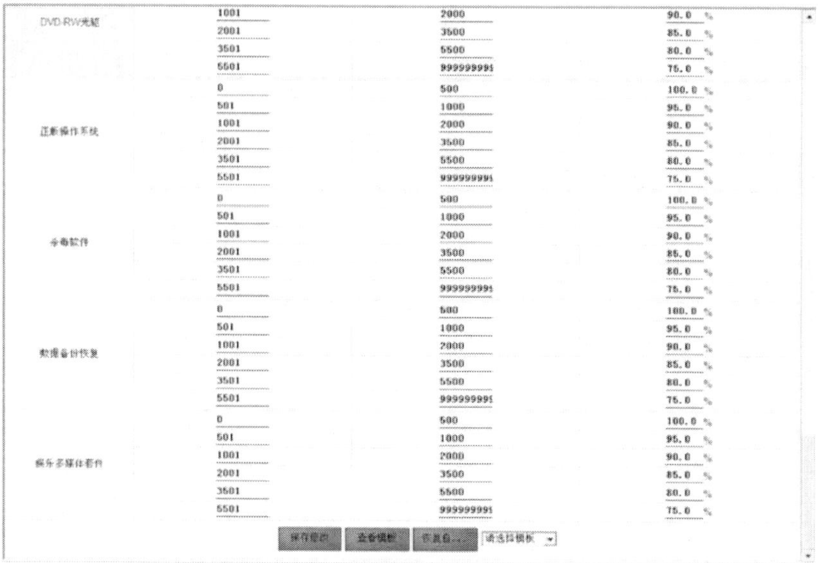

DVD-RW光盤	1001	2000	90.0 %
	2001	3500	85.0 %
	3501	5500	80.0 %
	5501	999999999	75.0 %
正版操作系统	0	500	100.0 %
	501	1000	95.0 %
	1001	2000	90.0 %
	2001	3500	85.0 %
	3501	5500	80.0 %
	5501	999999999	75.0 %
杀毒软件	0	500	100.0 %
	501	1000	95.0 %
	1001	2000	90.0 %
	2001	3500	85.0 %
	3501	5500	80.0 %
	5501	999999999	75.0 %
数据备份恢复	0	500	100.0 %
	501	1000	95.0 %
	1001	2000	90.0 %
	2001	3500	85.0 %
	3501	5500	80.0 %
	5501	999999999	75.0 %
娱乐多媒体套件	0	500	100.0 %
	501	1000	95.0 %
	1001	2000	90.0 %
	2001	3500	85.0 %
	3501	5500	80.0 %
	5501	999999999	75.0 %

圖 32

依次修改后點擊「保存修改」即可保存。

在下拉框中選擇「其他課程」，點擊「查看模板」即可查看其他課程的原料折扣參數。

在下拉框中選擇「其他課程」，點擊「恢復自...」即可使用選擇的課程的原料折扣參數作為課程的數據。

(13) 市場渠道設置。設置課程的市場渠道參數，點擊「系統參數設置」，選擇「市場渠道設置」(見圖 33)。

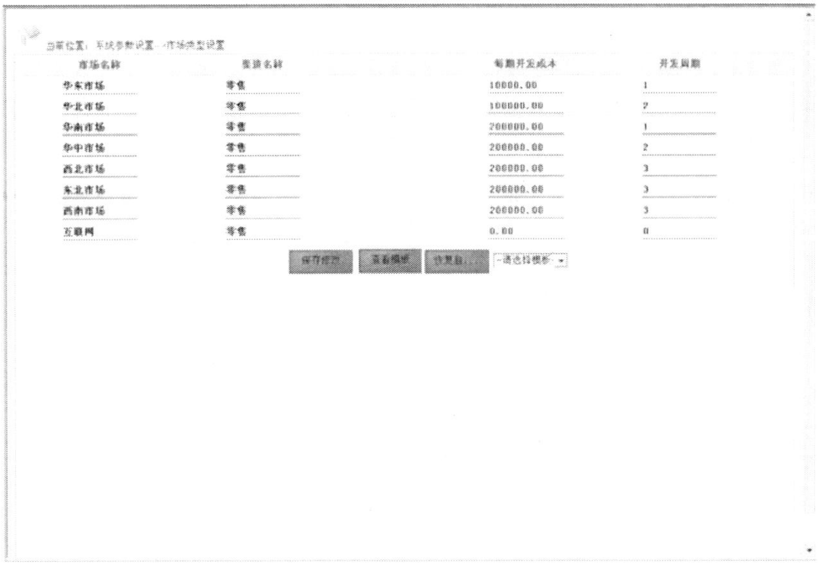

圖 33

依次修改后點擊「保存修改」即可保存。

在下拉框中選擇「其他課程」，點擊「查看模板」即可查看其他課程的市場渠道參數。

在下拉框中選擇「其他課程」，點擊「恢復自…」即可使用選擇的課程的市場渠道參數作為課程的數據。

（14）數據字典設置。設置課程的數據字典，點擊「系統參數設置」，選擇「數據字典設置」（見圖 34）。

圖 34

201

點擊「添加新詞」完成添加新詞。

點擊「修改」修改已有的關鍵字和注解。

在下拉框中選擇「其他課程」，點擊「查看模板」即可查看其他課程的字典參數。

在下拉框中選擇「其他課程」，點擊「恢復自...」即可使用選擇的課程的字典參數作為課程的數據。

七、公司經營狀況

（一）財務報告

（1）財務報表（見圖35）。

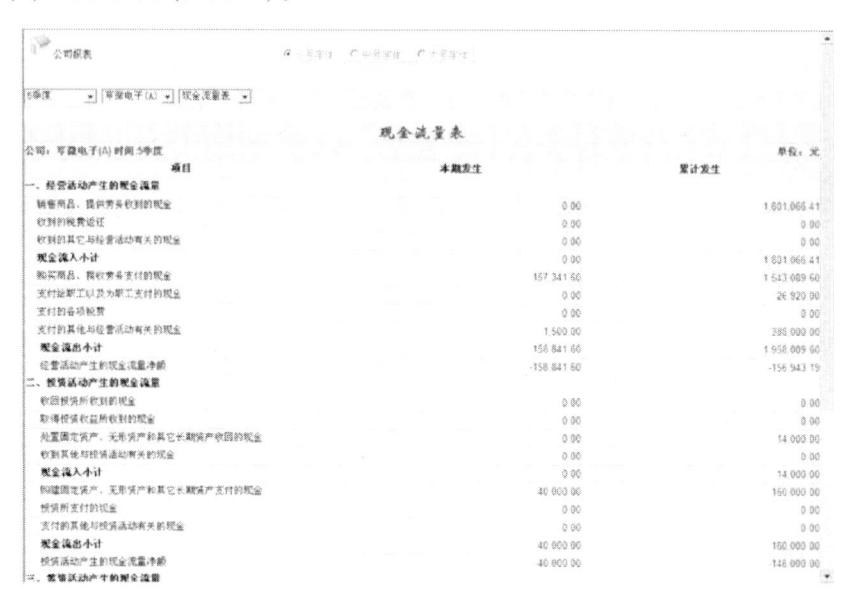

圖 35

（可查詢公司三大財務報表數據。）

（2）財務分析（見圖36、圖37）。

圖 36

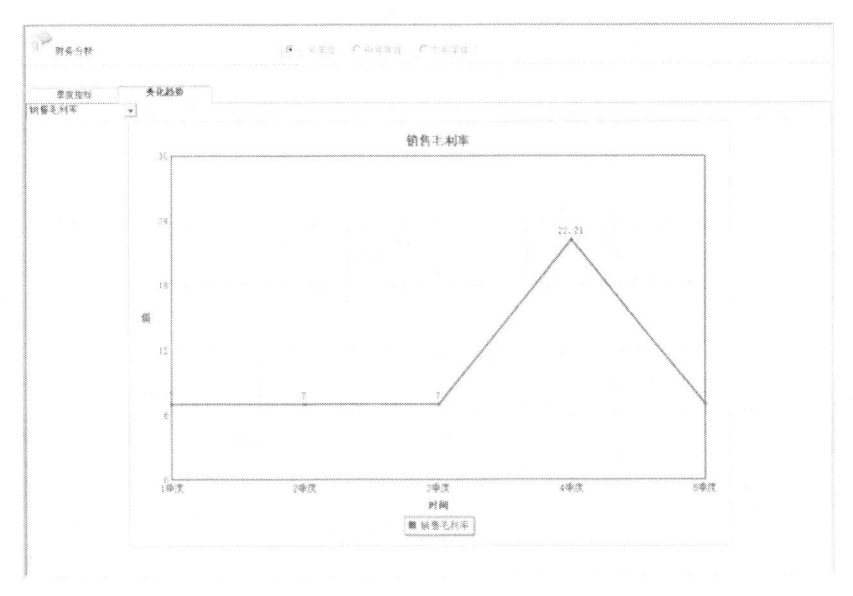

圖 37

（可分析各項財務指標。）

(二) 市場報告

(1) 渠道開發（見圖38）。

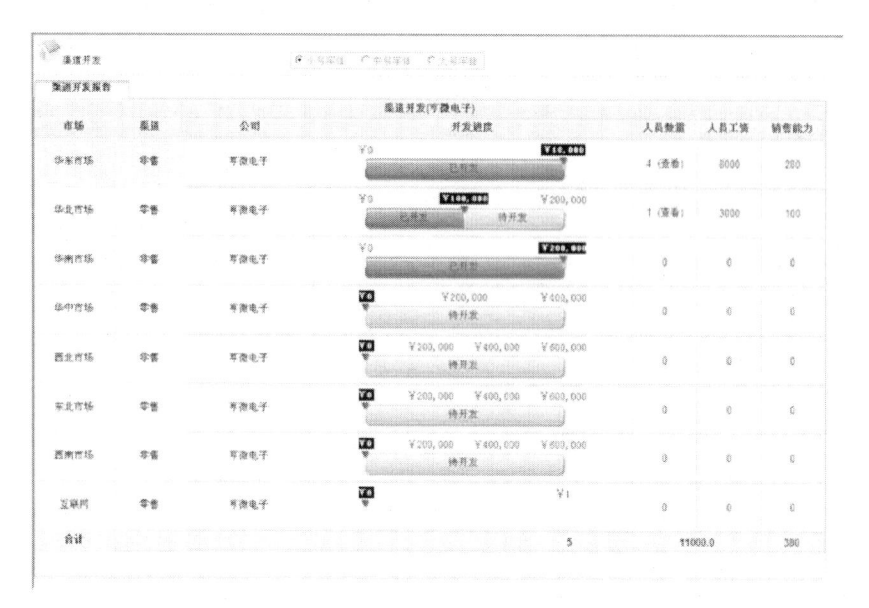

圖 38

（可查詢當前市場開發開發以及各市場銷售能力等。）

（2）銷售力量（見圖 39）。

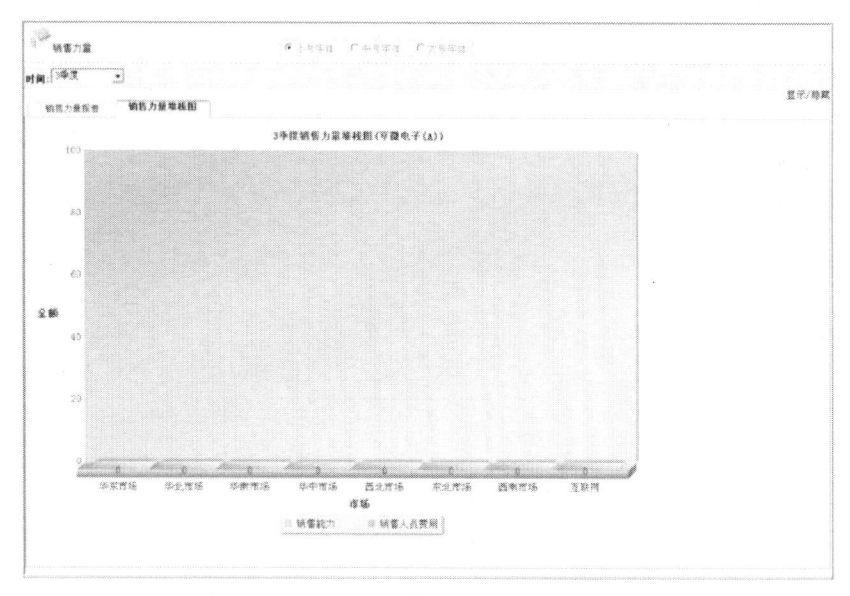

圖 39

（可查詢市場銷售人員季度變化情況。）

（3）廣告宣傳（見圖 40）。

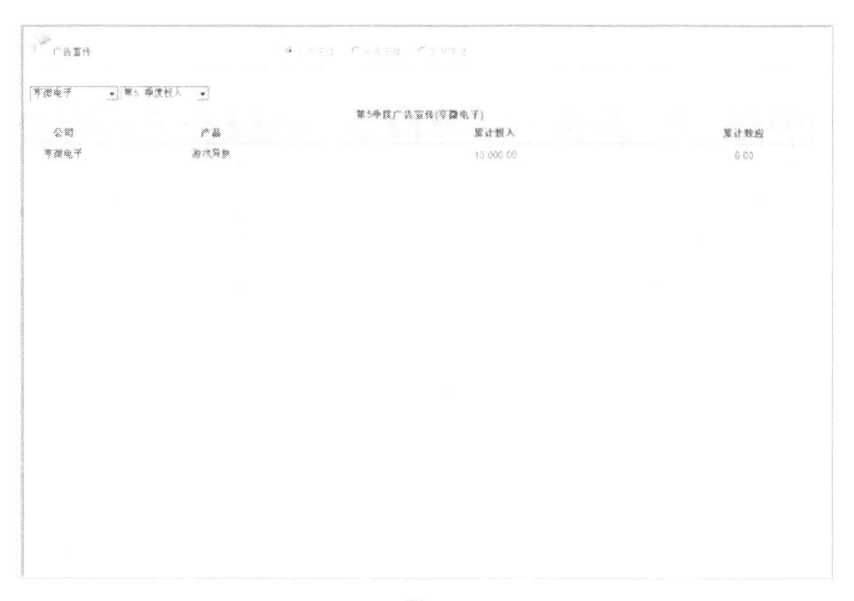

圖 40

（可查詢季度廣告投入變化情況。）

（三）研發管理與生產管理

  （1）產品研發（見圖 41）。

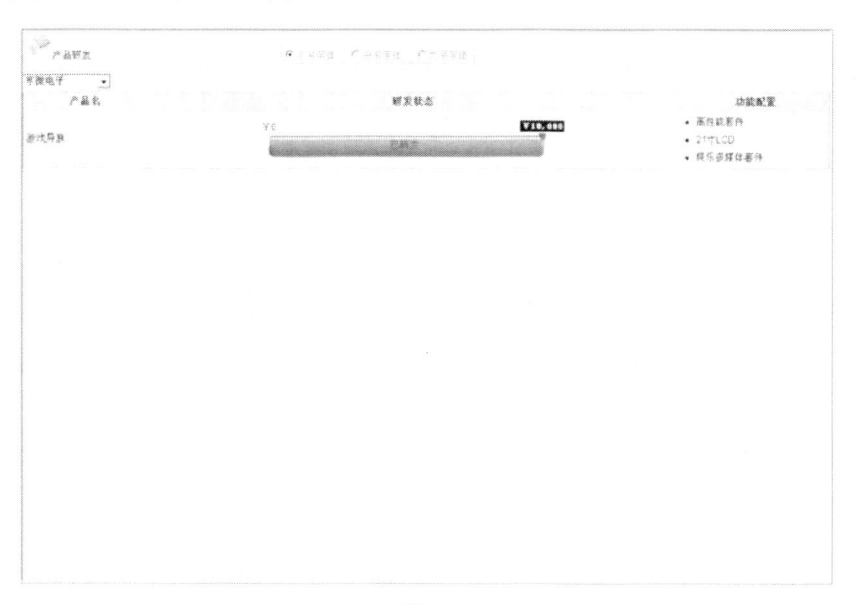

圖 41

（可查詢產品研發進度和產品功能配置。）

  （2）生產配置（見圖 42）。

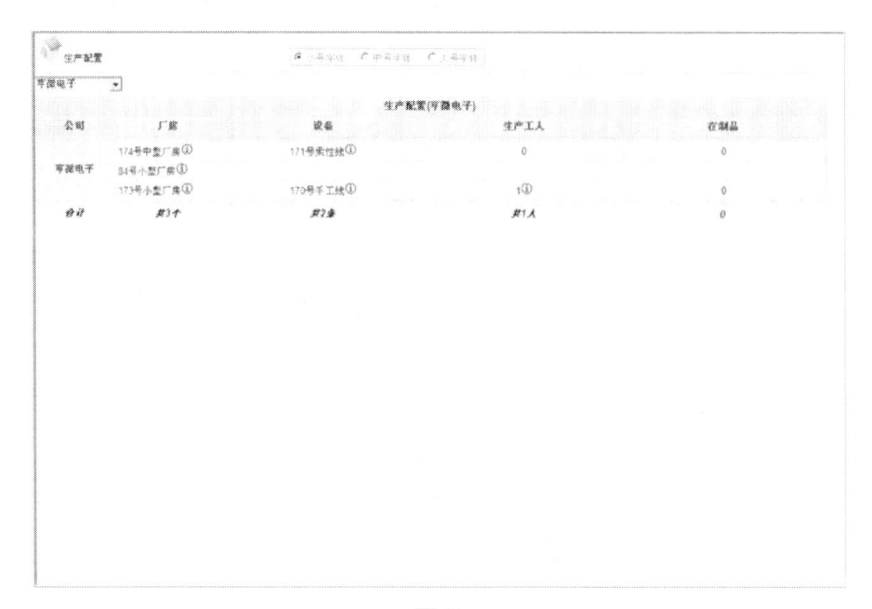

圖42

（可查詢有關生產的廠房、設備、工人、在製品等。）

（3）原料庫存（見圖43）。

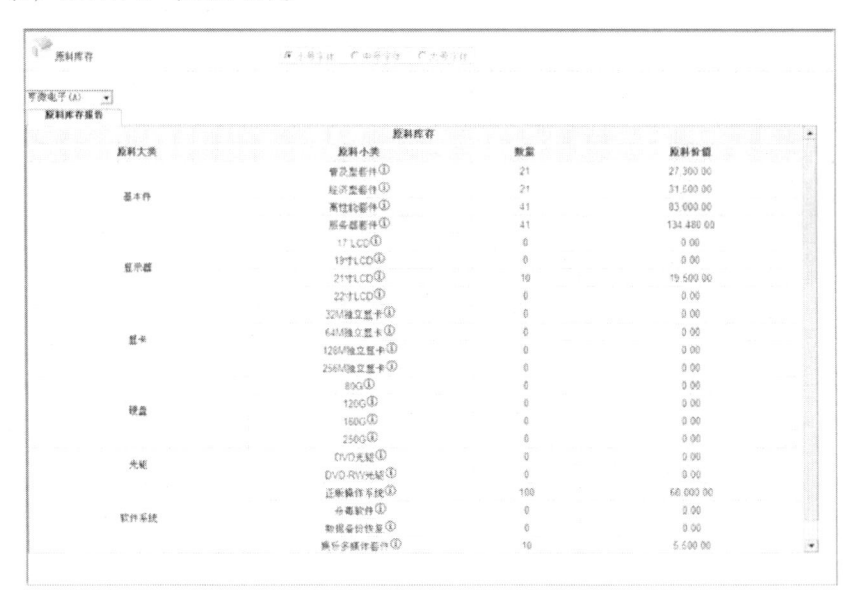

圖43

（可查詢原材料庫存以及庫存成本情況。）

（4）成品庫存（見圖44）。

圖 44

（可查詢成品庫存以及庫存成本情況。）

（四）人力資源

（1）人力結構（見圖 45）。

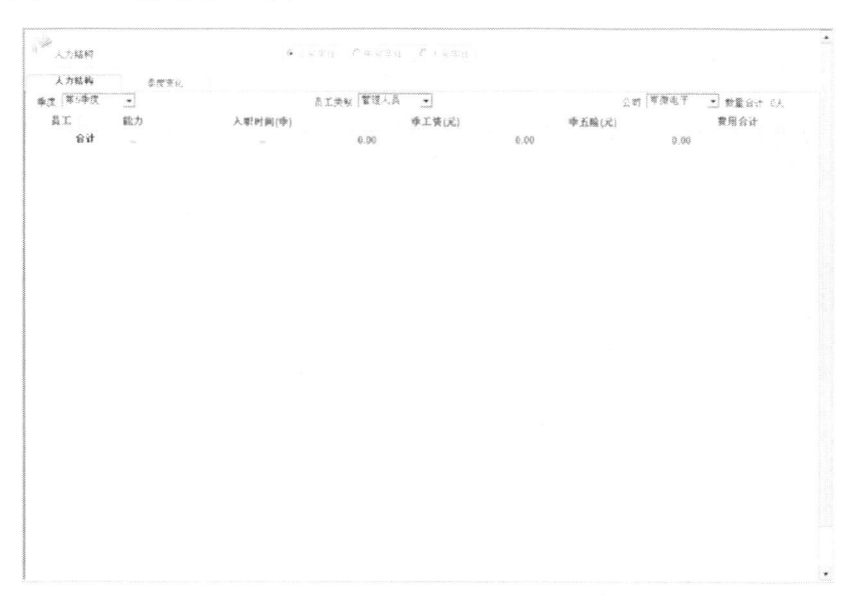

圖 45

（可查詢小組人力、人員結構情況。）

（2）人力成本（見圖 46）。

圖 46

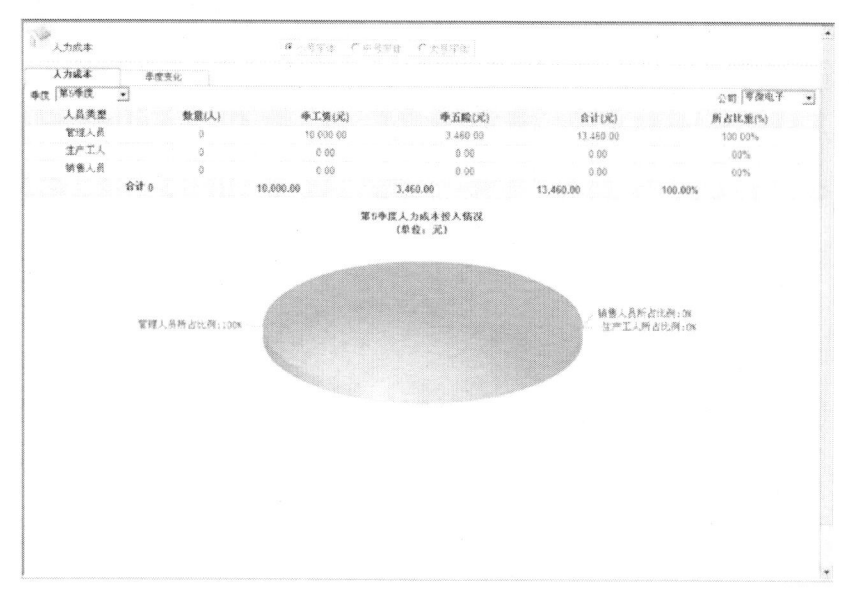

（可查詢人力成本和人員結構情況。）

八、綜合分析報告

(一) 管理駕駛艙

財務表現（見圖 47）。

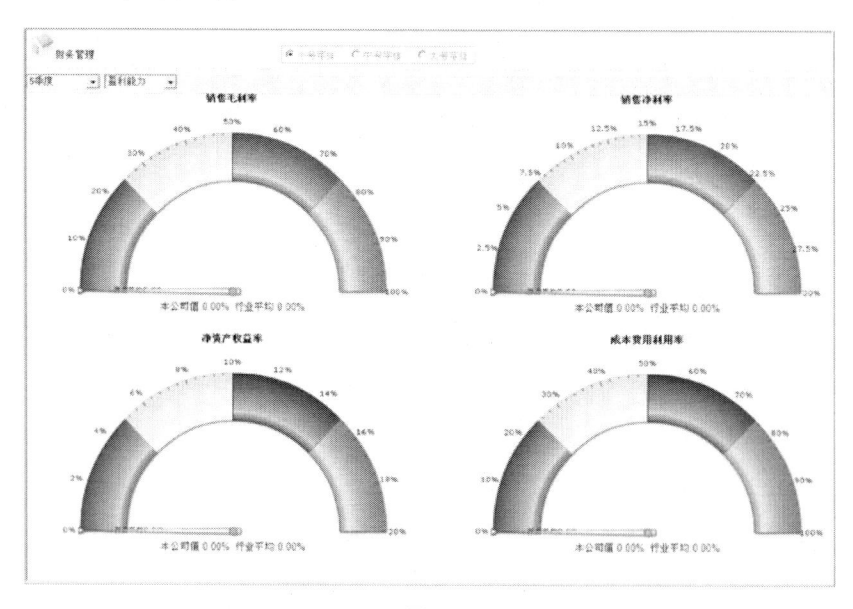

圖 47

(可綜合分析各公司財務表現。)

(二) 經營績效

(1) 綜合表現（見圖 48、圖 49）。

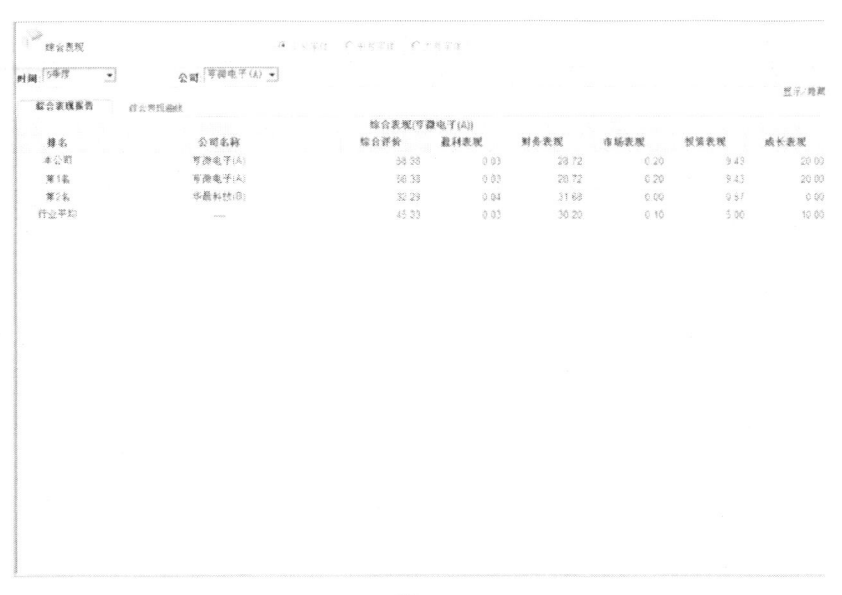

圖 48

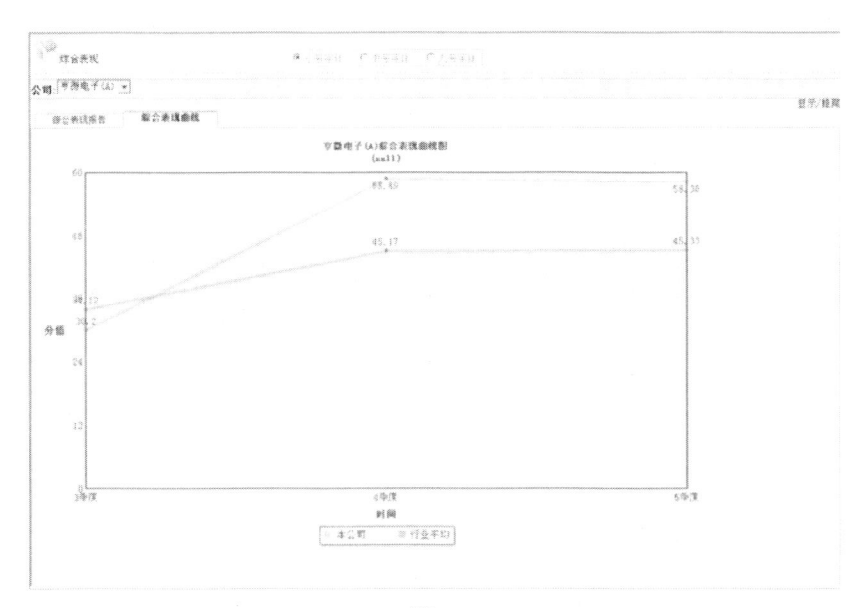

圖 49

(可查詢小組綜合表現分值。)

(2) 盈利表現（見圖 50、圖 51）。

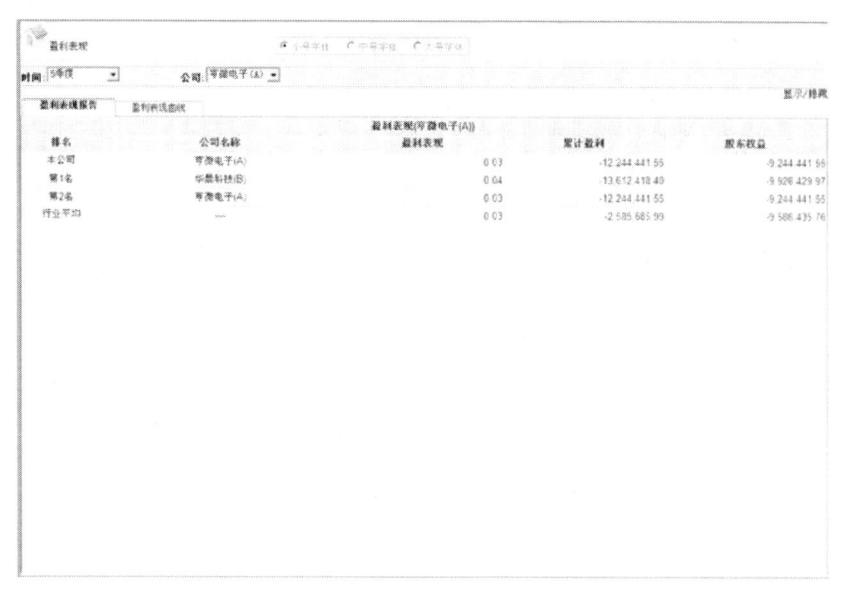

圖 50

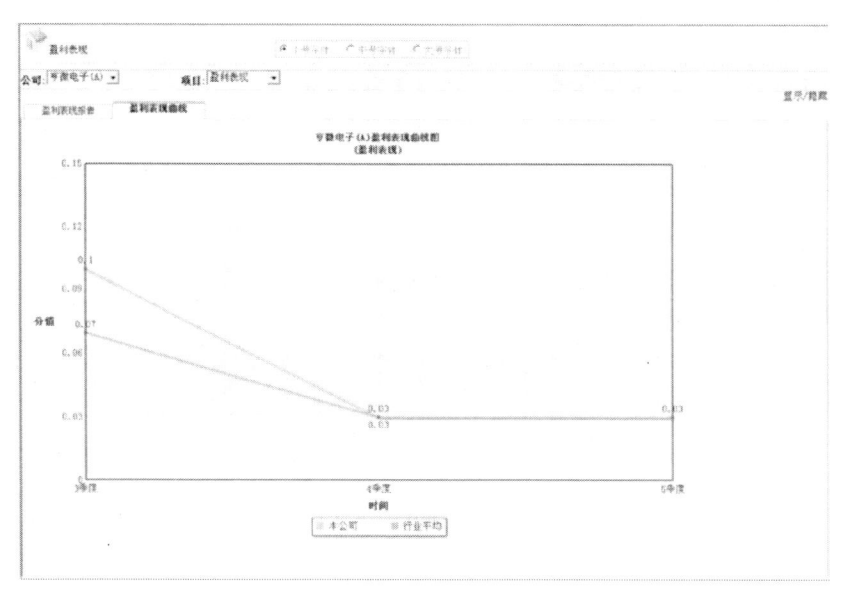

圖 51

（可查詢小組盈利表現分值。）

（3）財務表現（見圖52、圖53）。

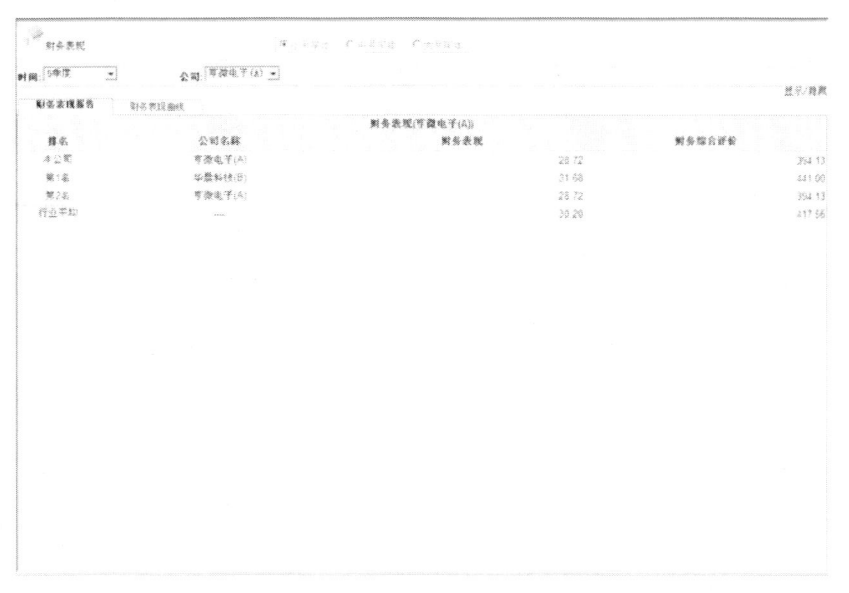

圖 52

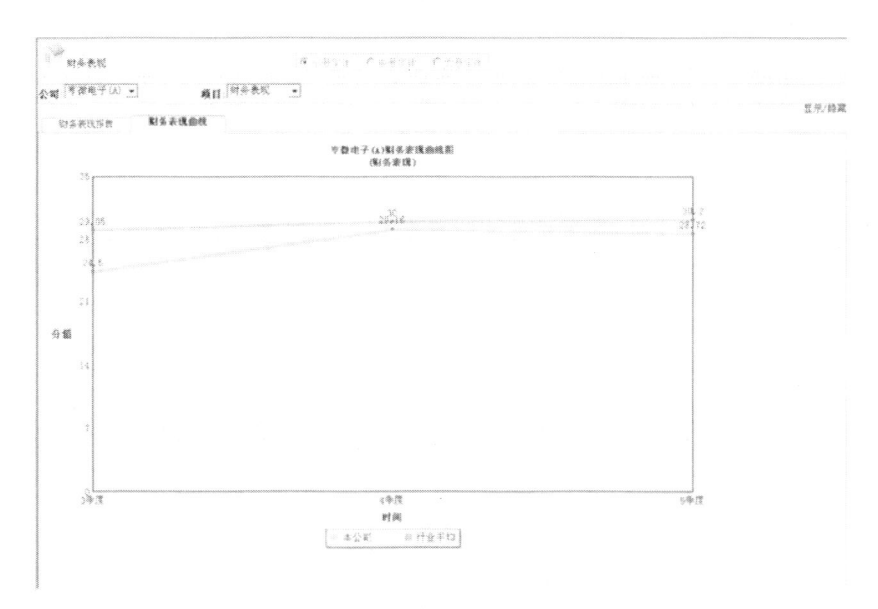

圖 53

（可查詢小組財務表現分值。）

（4）市場表現（見圖 54、圖 55）。

圖 54

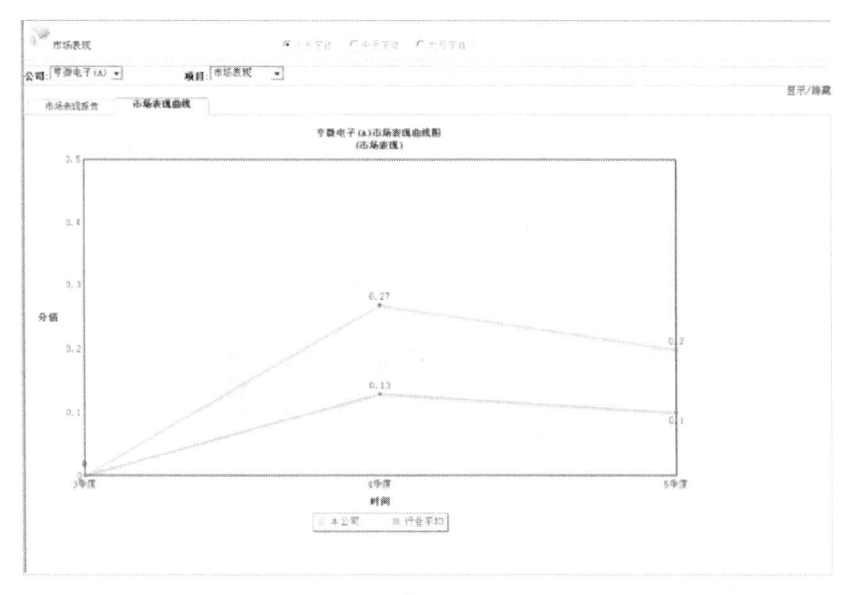

圖 55

（可查詢企業市場表現分值。）

（5）投資表現（見圖56、圖57）。

圖 56

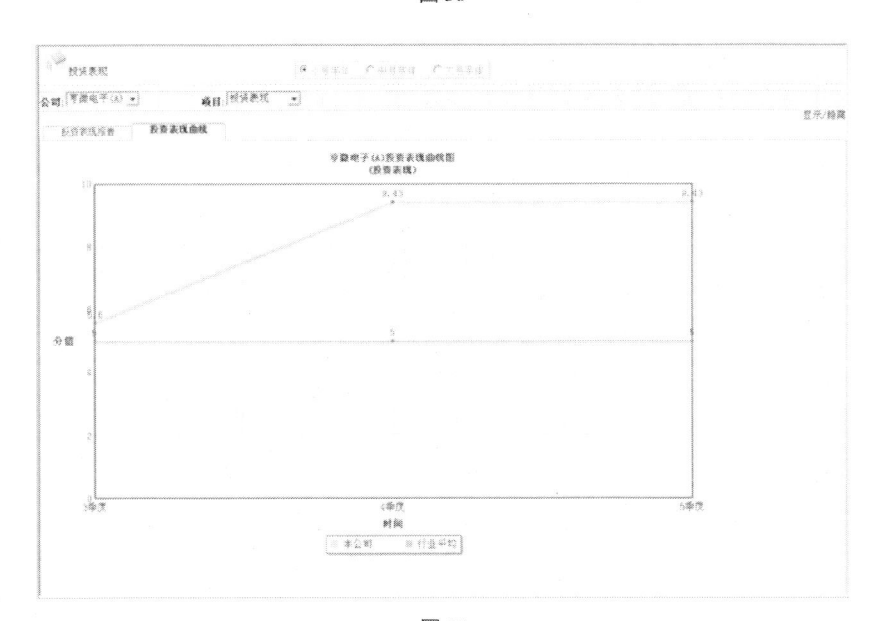

圖 57

（可查詢公司投資表現分值。）

（6）成長表現（見圖 58、圖 59）。

圖 58

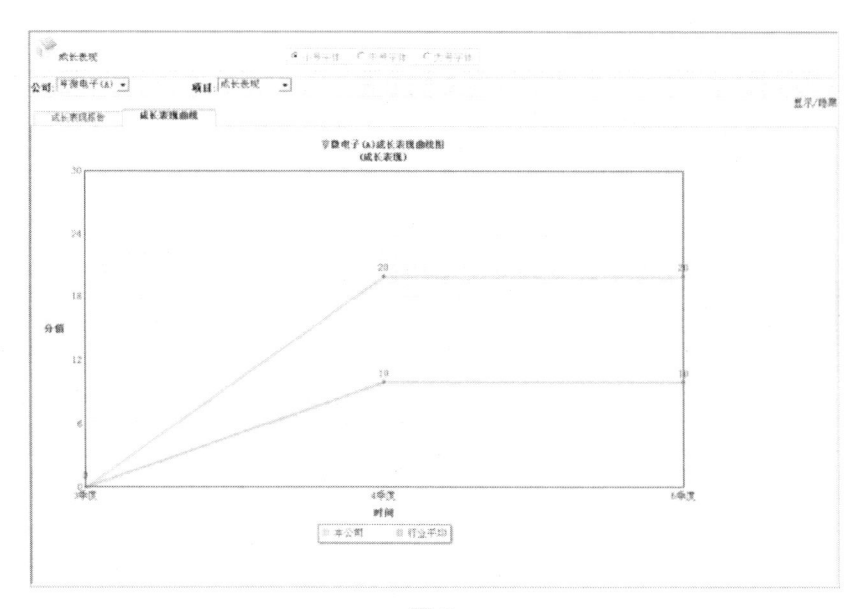

圖 59

(可查詢小組成長表現分值。)

(三) 財務報告

(1) 財務報表 (見圖 60)。

圖 60

（可查詢小組三大財務表。）

（2）財務分析（見圖 61、圖 62）。

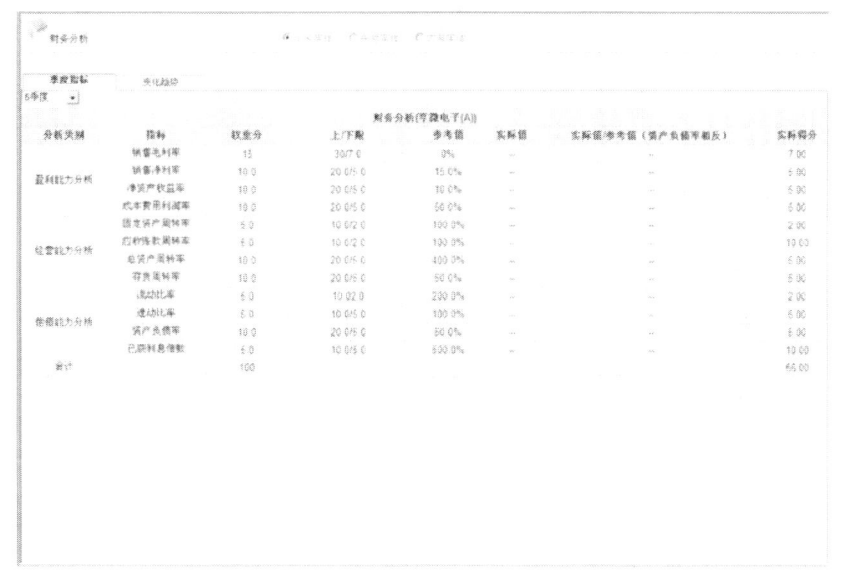

圖 61

創業經營與決策

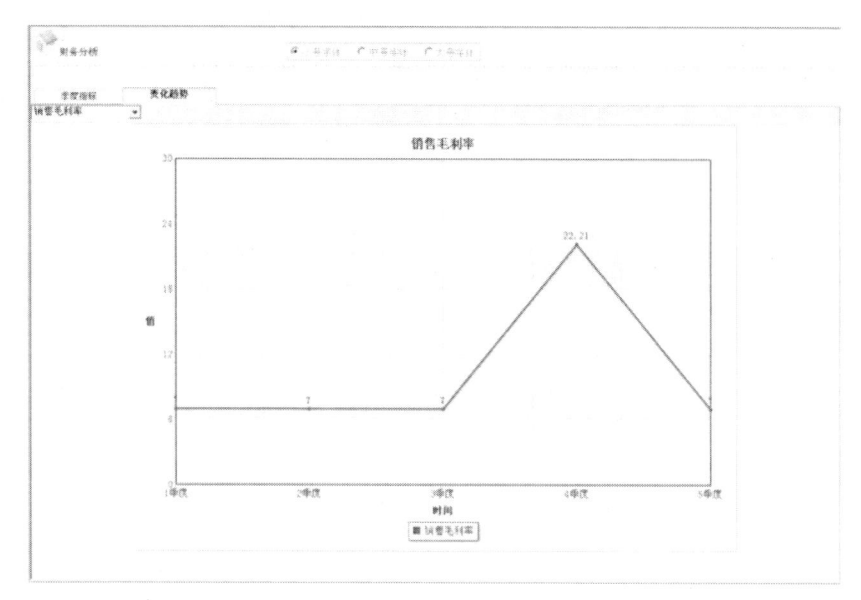

圖 62

（可分析財務得分情況。）

（3）財務對比（見圖 63）。

圖 63

（可對比分析小組財務狀況。）

（四）銷售報告

（1）市場佔有比率（見圖 64、圖 65）。

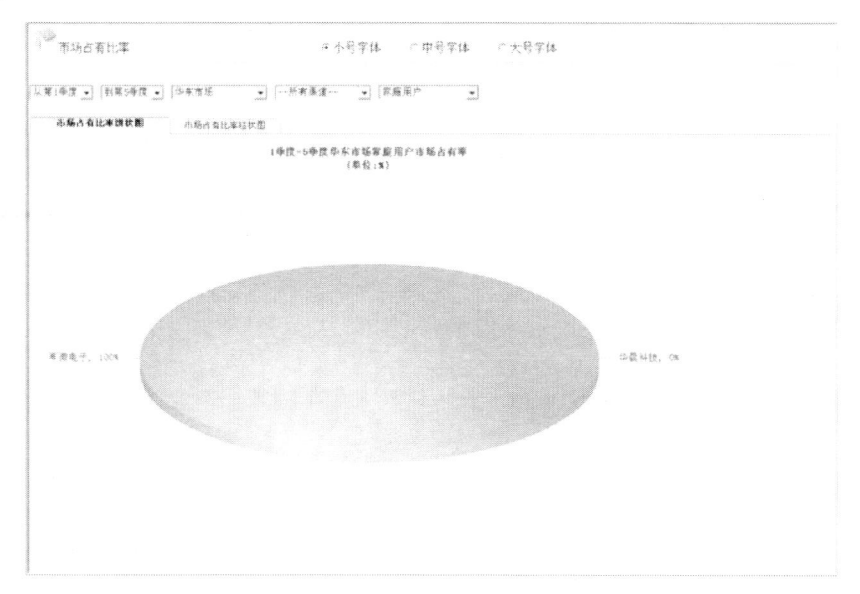

圖 64

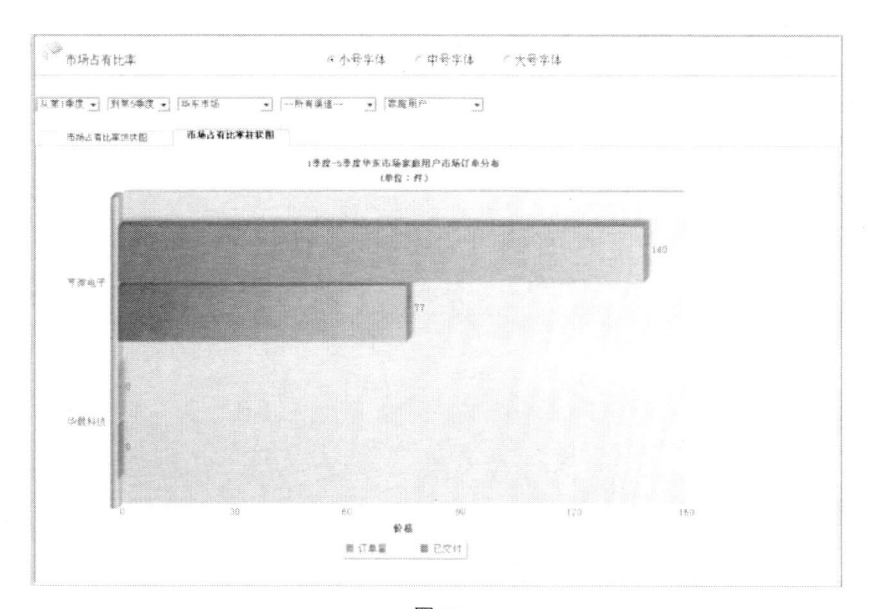

圖 65

（可分析對比各小組市場佔有率情況。）
（2） 細分市場分佈（見圖66）。

創業經營與決策

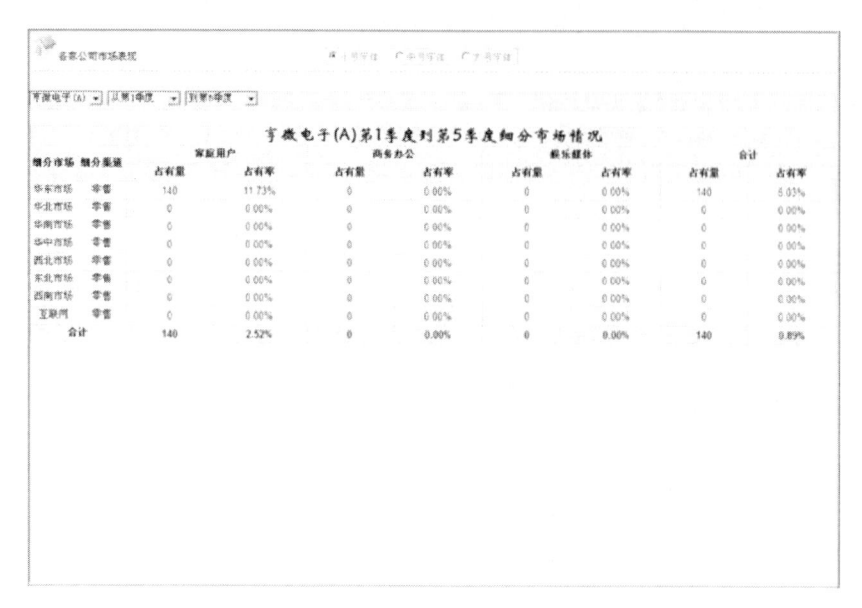

圖 66

（可分析詳細季度市場佔有率情況。）
（3）細分市場最佳（見圖 67）。

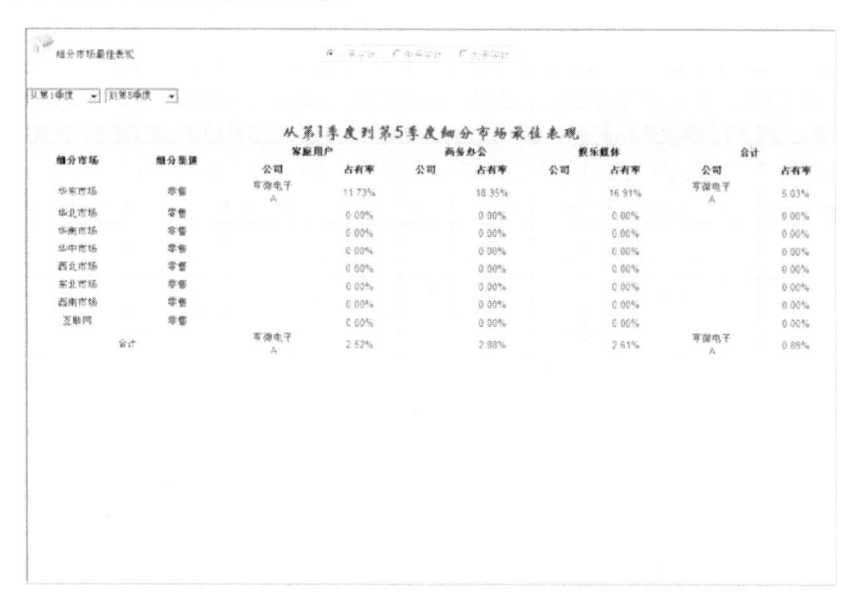

圖 67

（可分析對比市場最佳表現。）
（4）市場增長情況（見圖 68）。

218

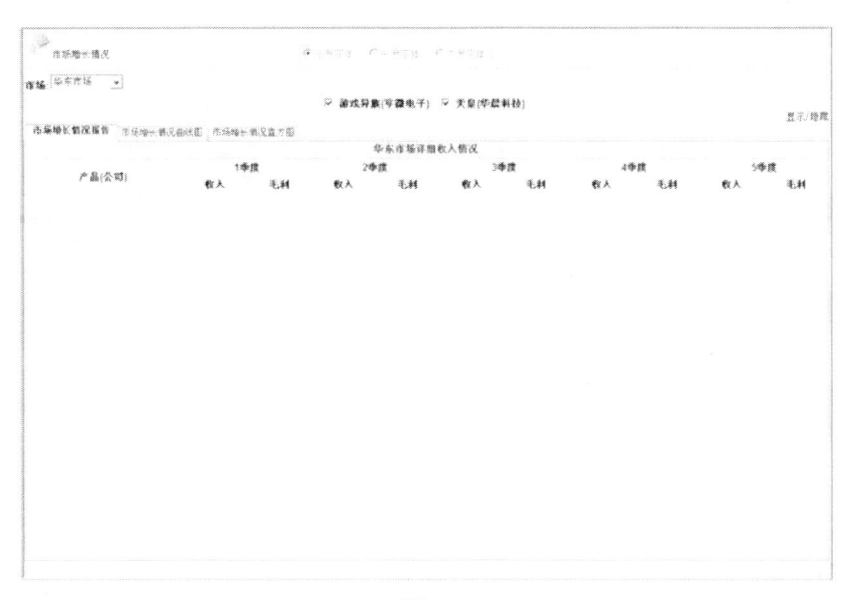

圖 68

（可查詢各市場產品銷售增長情況。）

（5）產品人均收入（見圖 69）。

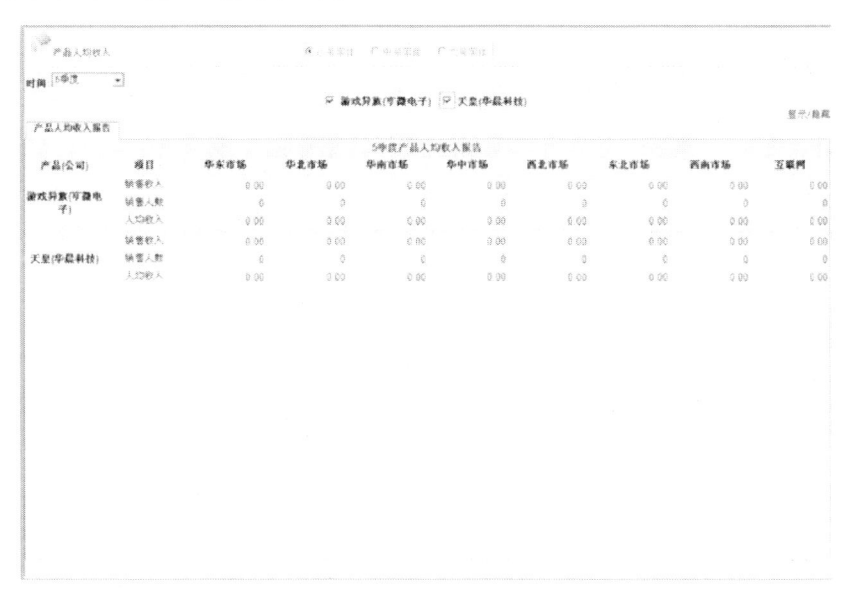

圖 69

（可查詢各市場上銷售產品所得人均收入。）

（6）銷售區域利潤（見圖 70、圖 71）。

圖 70

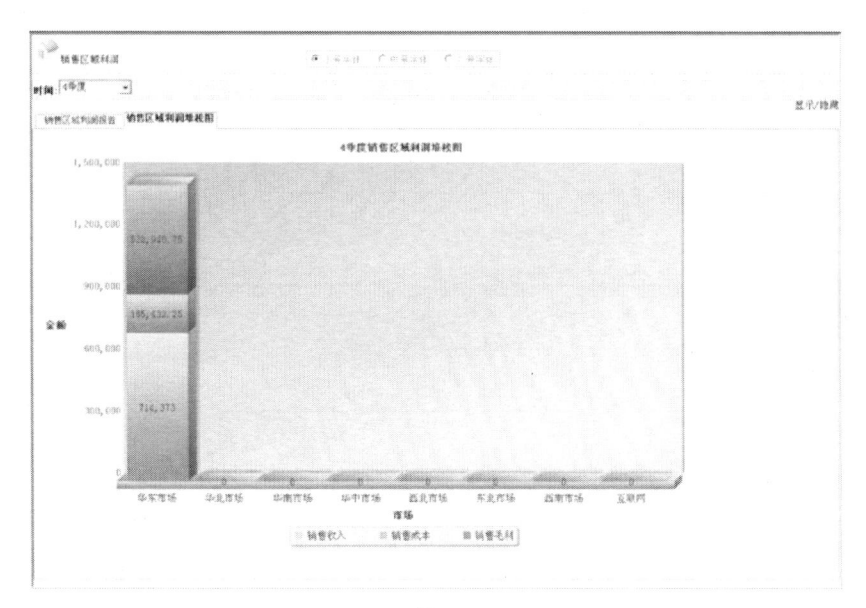

圖 71

（可查詢區域銷售所得利潤情況。）

（7）區域銷售力量（見圖72、圖73）。

圖 72

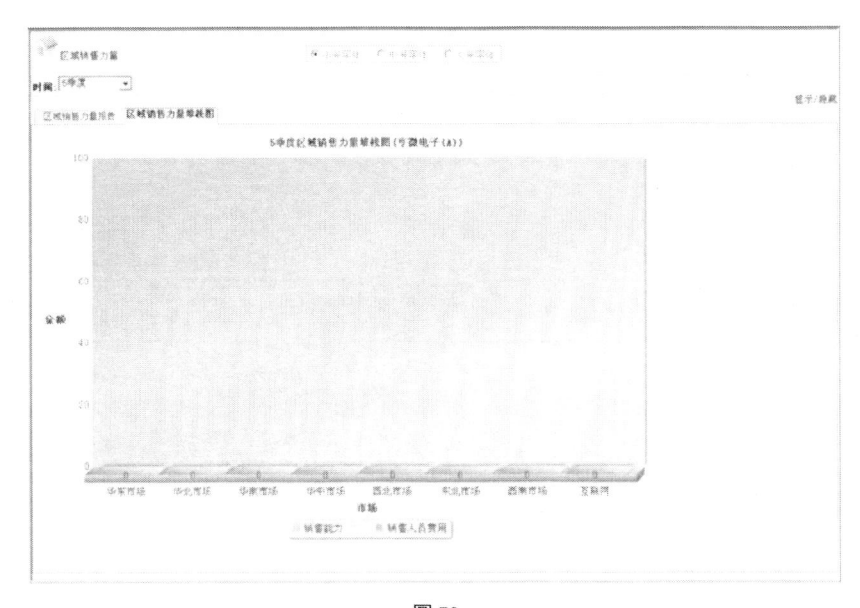

圖 73

（8）市場訂單匯總（見圖 79）。

圖79

（可查詢小組市場訂單以及交付情況。）

(五) 市場表現

(1) 市場開發（見圖80）。

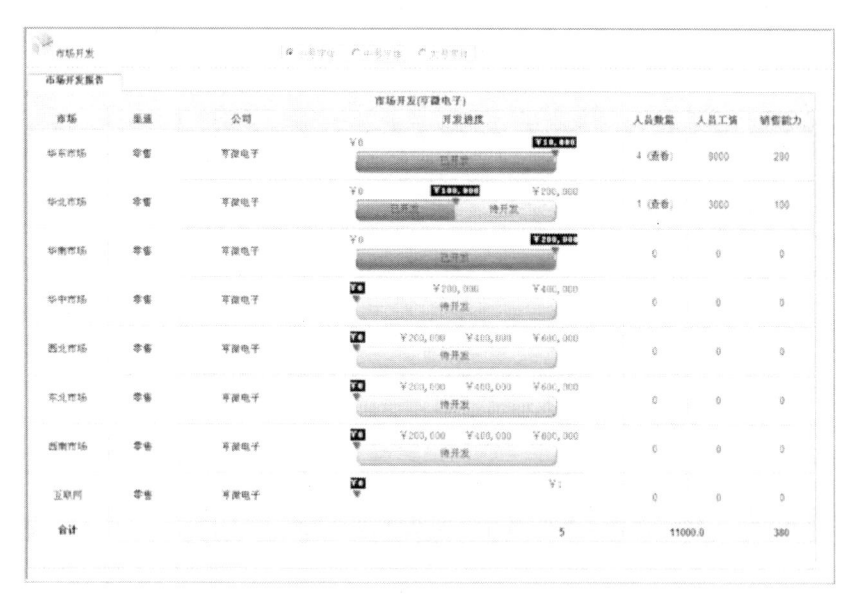

圖80

（可查詢市場開發以及銷售人員配備情況。）

(2) 品牌設計（見圖81）。

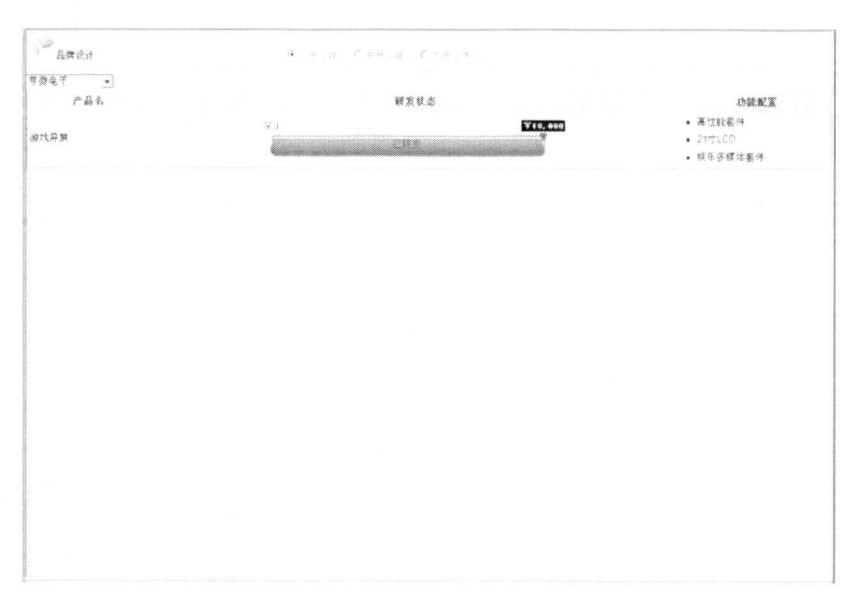

圖 81

（可查詢產品研發情況以及功能配置。）

（3） 產品評價（見圖 82）。

圖 82

（可查詢消費群體對產品評價情況。）

（4） 廣告投放（見圖 83、圖 84）。

創業經營與決策

圖 83

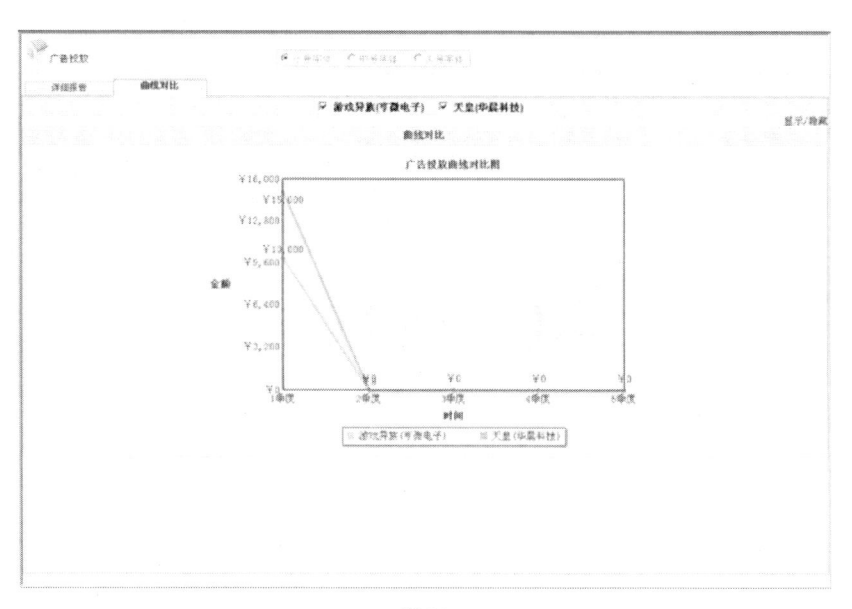

圖 84

（可查詢季度廣告投放情況以及廣告投放走勢。）
（5）廣告評價（見圖 85、圖 86）。

圖 85

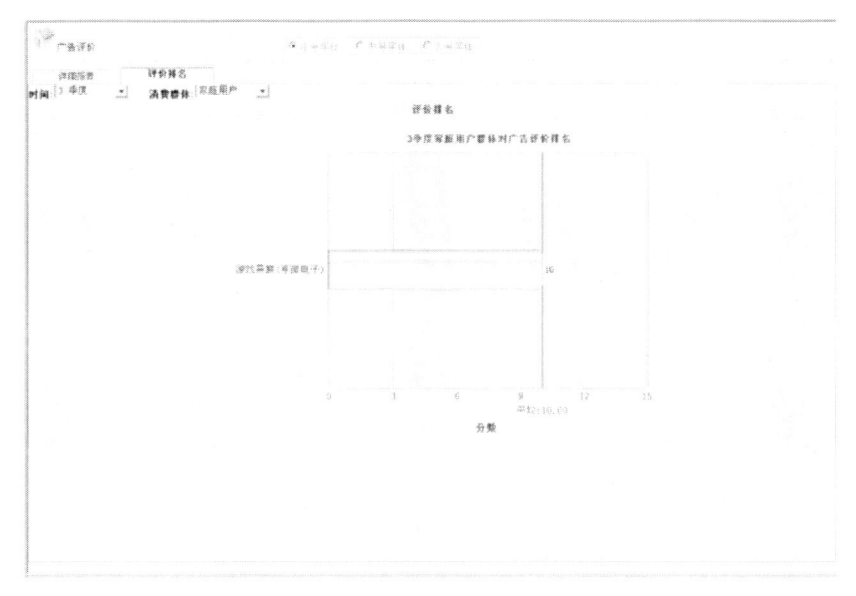

圖 86

（可查詢消費群體對產品品牌的廣告評價。）

（6）價格評價（見圖 87、圖 88）。

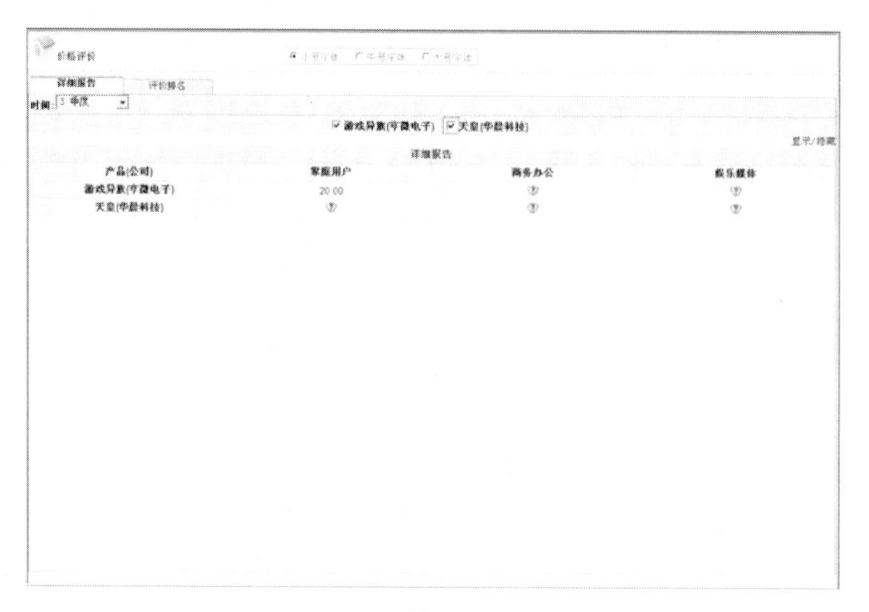

圖 87

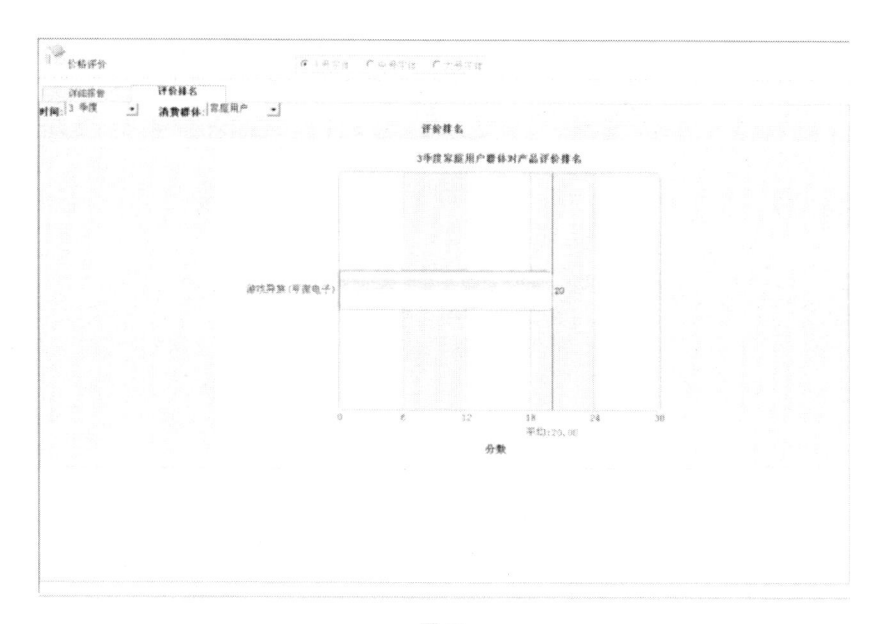

圖 88

（可查詢消費群體對產品價格的評價。）

九、綜合分析圖標

以圖表的方式顯示財務三大報表的各項指標以及財務指標的季度趨勢。
（1）營業收入（見圖 89）。

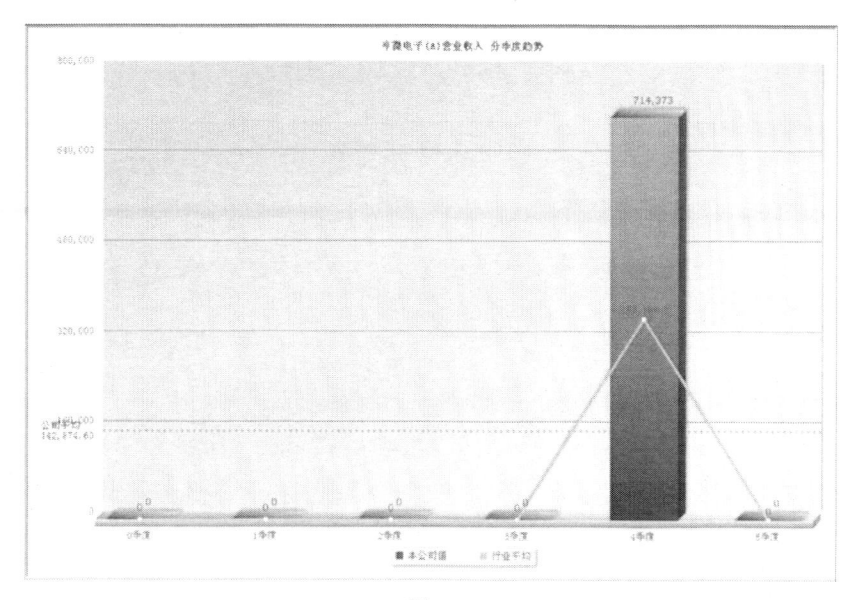

圖 89

（2）銷售費用（見圖 90）。

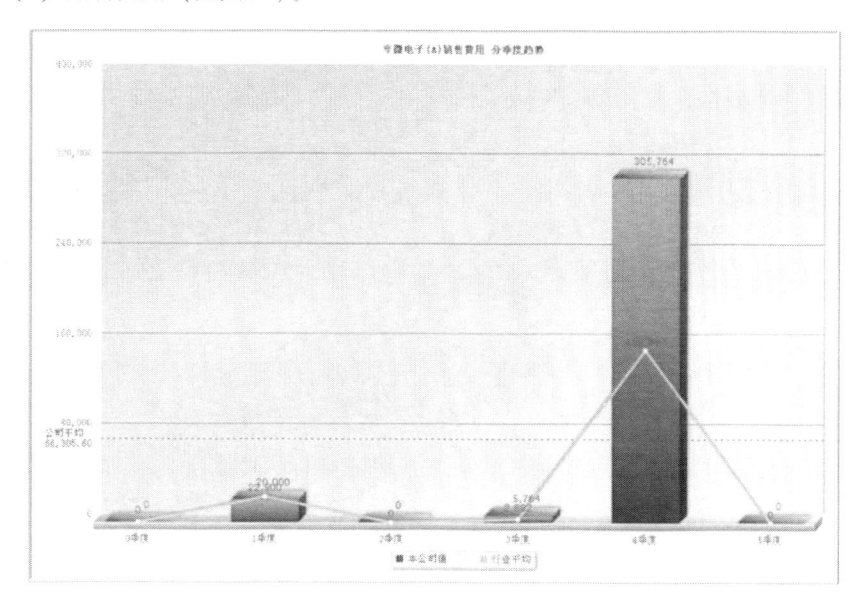

圖 90

（3）管理費用（見圖 91）。

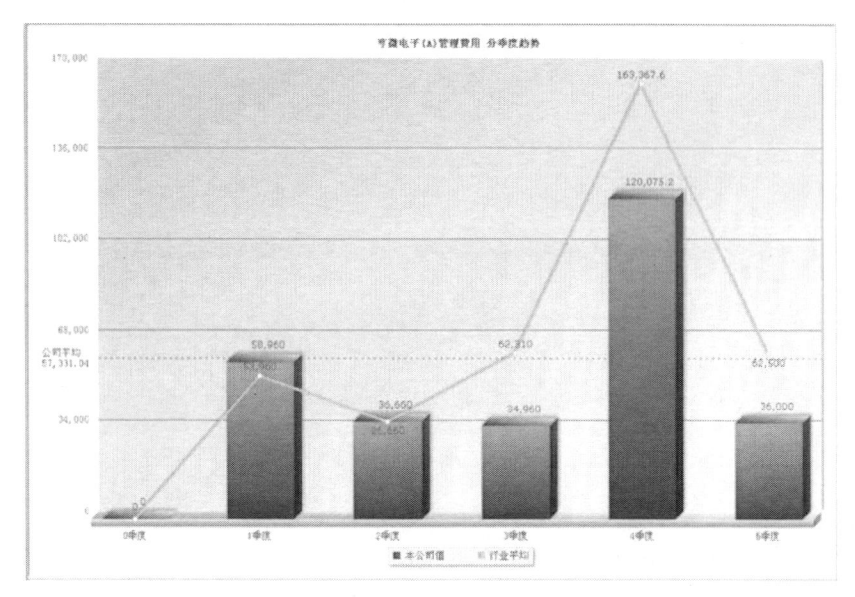

圖 91

(4) 存貨（見圖92）。

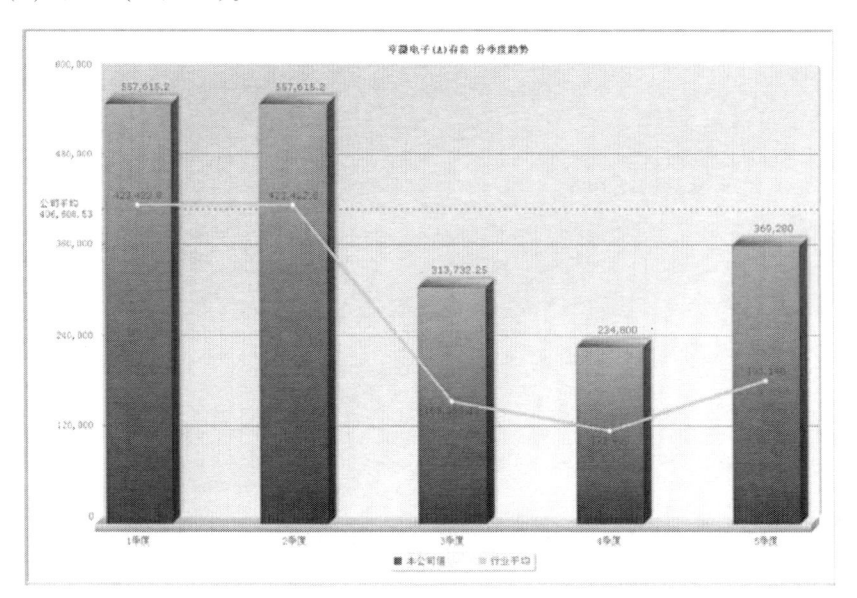

圖 92

(5) 股東權益合計（見圖93）。

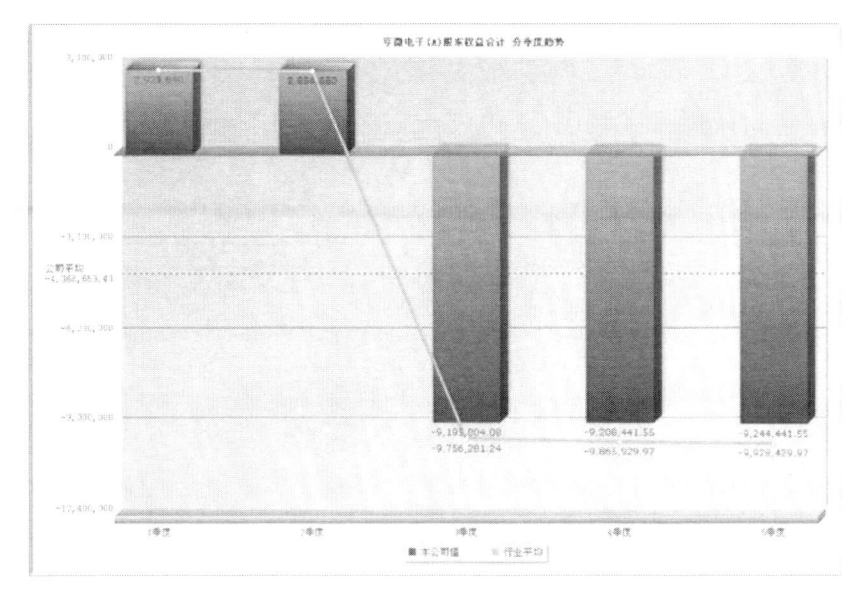

圖 93

（6）經營活動產生的現金流量淨值（見圖 94）。

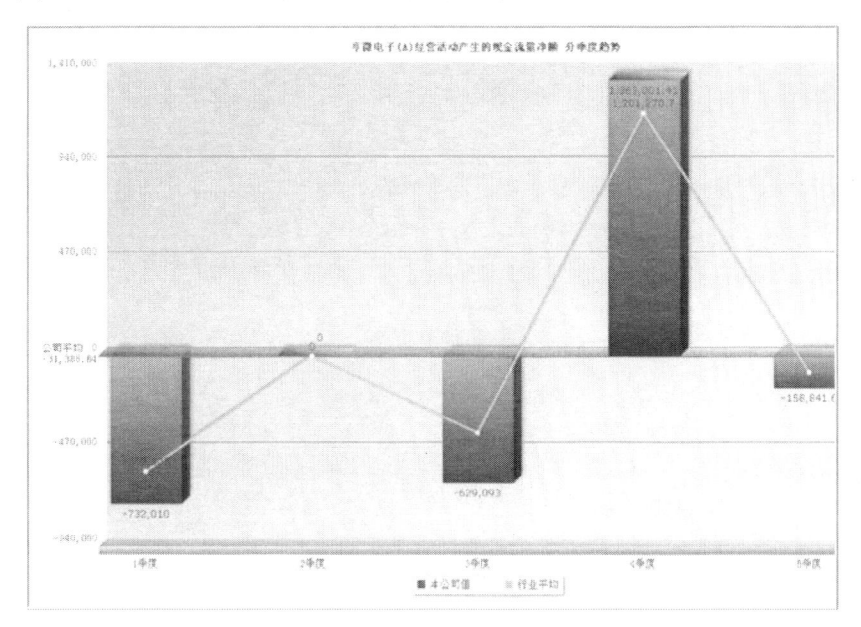

圖 94

（7）期末現金及現金等價物淨值（見圖 95）。

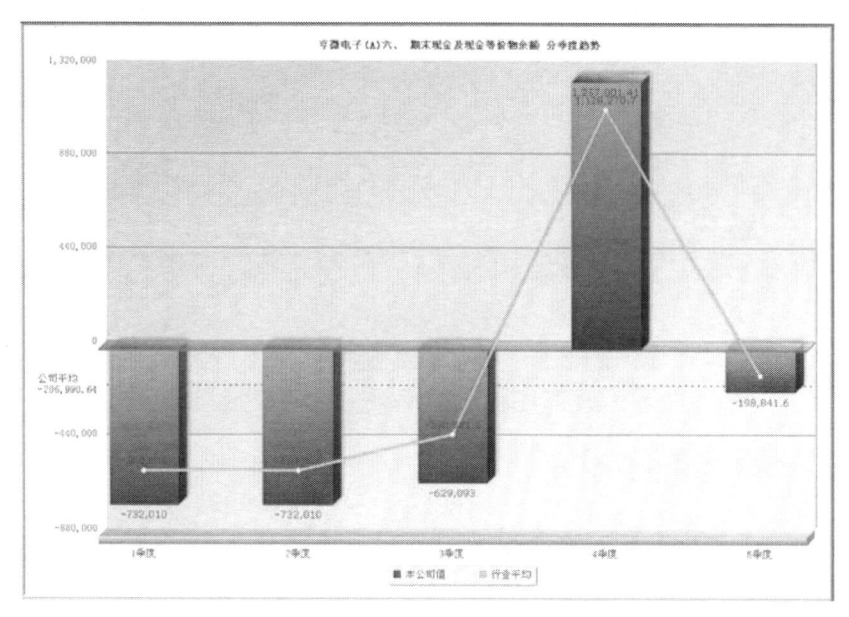

圖 95

（8）銷售毛利率（見圖 96）。

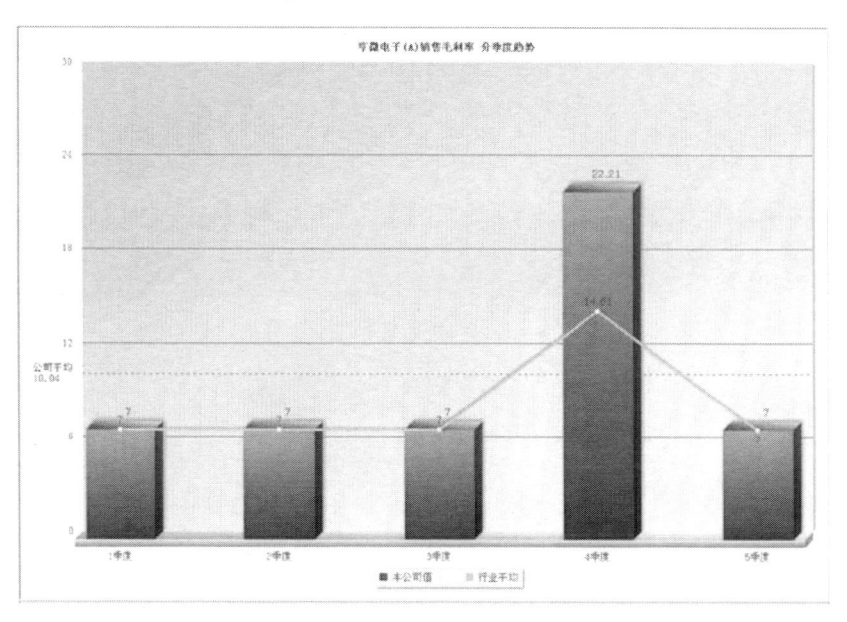

圖 96

（9）存貨周轉率（見圖 97）。

230

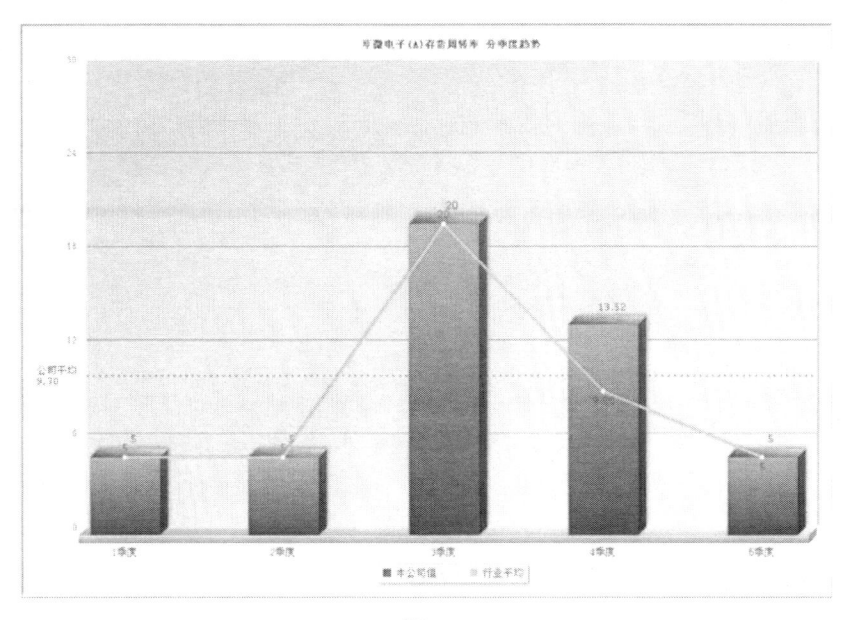

圖 97

十、決策歷史匯總

(一) 當前決策

當前決策可查詢當前各部門實時經營狀況。

（1）財務部（見圖 98）。

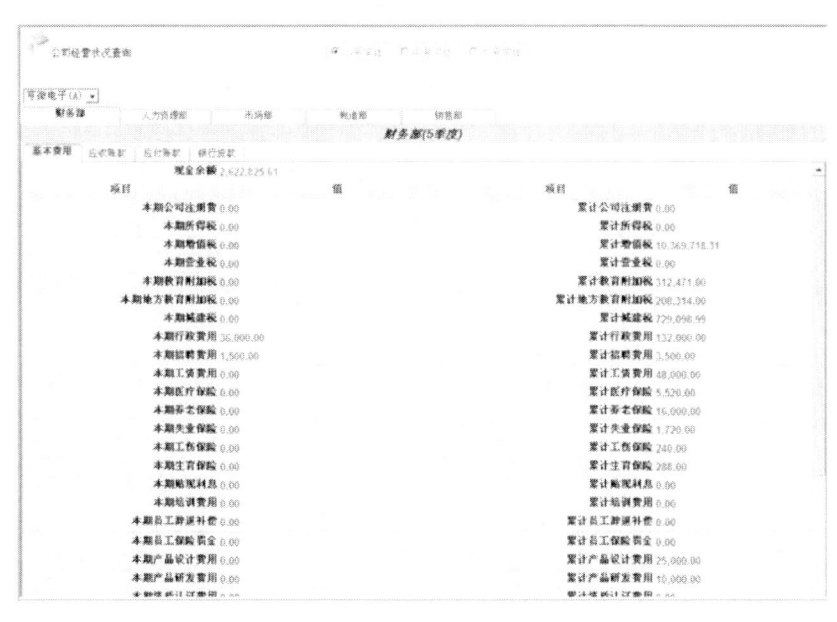

圖 98

(2) 人力資源部（見圖99）。

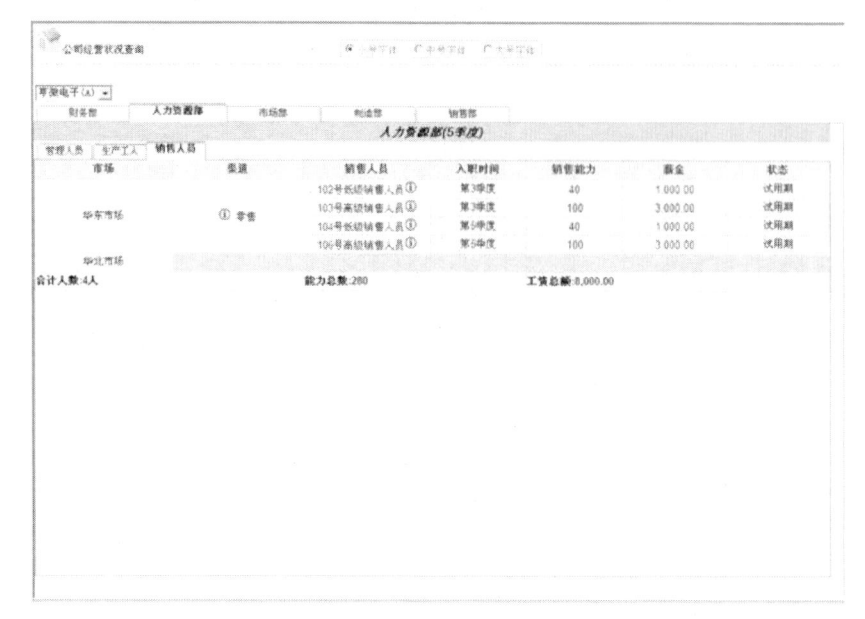

圖 99

(3) 市場部（見圖100）。

圖 100

(4) 製造部（見圖101）。

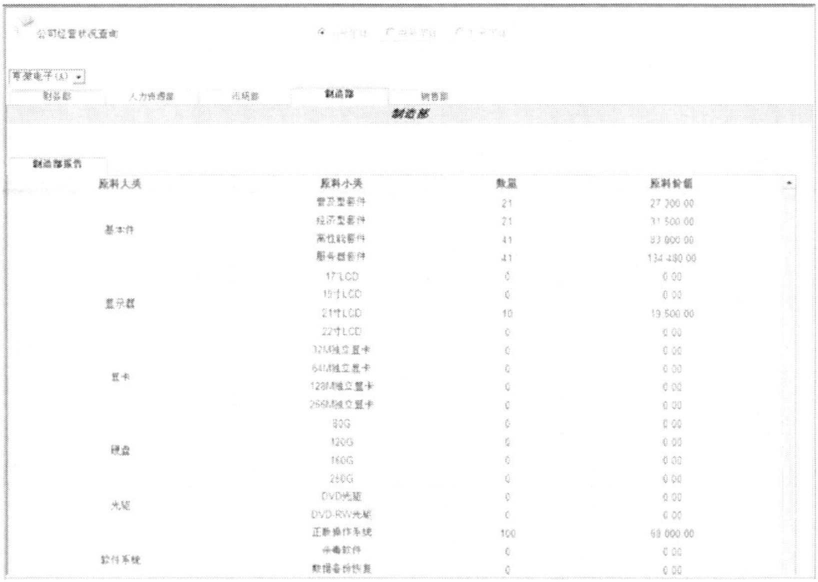

圖 101

(二) 歷史決策

歷史決策可查詢小組各部門的操作歷史（見圖 102）。

圖 102

附錄2：學生創業模擬經營練習手冊

第一季度營運管理練習

一、財務報表練習

1. 根據本期模擬經營的結果，計算生成資產負債表（見表1）

表1　　　　　　　　　　　　資產負債表

項目	期末數	期初數	明細說明
流動資產：			
貨幣資金			現金
應收帳款			應收銷售款（價稅合計）
存貨			
其中：原材料			
半成品			
產成品			
流動資產合計			
非流動資產：			
固定資產原值			包括：廠房、生產設備
減：累計折舊			
固定資產淨值			
無形資產			無
非流動資產合計			
資產總計			
流動負債：			
短期借款			包括：銀行借款、緊急貸款
應付帳款			應付原材料費
應交稅費			包括：應交增值稅、營業稅、城建稅、所得稅
其他應交款			包括：教育費附加、地方教育附加

表1(續)

項目	期末數	期初數	明細說明
流動負債合計			
非流動負債：			
非流動負債合計			
負債合計			
股東權益：			
實收資本			包括：初始註冊資金、風險投資注資
未分配利潤			累計的淨利潤
其中：當季利潤			本季的淨利潤
股東權益合計			
負債和股東權益總計			

2. 根據本期模擬經營的結果，計算生成損益表（見表2）

表2　　　　　　　　　　　損益表

項目	本季金額	累計金額	說明
一、營業收入			
其中：產品銷售額			
原料銷售額			
減：營業成本			
其中：當季產品交貨的成本			
當季原料交貨的成本			
減：營業稅金及附加			
其中：營業稅			
城建稅			
教育費附加			
地方教育附加			
減：銷售費用			
其中：廣告宣傳費用			
管道開發費用			
銷售人員工資			
銷售人員五險			
運輸費			

表2(續)

項目	本季金額	累計金額	說明
減：管理費用			
其中：公司註冊費			
行政管理費用			
人員招聘費用			
管理人員工資			
管理人員五險			
員工培訓費用			
產品設計費用			
產品研發費用			
資格認證費用			
辦公室租金			
停工損失			
減：財務費用			
其中：銀行貸款利息			
緊急借款利息			
應收帳款貼現利息			
二、營業利潤			
加：營業外收入			
其中：設備出售增值部分			
轉讓訂單的收入			
減：營業外支出			
其中：未交貨訂單違約金			
生產工人辭退補償金			
銷售人員辭退補償金			
未簽勞動合同的罰金			
設備出售減值部分			
購買訂單的支出			
三、利潤總額			
減：所得稅費用			
四、淨利潤			

3. 根據本期模擬經營的結果，計算生成現金流量表（見表3）

表3　　　　　　　　　　　　　現金流量表

項目	本期金額	累計金額
一、經營活動產生的現金流量		
銷售商品、提供勞務收到的現金		
其中：當期現金銷售收入（含銷項稅額）		
當期出售原材料收回的現金（含銷項稅額）		
收回到期的應收帳款		
收到的稅費返還		
收到的其他與經營活動有關的現金		
其中：轉讓訂單收到的現金		
現金流入小計		
購買商品、接收勞務支付的現金		
其中：購買原料支付的現金（含進項稅額）		
支付到期的應付帳款		
支付給職工以及為職工支付的現金		
其中：當季管理人員的工資、五險、辭退補償金		
當季銷售人員的工資、五險、辭退補償金		
當季生產人員的工資、五險、辭退補償金		
支付的各項稅費		
其中：支付上季的營業稅		
支付上季的城建稅		
支付上季的教育費附加		
支付上季的地方教育附加		
支付上季的增值稅		
支付上季的所得稅		
支付的其他與經營活動有關的現金		
其中：公司註冊費		
廣告宣傳費		
渠道開發費		
行政管理費		
人員招聘費		
員工培訓費		
品牌設計費		
產品研發費		
資質認證費		
辦公室租金		

表3(續)

項目	本期金額	累計金額
廠房租金		
設備升級費		
設備維修費		
設備搬遷費		
加工費		
買訂單的費用		
未交付訂單的違約金		
未簽勞動合同的違約金		
現金流出小計		
經營活動產生的現金流量淨額		
二、投資活動產生的現金流量		
收回投資所收到的現金		
取得投資收益所收到的現金		
處置固定資產、無形資產和其他長期資產收回的現金		
其中：變賣廠房收到的現金		
變賣設備收到的現金		
收到其他與投資活動有關的現金		
現金流入小計		
購建固定資產、無形資產和其他長期資產支付的現金		
其中：購買廠房支付的現金		
購買設備支付的現金		
投資所支付的現金		
支付的其他與投資活動有關的現金		
現金流出小計		
投資活動產生的現金流量淨額		
三、籌資活動產生的現金流量		
吸收投資收到的現金		
取得借款收到的現金		
其中：銀行借款		
緊急借款		
收到的其他與籌資活動有關的現金		
現金流入小計		
償還債務支付的現金		
其中：償還到期的銀行借款		
償還到期的緊急借款		

表3(續)

項目	本期金額	累計金額
分配股利、利潤和償付利息所支付的現金		
其中：支付銀行借款的利息		
支付緊急借款的利息		
支付應收帳款貼現的利息		
支付其他與籌資活動有關的現金		
現金流出小計		
籌資活動產生的現金流量淨額		
四、匯率變動對現金的影響額		
五、現金及現金等價物淨增加額		
加：期初現金及現金等價物餘額		
六、期末現金及現金等價物餘額		

二、第一季度期末經營績效總結

第一季度期末經營績效總結見表4。

表4　　　　　　　　　　經營績效總結表

類別	小組分數	小組排名	最高分	差距原因分析
綜合表現				
盈利表現				
財務表現				
市場表現				
投資表現				

備注：系統進入第二季度后查看

三、生產計劃表

1. 產品生產計劃表（見表5）

表5　　　　　　　　　　產品生產計劃表

項目	產品一	產品二	產品三	產品四	產品五	產品六
預測銷售量						
本季生產量						
實際銷售量						

2. 設備生產任務編排表（見表6）

表6　　　　　　　　　　　　設備生產任務編排表

廠房	生產設備	生產產品	生產能力	成品率	實際生產量

3. 產品原材料採購計劃表（見表7）

表7　　　　　　　　　　　　產品原材料採購計劃表

原料名稱	各產品本季所需原料數量							期初庫存數量	計劃採購量
	產品一	產品二	產品三	產品四	產品五	產品六	合計		

四、管理問題分析

管理問題分析見表8。

表8　　　　　　　　　　　　管理問題分析表

類別	存在問題	改進策略
財務管理方面		
市場營銷方面		
產品研發方面		

第二季度營運管理練習

一、重要經營數據

上季銷售收入：_____萬元　　本季銷售收入：_____萬元　　排名：_____
上季淨利潤：_____萬元　　　本季淨利潤：_____萬元　　　排名：_____
上季末淨資產：_____萬元　　本季末淨資產：_____萬元　　排名：_____
上季市場份額：_____%　　　本季市場份額：_____%　　　排名：_____
上季綜合評價：_____　　　　本季綜合評價：_____　　　　排名：_____

二、經營績效總結

經營績效總結見表9。

表9　　　　　　　　　　　經營績效總結表

類別	小組分數	小組排名	最高分	差距原因分析
綜合表現				
盈利表現				
財務表現				
市場表現				
投資表現				
成長表現				

三、營銷網絡規劃表

營銷網絡規劃表見表10。

表 10　　　　　　　　　　　營銷網路規劃表

區域	消費群體	銷售人數	銷售能力	品牌一		品牌二		品牌三	
				預期銷量	實際銷量	預期銷量	實際銷量	預期銷量	實際銷量
合計									

表 10（續）

區域	消費群體	銷售人數	銷售能力	品牌四		品牌五		品牌六	
				預期銷量	實際銷量	預期銷量	實際銷量	預期銷量	實際銷量
合計									

四、生產計劃表

1. 產品生產計劃表（見表11）

表11　　　　　　　　　　　產品生產計劃表

項目	產品一	產品二	產品三	產品四	產品五	產品六
預計銷售量						
上季庫存量						
本季生產量						
實際銷售量						

2. 設備生產任務編排表（見表12）

表12　　　　　　　　　　　設備生產任務編排表

廠房	生產設備	生產產品	生產能力	成品率	實際生產量

3. 產品原材料採購計劃表（見表13）

表13　　　　　　　　　　　產品原材料採購計劃表

| 原料名稱 | 各產品本季所需原料數量 ||||||| 期初庫存數量 | 計劃採購量 |
	產品一	產品二	產品三	產品四	產品五	產品六	合計		

五、管理問題分析

管理問題分析見表 14。

表 14　　　　　　　　　　管理問題分析表

類別	存在問題	改進策略
財務管理方面		
市場營銷方面		
產品研發方面		
生產製造方面		
人力資源方面		
綜合情況		

第三季度營運管理練習

一、重要經營數據

上季銷售收入：_____萬元　　本季銷售收入：_____萬元　　排名：_____
上季淨利潤：_____萬元　　　本季淨利潤：_____萬元　　　排名：_____
上季末淨資產：_____萬元　　本季末淨資產：_____萬元　　排名：_____
上季市場份額：_____%　　　本季市場份額：_____%　　　排名：_____
上季綜合評價：_____　　　　本季綜合評價：_____　　　　排名：_____

二、經營績效總結

經營績效總結見表15

表15　　　　　　　　　　經營績效總結表

類別	小組分數	小組排名	最高分	差距原因分析
綜合表現				
盈利表現				
財務表現				
市場表現				
投資表現				
成長表現				

三、營銷網絡規劃表

營銷網絡規劃表見表16。

表 16　　　　　　　　　　　營銷網路規劃表

區域	消費群體	銷售人數	銷售能力	品牌一		品牌二		品牌三	
				預期銷量	實際銷量	預期銷量	實際銷量	預期銷量	實際銷量
合計									

表 16（續）

區域	消費群體	銷售人數	銷售能力	品牌四		品牌五		品牌六	
				預期銷量	實際銷量	預期銷量	實際銷量	預期銷量	實際銷量
合計									

四、生產計劃表

1. 產品生產計劃表（見表17）

表17　　　　　　　　　　　　產品生產計劃表

項目	產品一	產品二	產品三	產品四	產品五	產品六
預計銷售量						
上季庫存量						
本季生產量						
本季銷售量						

2. 設備生產任務編排表（見表18）

表18　　　　　　　　　　　　設備生產任務編排表

廠房	生產設備	生產產品	生產能力	成品率	實際生產量

3. 產品原材料採購計劃表（見表19）

表19　　　　　　　　　產品原材料採購計劃表

原料名稱	各產品本季所需原料數量							期初庫存數量	計劃採購量
	產品一	產品二	產品三	產品四	產品五	產品六	合計		

五、競爭對手分析

1. 各區域市場的主要競爭對手分佈情況表（見表20）

表20　　　　　　　　　競爭對手分佈情況表

區域＼區隔	消費群體一	消費群體二	消費群體三	備注

2. 各區域市場主要競爭對手銷售情況分析（見表21）

表21　　　　　　　　　競爭對手銷售情況表

區域＼區隔	競爭對手	消費群體一		消費群體二		消費群體三	
		銷量（箱）	份額（％）	銷量（箱）	份額（％）	銷量（箱）	份額（％）

六、管理問題分析

管理問題分析見表22。

表22　　　　　　　　　　　　管理問題表

類別	存在問題	改進策略
財務管理方面		
市場營銷方面		
產品研發方面		
生產製造方面		
人力資源方面		
綜合情況		

第四季度營運管理練習

一、重要經營數據

上季銷售收入：_____萬元　　本季銷售收入：_____萬元　　排名：_____
上季淨利潤：_____萬元　　　本季淨利潤：_____萬元　　　排名：_____
上季末淨資產：_____萬元　　本季末淨資產：_____萬元　　排名：_____
上季市場份額：_____%　　　本季市場份額：_____%　　　排名：_____
上季綜合評價：_____　　　　本季綜合評價：_____　　　　排名：_____

二、經營績效總結

經營績效總結見表23。

表23　　　　　　　　　　　　經營績效總結表

類別	小組分數	小組排名	最高分	差距原因分析
綜合表現				
盈利表現				
財務表現				
市場表現				
投資表現				
成長表現				

三、營銷網絡規劃表

營銷網絡規劃表見表24。

表 24　　　　　　　　　　　　　　營銷網絡規劃表

區域	消費群體	銷售人數	銷售能力	品牌一		品牌二		品牌三	
				預期銷量	實際銷量	預期銷量	實際銷量	預期銷量	實際銷量
合計									

表 24（續）

區域	消費群體	銷售人數	銷售能力	品牌四		品牌五		品牌六	
				預期銷量	實際銷量	預期銷量	實際銷量	預期銷量	實際銷量
合計									

四、生產計劃表

1. 產品生產計劃表（見表25）

表25　　　　　　　　　　　　　產品生產計劃表

項目	產品一	產品二	產品三	產品四	產品五	產品六
預計銷售量						
上季庫存量						
本季生產量						

2. 設備生產任務編排表（見表26）

表26　　　　　　　　　　　　設備生產任務編排表

廠房	生產設備	生產產品	生產能力	成品率	實際生產量

3. 產品原材料採購計劃表（見表27）

表27　　　　　　　　　　　　產品原材料採購計劃表

| 原料名稱 | 各產品本季所需原料數量 ||||||| 期初庫存數量 | 計劃採購量 |
	產品一	產品二	產品三	產品四	產品五	產品六	合計		

五、競爭對手分析

1. 各區域市場的主要競爭對手分佈情況表（見表28）

表28　　　　　　　　　　競爭對手分佈情況表

區隔 區域	消費群體一	消費群體二	消費群體三	備注

2. 各區域市場主要競爭對手銷售情況分析（見表29）

表29　　　　　　　　　　競爭對手銷售情況表

區隔 區域	競爭對手	消費群體一		消費群體二		消費群體三	
		銷量（箱）	份額（％）	銷量（箱）	份額（％）	銷量（箱）	份額（％）

六、管理問題分析

管理問題分析見表30。

表30　　　　　　　　　　管理問題分析表

類別	存在問題	改進策略
財務管理方面		
市場營銷方面		
產品研發方面		
生產製造方面		
人力資源方面		
綜合情況		

國家圖書館出版品預行編目(CIP)資料

創業經營與決策 / 倪江崴、李特軍 編著. -- 第二版.
-- 臺北市：崧博出版：崧燁文化發行，2018.09

　面；　公分

ISBN 978-957-735-474-7(平裝)

1.創業 2.決策管理

494.1　　　　107015217

書　名：創業經營與決策
作　者：倪江崴、李特軍 編著
發行人：黃振庭
出版者：崧博出版事業有限公司
發行者：崧燁文化事業有限公司
E-mail：sonbookservice@gmail.com
粉絲頁　　　　　　網　址：
地　址：台北市中正區重慶南路一段六十一號八樓 815 室
8F.-815, No.61, Sec. 1, Chongqing S. Rd., Zhongzheng Dist., Taipei City 100, Taiwan (R.O.C.)
電　話：(02)2370-3310　傳　真：(02) 2370-3210

總經銷：紅螞蟻圖書有限公司
地　址：台北市內湖區舊宗路二段 121 巷 19 號
電　話：02-2795-3656　傳真：02-2795-4100　網址：

印　刷：京峯彩色印刷有限公司（京峰數位）

　　本書版權為西南財經大學出版社所有授權崧博出版事業有限公司獨家發行電子書繁體字版。若有其他相關權利及授權需求請與本公司聯繫。

定價：450 元

發行日期：2018 年 9 月第二版

◎ 本書以POD印製發行